U0370482

Single-photon Devices and Applications

"十二五"国家重点图书出版规划项目

湖北省学术著作出版专项资金资助项目

世界光电经典译丛

丛书主编 叶朝辉

单光子器件及应用

Charles Santori David Fattal
Yoshihisa Yamamoto 编著

孙军强 译

华中科技大学出版社

http://www.hustp.com

中国·武汉

ISBN:9783527408078,TITLE:Single-photon Devices and Applications by Charles Santori,David Fattal,and Yoshihisa Yamamoto

湖北省版权局著作权合同登记　图字:17-2020-104 号

图书在版编目(CIP)数据

单光子器件及应用/(美)查尔斯·桑托里,(法)大卫·法特,(日)山本义久编著;孙军强
译.—武汉:华中科技大学出版社,2021.10
(世界光电经典译丛)
ISBN 978-7-5680-7625-8

Ⅰ.①单…　Ⅱ.①查…　②大…　③山…　④孙…　Ⅲ.①光电器件　Ⅳ.①TN15

中国版本图书馆 CIP 数据核字(2021)第 212951 号

单光子器件及应用　　　　　Charles Santori,David Fattal,　编著
Danguangzi Qijian ji Yingyong　Yoshihisa Yamamoto
　　　　　　　　　　　　　　　　　　　　孙军强　译

策划编辑:徐晓琦
责任编辑:徐定翔
装帧设计:原色设计
责任校对:曾　婷
责任监印:周治超
出版发行:华中科技大学出版社(中国·武汉)　　电话:(027)81321913
　　　　　武汉市东湖新技术开发区华工科技园　　邮编:430223
录　　排:武汉正风天下文化发展有限公司
印　　刷:湖北新华印务有限公司
开　　本:710mm×1000mm　1/16
印　　张:15　插页:1
字　　数:251 千字
版　　次:2021 年 10 月第 1 版第 1 次印刷
定　　价:118.00 元

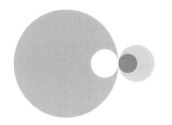

译者序

光子的特性十分奇特,既体现出波动性,又具有粒子特性。通常情况下在光电子器件中展示的这些特性是多个光子的集中体现,即使在性能优良的激光器中,发射的光子也不可能做到理想的全同,从而造成输出激光谱线的展宽、相干长度的缩短、偏振特性的消弱以及相位噪声的产生。唯独当光电子器件在任意时刻仅发射一个光子时,光子的优异特性才被完美地展示出来,此时的器件称为单光子器件。单光子器件输出的光子具有很好的量子效应。单光子器件不仅在量子通信加密、量子计算领域有广阔的应用前景,在生物医学成像、精密仪器测量等领域也将发挥极为重要的作用。

理想的单光子发射器件应能在任意时刻发射单个光子,并且发射单个光子的概率为1;每个光子在理想量子通道的效率具有统一性;每个光子应该无法区分,具有全同性。作为量子信息技术核心光源的单光子发射器,发射的光子应满足确定性偏振、高纯度、高全同性和高效率这四个严苛的条件。因此,在实际中要获得满足上述苛刻条件的单光子器件,几乎是难以实现的。尽管国际上众多学者已报道在单光子源方面取得了重大的研究成果,但是目前在实验室中被大量使用的仍然是准单光子源。

本书的作者 Charles Santori、David Fattal 和 Yoshihisa Yamamoto 分别是美国 Hewlett-Packard 实验室的资深研究员和斯坦福大学的著名教授,他们均具有深厚的理论基础和丰富的光电子器件制备经验。原著内容丰富,论述言简意赅,由浅入深,主要聚焦尺寸小、工作稳定且可大范围集成的固态单光子源的基本原理、实验技术和潜在的应用。第 1 章通过引入表征单光子源的重要参数,阐明了单光子源与标准光源的不同之处,综述了单光子的产生历史。第 2 章描述了基于放置在腔内的二能级量子发射体的自发辐射的最简单的单光子产生技术,介绍了电偶极子和旋波近似下量子发射体与杂散辐射连续体耦合的理论模型,并指出单光子波形、外耦合输出效率以及相对相移可表征单光子器件的性能。第 3 章描述了基于 Λ 型结构的三能级原子中的相干拉曼散射按需产生单光子的可选方案,并分析了自发辐射的不利效应、激发态的退相干以及多激发态对拉曼跃迁的影响。第 4 章针对自发辐射过程或拉曼跃迁介绍了各种退相干过程对光子发射特性的影响。第 5 章简要地回顾了用于表征固态单光子源的实验技术。第 6 章详细描述了在光频产生单光子的 InAs 量子点、金刚石中的氮空位缺陷中心、GaAs 和 ZnSe 的浅层杂质三个固态类原子系统,以及基于自旋量子的信息处理系统。第 7 章介绍了一种极其重要的光学微腔高性能单光子源。第 8 章阐述了单光子源的潜在应用。

本书为学习单光子源的基本理论、实验技术以及潜在的应用提供了重要的资料,可作为相关专业的高年级本科生、研究生、科研和工程技术人员深入了解单光子器件及应用的参考书。

参加翻译的人员有孙军强、石浩天、秦森彪、李冉、余林峰、焦文婷。石浩天翻译了第 2 章和第 4 章的第 1、2 节;秦森彪翻译了第 3、5、8 章;李冉翻译了第 4 章的第 3 至 10 节;余林峰翻译了第 6 章第 1 节和第 7 章;焦文婷翻译了第 6 章的第 2 至 4 节。孙军强翻译了第 1 章及剩余各部分,并对全书进行了统稿。

由于译者水平有限,译文中肯定存在错误和不足,恳请读者批评指正。

孙军强

2020 年 8 月 8 日于华中科技大学

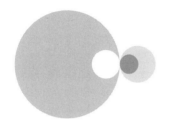 # 致谢

作者感谢很多以不同的方式对本书做出贡献的人们。

首先,作者感谢以下慷慨地为本书贡献资料的人们。Kai-Mei Fu 提供了许多用于第 6 章的浅施主和受主的材料,Edo Waks 提供了许多用于第 8 章的量子密钥分发的材料。斯坦福大学 Yamamoto 组现在和以前的下列成员贡献了用于图中的材料:Kaoru Sanaka、Thaddeus Ladd、Matthew Pelton、Dave Press,以及 Shinich Koseki。除此之外,以下人员也大方地提供了用于图中的材料:Paul Barclay、Stephan Reitzenstein、Sven Hofling,以及 Alfred Forchel、Johann Peter Reithmaier、Kartik Srinivasan、Peter Michler、Alexios Beveratos 和 Jean-Michel Gérard。

对那些一起在半导体量子光学相关的大量项目中共事的同事作者心怀感激,在合作过程中作者学到了很多东西:Kai-Mei Fu、Paul Barclay、Matthew Pelton、Edo Waks、Jelena Vučković、Dirk Englund、Hatice Altug、Glenn Solomon、Neil Manson、Fedor Jelezko、Philippe Tamarat、Steven Prawer、Andrew Greentree、Thiago Alegre、Gilberto Medeiros-Ribeiro、Gregor Weihs、Stephan Gotzinger、Satoshi Kako、Hui Deng、Jonathan Goldman、Thaddeus Ladd、Kaoru Sanaka、Kyo Inoue、Susan Clark、Dave Press、Qiang Zhang、Robin Huang、Oliver Benson、Jungsang Kim,以及 Atac Imamoglu。

C.S.和 D.F.感谢惠普的 Ray Beausoleil 和 Dave Collins 审查了本书并支持了本项目。

C.S.感谢他的妻子在他著书期间的耐心。

最后,作者感谢 Wiley 的 Christoph von Friedeburg 起初对该项目的建议和 Nina Stadthaus 对书稿编辑的帮助。

前言

  过去的十年中,在许多物理系统中实现了所需的单光子产生,包括中性原子、离子、分子、半导体量子点、固体中的杂质与缺陷和超导体电路。单光子的产生与探测的动机是双重的:基础科学和应用科学。一方面,单光子在量子力学的实验基础与测试理论中扮演着核心的角色。另一方面,为了实现量子密钥分发、量子中继器和量子信息处理,有效且高质量的单光子源是必不可少的。本书描述了固态实现单光子源的基本原理、实验技术和潜在的应用。相比于原子与离子的捕获,固态实现单光子源具有小尺寸、稳定工作和大范围集成等特点。

  第 1 章描述了单光子源如何不同于标准光源。本章引入了表征单光子源的重要参数,如二阶相干函数 $g_0^{(2)}$、外量子效率 η_{total}、重复频率 $f_{\max}$、量子力学重叠或量子不可分辨性 F 和光学跃迁的非均匀加宽 $\Delta\lambda$。本章还介绍了一个潜在应用的例子,物质量子比特间纠缠的产生,并对其概念与原理进行了解释。在对过去近 60 年单光子产生的历史综述的基础上我们完成了本章的写作。

  第 2 章基于放置在腔内的二能级量子发射体的自发辐射描述了最简单的单光子产生技术。发射体-腔动力学是基于腔量子电动力学(QED)的 J-C 模型(Jaynes-Cummings Model)发展而来的。我们从电动力学的量子化入手,然后介绍电偶极子和旋波近似,最后获得描述量子发射体与杂散辐射连续体耦合的理论模型。该理论模型还可描述想要的单腔模和单腔模与外界辐射连续体的再耦合。这些耦合可通过三个参数进行表征:自发辐射速率 γ、真空的拉比频率 g_0,以及腔模的衰减速率 κ。根据这些参数的相对幅值,一个腔量子电动力学系统可分为强耦合(高 Q 值)范围和弱耦合(低 Q 值)范围。基于二能级量子发射体,珀塞尔因子(或协同参数)被定义为表征单光子源的最为重要的参数 F_p。通过给出发射的单光子波形、外耦合输出效率,以及当单光子波包传出量子发射体-腔系统时的相对相移,我们完成了本章内容。

第 3 章基于 Λ 型结构的三能级原子中的相干拉曼散射给出了按需产生单光子的可选方案。与二能级方案相比,三能级方案看起来更适合于产生相干(无抖动)光子,它允许产生任意波形的光子,而且可用于可鉴别捕获入射光子为持久的物质量子比特的激励。我们开始用称为受激拉曼绝热通道(STIRAP)描述一种常规的方案。在该方案中腔与其他跃迁频率谐振,通过缓慢变化的经典控制脉冲与原子的跃迁频率谐振驱动,原子由基态能级跃迁至其他能级。然而,本章中获得的重要结果是腔辅助的拉曼过程能够被非绝热驱动且不需要强耦合。不管腔的光子衰减速率多么低,光子辐射速率都受限于腔调整的衰减速率或腔的光子衰减速率。在固态的发射体-腔系统中,单光子的产生与捕获能在几个皮秒的时间内完成。通过简化考虑自发辐射的不利效应、激发态的退相干,以及多激发态对拉曼跃迁的贡献,我们完成了本章内容。

通过简单的自发辐射过程或拉曼跃迁,第 4 章考虑了各种退相干过程对光子发射特性的影响。我们首先讨论了共同用于描述量子系统的三种弛豫时间范围:粒子数(或纵向)弛豫时间 T_1、纯退相(或横向弛豫)时间 T_2,以及退相时间引入的非均匀展宽 T_2^*。然后,我们简要地讨论了对固态单光子源的退相干的实际重要性,并且考虑了一个用于捕获电荷涨落的简单的模型。针对无辐射复合或者多激发态情况,对于二能级或三能级的方案本章评估了量子不可分辨性 F 和频率功率谱 $I(\omega)$。在这些计算中,首次用两粒子级联推导的量子跃迁方式描述粒子数弛豫和有它伴随的时间抖动,利用波动幅度 σ 和波动速率 β 的半经典随机过程引入纯退相。我们还考虑激发态的纯退相对拉曼散射方案的影响,并发现结果强烈依赖于噪声源的相关时间范围。在本章中,我们还简要讨论了声子展宽的问题。在许多固态单光子源中,特别是金刚石中的氮空位中心,电子与声子的耦合在谱中显著地展示了相当强的声子边带。

第 5 章简要地回顾了用于表征固态单光子源的实验技术。这些实验技术包括显微荧光装置、光子相关测量和光子碰撞(或多光子干涉)测量。而且本章还给出了一个基本的有关光子相关测量的理论背景。

第 6 章详细描述了在光频产生单光子的三个固态类原子系统,即 InAs 量子点、金刚石中的氮空位缺陷中心、GaAs 和 ZnSe 的浅层杂质,以及基于自旋量子的信息处理系统。对于量子点,我们讨论了如单量子点器件的制备、单一和多粒子态的分离能级、激子精细结构和辐射衰减速率等问题。我们还描述了单光子产生、纠缠光子产生和在 InAs 量子点中的光控电子旋转量子比特的原理和实验结果。对于金刚石中的氮空位中心,我们讨论了制备、能级结构和包含声子边带的光跃迁,并且还描述了近期有关单光子产生和电子自旋操控的实验结果。通过在 GaAs 和 ZnSe 中引入浅施主与受主,包括这些系统能很好理解的简单的有效质量图像和支撑的光谱学结果,我们完成了本章内容。

第 7 章介绍一个极其重要的高性能单光子源——光学微腔。在激光器中空间单模的高量子效率是通过光子的受激辐射来实现的。这不是单光子源的一种选择。取而代之,我们在单片集成的光学微腔中放置一个量子发射器,改善在自由空间或片上波导光子演变为将要产生的光模的收集效率,并且通过珀塞尔效应增加自发辐射速率。微腔的性能可用三个参数进行表征:模体积 V、品质因子 Q 和光子耦合输出效率 κ_c/κ,κ_c 和 κ 分别为光子输出至想要的光模式的效率和光子输出至所有信道的效率。在本章中,我们以这三个参数评述了四种有代表性的微腔的几何结构:平面分布式布拉格反射镜(DBR)微腔、柱状 DBR 微腔、微盘腔和光子晶体腔。所有这些几何结构已被用于控制固态量子发射器的自发辐射。

最后,第 8 章阐述了单光子源的潜在应用。量子密钥分发(QKD)利用了量子力学的原理,投影假设增强了保密通信的安全性。当呈现多光子态时,单光子源可抵制由窃听者利用光子分裂而产生的安全漏洞。本章对这一问题给予了详细的解释,给出了用量子点源实现 BB84 量子密钥分发的实验结果的例子。相比传统的计算机,量子计算用"量子相似"在特定问题上实现指数的增速。单光子在将来的量子计算系统中有望扮演极为重要的角色。或许,单光子将在物质量子比特的非局限的纠缠态的产生中发挥极为重要的作用,这是通往量子中继器和群集状态(或单向)量子计算不可或缺的一步。

Charles Santori

David Fattal

Yoshihisa Yamamoto

于美国加州斯坦福大学

2010 年 7 月

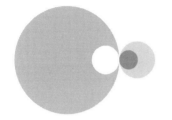

目录

第1章
引　言

本书我们从定义和表征单光子源开始。单光子源与标准光源有何不同呢？单光子源又是怎样工作的？然后我们将讨论单光子产生与探测的基本动机。何时我们需要用单光子代替标准的激光发射？过去的十年中，在许多物理系统中实现了所需的单光子产生，包括中性原子、离子、分子、半导体量子点、固体中的杂质与缺陷和超导体电路。在对这些验证进行历史回顾后我们将总结"引言"这一章。

1.1　单光子源的定义与特征

本书描述所设计的器件是在指定的时间实例发射单光子。在描述这一器件怎样构建和工作之前，让我们精确地定义单光子源。以下是作者在文献[1]中给出的最接近的陈述。

单光子源完全不同于激光器、发光二极管或参量放大器/振荡器这样的经典光源。这些经典光源每个脉冲的光子数或光子对是随机变化的，且常常服从泊松分布。然而，实际的单光子源往往不是完美的，偶尔会无光子发射或者发射多光子。所以，经典光源与实际单光子源的差别需要基于光子统计的定量测量。从量子信息系统应用的观点来看，其他特性也是很重要的。一些描述单光子源的重要参数如下。

（1）二阶相干函数 $g_0^{(2)}$（参见文献[2]），为每个脉冲中两个或多个光子的概率设置上限，$p_m = p(n \geqslant 2) \leqslant \frac{1}{2} g_0^{(2)} \langle n \rangle^2$。其中，$\langle n \rangle$ 为每个脉冲的平均光子数。$\langle n \rangle = 1$ 的单光子源在 $g_0^{(2)} = 1$、$g_0^{(2)} < 1$ 和 $g_0^{(2)} = 0$ 的情况下，分别称为泊松单光子源、亚泊松单光子源和理想单光子源。既然实际的单光子源满足 $0 < g^{(2)} < 1$，那么它就是工作在范围为 $\langle n \rangle \leqslant 1$ 的亚泊松源。当单光子源用于量子密钥分发系统时，抵抗称之为光子数分束的特殊窃听攻击需要小的 $g_0^{(2)}$ 数值。

（2）外量子效率 η_{total}，外量子效率定义为所有的内部产生光子演变为单一波导模的外输出耦合效率。

（3）单光子产生的最大重复频率 f_{max}，决定系统时钟频率的上限。对于实际应用，η_{total} 和 f_{max} 这两个参数必须足够高。对于激光器，光子的受激辐射增强了这些参数。然而，单光子源无法采用受激辐射，我们需要新的技巧来实现高的 η_{total} 和 f_{max} 数值。最为有用的办法之一就是利用腔的量子电动力学效应来增强自发辐射。

（4）两个单光子波函数的交叠 $F(\Delta t = 0) = \langle | \int dt x(t) \gamma^*(t) |^2 \rangle$ 由 $|\psi\rangle_{12} = \int dt \int dt' x(t) \gamma(t' - \Delta t) \hat{a}_1^\dagger(t) \hat{a}_2^\dagger(t') |0\rangle_1 |0\rangle_2$ 定义，其中，$\hat{a}_i^\dagger(t)$ 是在时间 t 和模式 i 的光子产生算符。$x(t)$ 和 $y(t)$ 定义为光子的波形。$|0\rangle_i$ 为真空态，Δt 为两光子间的相对延迟[5,6]。这个交叠可在空间-时间域或动量-频率域进行计算，整体的平均值由源产生的量子态掌控。将单光子源应用于线性光学 Bell 态分析器、纠缠光子对产生、量子的远距离传送、在远程存储器中产生纠缠态和线性光学量子计算的量子信息系统中，单光子必须是 $F(0) = 1$ 的全同量子粒子。但是，实际的单光源在产生的电磁场中具有有限的时间抖动和退相，这些使得 $F(0)$ 小于 1。我们还将 F 称为光子的"不可分辨性"。

（5）在不同的单光子源中辐射波长的不确定性 $\Delta\lambda$。当单光子源用于大尺寸的光子系统时，大规模并行的单光子产生是必需的。在这种情况下，单光子源的辐射波长必须是全同的，或者至少非均匀加宽 $\Delta\lambda$ 必须比内禀线宽小得多。

1.2　类原子系统的单光子产生

本书中我们将学习的这一类单光子源是利用单个原子或类原子系统作为光发射源。单个原子或类原子系统通过光或电的激励诱导发射单光子。在光

激励的情况下,我们从光子服从泊松分布的输入激光脉冲开始,

$$p_n = \frac{\mu^n}{n!} e^{-\mu} \tag{1.1}$$

其中,p_n 是脉冲包含 n 个光子的概率,$\mu = \langle n \rangle$ 是平均的光子数。原子的作用就是将输入的这些光脉冲转换为正好包含一个光子的、最好具有不同频率的输出脉冲,得到输出的场为 $p_1 = 1$ 和 $p_{n \neq 1} = 0$。从这个意义上讲,原子充当了非线性滤波器的作用。

基于光激励的固体中的类原子系统,很多实验演示的单光子源拥有至少三种离散状态的能级结构。例如,如图 1.1(a)所示的最简单和最常用的方案中,外界的泵浦源激励系统从态 $|b\rangle$ 跃迁到态 $|r\rangle$,接着通过发射声子快速弛豫到态 $|a\rangle$。然后,当系统通过自发辐射从态 $|a\rangle$ 跃迁到态 $|b\rangle$,系统将发射一个单光子。我们称这个激励过程为"非相干泵浦"。如果量子系统被放置在光学微腔内,腔的光场将与态 $|a\rangle$ 和 $|b\rangle$ 间的原子跃迁进行共振耦合。在一个电中性量子点的情形下,态 $|b\rangle$、$|a\rangle$ 和 $|r\rangle$ 可能分别对应于晶体的基态(空量子点)、在 1e-1h 跃迁中一个电子-空穴对的"单激子态",以及在 2e-2h 跃迁中一个电子-空穴对的受激的单激子态。这里,1e 和 2e 分别是量子点中最低和第一激发导带的电子态,而 1h 和 2h 分别是最低和第一激发重空穴价带态。

理论上,相干激励方案可以取得较好的性能。如图 1.1(b)所示是拉曼散射参与的三能级系统。这种方案需要两个亚稳态的基态 $|g\rangle$ 和 $|e\rangle$,这在物理上是可以实现的。例如,通过量子点中单个捕获电子的 Zeeman 分裂实现。这些亚稳态与激发态 $|r\rangle$ 光耦合,在量子点情形中,激发态 $|r\rangle$ 对应于有两个电子一个空穴的带电的激子(或三重子)。光学微腔同 $r\text{-}e$ 跃迁的共振耦合极大地改善了这种方案的性能。人们还可选择激励激光器从 $g\text{-}r$ 跃迁失谐,这种方法可提供有关激发态退相过程的一些优越性。这些问题将在第 2、第 3 和第 4 章中进行更详细的讨论。

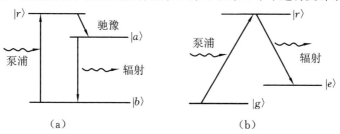

图 1.1　用于产生单光子的三能级方案。(a)通过自发辐射的"非相干"激励方案产生单光子;(b)通过拉曼散射的相干激励方案产生单光子

现在让我们介绍一些描述单光子源的重要物理参数。如图 1.2 所示,假设我们有一原子偶极跃迁耦合至光学微腔的单模。原子与腔模单光子间的耦合速率可通过真空拉比频率给出[7]

$$g_0 = \frac{\mu}{\hbar}\sqrt{\frac{\hbar\omega_c}{2\varepsilon V}} \tag{1.2}$$

其中,μ 为偶极矩,ω_c 为腔的谐振频率,$\varepsilon = \varepsilon_0 n^2$ 是在光频处的电导率,n 是折射率,V 为腔的模体积。对于当前讨论,我们假设偶极子放置在腔场最大值的地方,并且偶极子的取向完全与电场一致。由 Weisskopf-Wigner 近似,在体材料(无腔)的 $a \rightarrow b$ 跃迁的自发发射的速率可表示为

$$\Gamma = \frac{n\omega_a^3 \mu^2}{3\pi\varepsilon_0 \hbar c^3} \tag{1.3}$$

其中,ω_a 是原子偶极跃迁的频率。而且可方便地定义无量纲的谐振器长度,即

$$f_{osc} = \frac{\Gamma}{3\Gamma_{ceo}} = \frac{1}{(4\pi K)^2}\left(\frac{\lambda}{n}\right)^3 \omega_a \Gamma \tag{1.4}$$

其中,$K = e/\sqrt{4\varepsilon m_e}$,$e$ 和 m_e 分别是是电子电荷和质量,λ 是真空中的波长,$\Gamma_{ceo} = n\omega_a^2 e^2/(6\pi\varepsilon_0 m_e c^3)$ 是经典的电子振荡器的自发辐射速率[8]。对于有谐振腔的情况,我们可将真空拉比频率改写为

$$g_0 = K\sqrt{3f_{osc}/V} \tag{1.5}$$

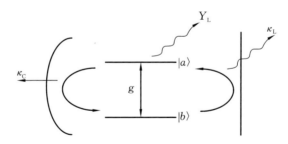

图 1.2 "单原子"腔系统和物理参数

我们注意到,假如谐振腔内有 n 个光子,式(1.5)定义的 g_0 可由 $g_0\sqrt{1+n}$ 替代。这个量就等于描述被经典场驱动的原子跃迁的拉比频率 Ω 的一半。

参数 V 是腔的模体积,决定了原子与腔的耦合强度,可定义为

$$V = \frac{\iiint \varepsilon(r)|E(r)|^2 d^3 r}{\max(\varepsilon(r)|E(r)|^2)} \tag{1.6}$$

对于腔内光子与原子偶极子间的最大可能的相互作用,单光子的电场应尽可能大地分布在原子的地方。这发生在当我们将光子限制在最小可能的空间的时候。另一个重要的参数是光子泄漏出谐振腔的速率。这由 $\kappa = \kappa_C + \kappa_L$ 给出,这里 κ_C 是光子耦合至下游光模的速率,而 κ_L 是光子耦合至其他杂散模或者谐振腔内吸收的损耗,参量 κ 是决定原子与腔内光子作用的持续时间。这与腔的品质因子有关,品质因子定义为 $Q = \omega_{cav}/\kappa$,这里 ω_{cav} 是腔的谐振角频率。小尺寸的半导体微型谐振腔由于受到表面缺陷和界面粗糙度的影响,妨碍了高 Q 值半导体微型谐振腔的实现。比率 κ_C/κ 决定了腔与外界光信道的耦合效率。对于单光子产生和量子网络,比率 κ_C/κ 应该接近于 1,这种情况指的就是"过耦合"。这就确保逸出腔的光子能够被下游光模所收集。最后,参量 γ_L 是光子的自发辐射速率,这些光子直接转变为"漏"模而泄漏至腔外。尽管在像光子晶体这样的半导体微腔结构中,两参数的量会显著不同,但我们总希望 $\gamma_L \sim \Gamma$。

正如第 2 章所解释的那样,考虑仅有二原子能级,假如原子和谐振腔精确共振,耦合的原子腔系统的本征频率可表示为

$$\omega_{\pm} = \omega_a - i(\kappa + \gamma_L)/4 \pm \sqrt{g_0^2 - (\kappa - \gamma_L)^2/16} \tag{1.7}$$

当 $g_0 > |\kappa - \gamma_L|/4$ 时,系统表明正态模分裂成两个修饰态,而修饰态是以两倍的真空拉比频率 $2g_0$ 分离的。这就是强耦合方式,物理上对应于能量在逸出系统前能在原子与腔之间往返振荡的情况,即要么能量通过自发辐射进入"漏"模,要么光子逃逸到腔外。对于单光子产生,远离强耦合方式对系统不会有帮助。在相反的限制下,对于 $g, \gamma_L \ll \kappa$,方程(1.7)取"+"的解为 $\omega_+ = \omega_a - i(\gamma_L/2)(1+C)$,这里 C 为"协同参数",可表示为

$$C = \frac{4g_0^2}{\kappa \gamma_L} \approx 3/4\pi^2 \times (\lambda/n)^3 \times Q/V \tag{1.8}$$

其中,在第二个表达式中,我们假设 $\gamma_L = \Gamma$。这一参数表明自发辐射通过腔增强的程度。相比需要捕获原子或离子的大尺寸腔,半导体微腔在实现高的 C 值方面能提供关键的优势。

收集单光子的总效率可表示为

$$\eta_{total} \approx \left(\frac{C}{C+1}\right)\left(\frac{\kappa_C}{\kappa_C + \kappa_L}\right) \tag{1.9}$$

其中,第一项代表通过自发辐射直接转变为漏模而逸出腔外的损耗,第二项代

表腔内光子转变为其他而不是想要模式引起的损耗。

1.3　单光子的应用

1.3.1　通过光相干的量子擦除

由于缺乏在相位不敏感的放大系统[11]中的相位恢复力,除了激光辐射拥有随机变化的相位扩散,来自工作在阈值以上的理想激光器的光的量子态是接近于相干态的[9,10]。假如测量的时间间隔或者干涉仪的时间延迟比激光器的相位扩散时间(或者相干时间)短得多,则相位扩散可被忽略,激光发射无异于相干态。

激光器的一些很成功的应用都是基于光学干涉仪的,包括光学精密测量、成像、光刻。如图 1.3 所示的为马赫-曾德尔干涉仪,干涉仪下臂的相移可通过改变角度 $\Delta\theta$ 来进行扫描。在这种方法中,附加的小的相移 $\Delta\phi$ 能通过干涉条纹的图案变化而被探测到。该仪器的显著特点是不管两臂的光学损耗多么大,只要损耗是相同的,均能获得完美能见度的完全干涉。这直接印证了经典电磁场理论,因为高亮度的激光可以视为经典场。然而,对于任何量子态,即使是精确包含一个光子的 Fock(光子数)态,也将发生完美的干涉。这似乎很令人惊讶,单光子态有经典"相位"变量的最大不确定性。对于量子态,维持完美的干涉可被看成是著名的"量子擦除"效应的结果,"量子擦除"效应自然地在仪器最后的分束器中实现。为了理解量子擦除,让我们考虑以下思想实验。

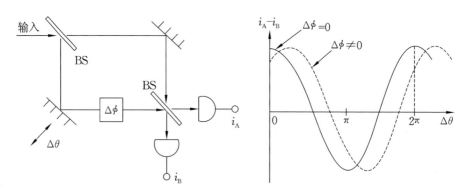

图 1.3　用于差分相位探测的马赫-曾德尔干涉仪

实验 1 假如我们利用量子不可分拆测量能观测到光子在两臂的其中一臂上传输,如图 1.4 所示,干涉图案会消失。当允许光子通过时,量子不可分拆测量可探测到光子的存在。这样的测量通过放置克尔(Kerr)非线性介质和其中的光子与探测光间的相互作用来实现[12]。在这种情况中,干涉被破坏了,因为从测量中可能知道是否从最后的分束器输出的特殊的光子传输通过了上臂或下臂。这被称为那条路径测量。

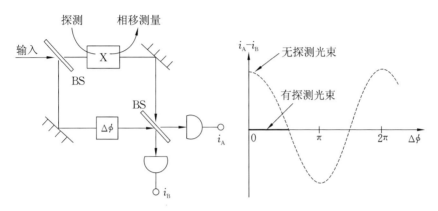

图 1.4 在一臂上有光子的量子不可分拆探测器的马赫-曾德尔干涉仪

实验 2 假如我们放置一强吸收介质在两臂的其中一臂上,如图 1.5 所示,干涉图案还是会消失。这是因为每次探测到的光子几乎可确定地通过无吸收体的下臂传输。吸收体等效地实现了那条路径测量。

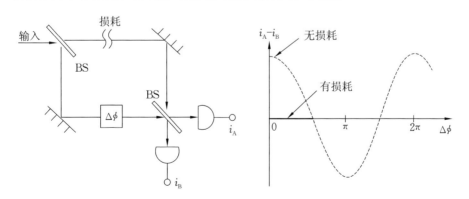

图 1.5 在一臂上有衰减器的马赫-曾德尔干涉仪

实验 3 假如我们放置另一个吸收体在另一臂并平衡两衰减常数,如图 1.6 所示,我们能恢复出良好可见度的完整干涉图案。同样,我们不知道每个光子是从哪条路径通过干涉仪的。当然,原理上讲,在吸收体中损耗的光子可以通过环境探测到。但是,这些光子对干涉仪输出信号的测量是没有贡献的。在干涉仪输出端测量到一个光子是后置选择了一种状况,就是光子没有在吸收体中损失,也没有信息泄露到外界环境中,不论光子按哪种途径行进。

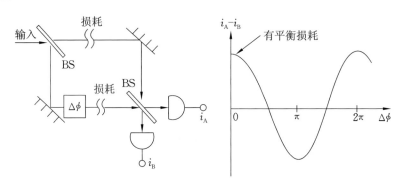

图 1.6　在两臂上有平衡的衰减器的马赫-曾德尔干涉仪

每种光学干涉仪器均基于显著的量子擦除效应。通过调整两衰减常数相等,即使在高消耗的环境下仍可得到完美的干涉图案。这样,我们有可能获得各种实际的应用。

马赫-曾德尔干涉仪可在任何输入的光学态下工作,包括相干态、单光子态甚至热态。对于相干态,相移 $\Delta\phi$ 的测量灵敏度是由在测量的时间间隔中所能测量到的光子总数决定的,也就是,$\Delta\phi \sim \dfrac{1}{\sqrt{2N}}$,参见文献[13]。正像人们可以预测到的那样,测量灵敏度随着光子数的增加而改善。然而,为什么你想送单个光子通过干涉仪?一个原因可能是保守 $\Delta\phi$ 秘密的测量结果。如果你想成为唯一知道 $\Delta\phi$ 的人,你必须选择一个而且是唯一的一个光的特殊量子态,这就是单光子态。

1.3.2　保密通信

假设我们有如图 1.3 所示的干涉仪,但是由 $\Delta\phi$ 表示的相移器接近于第一个分束器,并且可由发信者 Alice 控制。如果 Alice 通过干涉仪发送一个光子,在干涉仪的输出端被接收者 Bob 探测到,然后,Bob 和 Alice 能保证没有其他的光子载有有关 $\Delta\phi$ 的信息泄露给任何人。所获得的信息是保密的,该信息可作为加密通信的密钥。当然,在这种情况中每个探测到的单光子仅提供

1 比特的经典信息,也就是,$\Delta\phi=0$ 或 π。这就是在加密通信中量子密钥分发的基本原理。在称为 BB84 的特定协议中,Alice 在 0 和 π 或者 $-\pi/2$ 和 $\pi/2$ 之间任意调制 $\Delta\phi$。图 1.3 中的两部分波不需要在空间上分离为两个模式,但是,取而代之的可以是同一空间的互相正交的偏振模。Bob 用 50-50 合束器(或偏振合束波片)将单光子的两部分波合波,在编码的部分波中引入或者不引入 $\pi/2$ 相移,用于解码相位信息。对于这些举例,Alice 选择 0-π 的相基,而 Bob 没有附加 $\pi/2$ 相移,反之亦然。从原理上讲,不管有多么大的光损耗,Alice 和 Bob 都能分享 1 比特的加密数据而不受到窃听者攻击。Bob 不论何时探测到单光子,有损传输线路都不会吸收这个特殊的单光子,这样也就无信息可泄露给任何人。

1.3.3 在物质量子比特间产生纠缠

接下来让我们考虑马赫-曾德尔干涉仪具有两个相移器的情况。我们假设这两个相移器是量子力学物体,而且它们的相移可以制备成具有相等概率的 0 和 π。如图 1.7 所示为实验系统,原理上可实现这种情况。一个具有 $|g\rangle$、$|e\rangle$ 和 $|r\rangle$ 三能级 Λ 型结构的单原子被放入腔内。该腔接近 e-r 跃迁协同参数 $C\gg1$ 时共振。

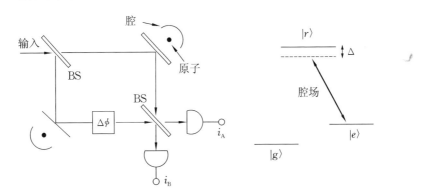

图 1.7 有两个量子相移器和单光子探测的马赫-曾德尔干涉仪

假如一窄带入射光场是与腔共振的,如果原子处于 $|e\rangle$ 态,它将获得 π 相移(相对于空腔状况而言);而如果原子处于 $|g\rangle$ 态,它的相移为 0。

假设原子开始是在叠加态上制备的,有

$$|\phi\rangle_{\text{atom}}=\frac{1}{\sqrt{2}}(|g\rangle+|e\rangle)_1\otimes\frac{1}{\sqrt{2}}(|g\rangle+|e\rangle)_2 \tag{1.10}$$

然后一个单光子通过干涉仪传输。如果一个单光子在一个输出端口(A)被探

测到,则我们可以知道两个相移器处在相同的状态(要么在 $|0\rangle_1|0\rangle_2$,要么在 $|\pi\rangle_1|\pi\rangle_2$),选定后的原子状态处在 EPR-Bell 态,即

$$|\phi\rangle_{\text{atom}} = \frac{1}{\sqrt{2}}(|g\rangle_1|g\rangle_2 + |e\rangle_1|e\rangle_2) \tag{1.11}$$

相似地,如果一个单光子在另一个输出端口(B)被探测到,则我们可以得出原子状态处在另一个 EPR-Bell 态,即

$$|\phi\rangle_{\text{atom}} = \frac{1}{\sqrt{2}}(|g\rangle_1|e\rangle_2 + |e\rangle_1|g\rangle_2) \tag{1.12}$$

在这种方法中,我们通过发送和探测单光子,能够产生原子量子比特的 EPR-Bell 态。同样的方法可用于代替一个单光子态的包含多光子的相干态。在那种情况下,如图 1.7 所示的利用腔谐振与 e-r 跃迁失谐是有优势的。但是,如果干涉仪存在有限损耗,若对损耗的光子进行测量,原子的叠加态将坍塌成 $|g\rangle$ 态或 $|e\rangle$ 态。这种测量的理论概率对于坍塌量子态已足够高,因此无须在实验上进行这种测量。使用单一光子就消除了这种理论上的可能性。在单一光子被损耗后,不会探测到任何东西,因此,这种方案就失败了。然而,这种不成功是可知的,人们可以不断"重复"直到成功为止。

如图 1.7 所示的马赫-曾德尔干涉仪有一个不足之处。如果两个量子存储器相隔较长的距离,在长距离量子通信系统中确实有这样的情况,则马赫-曾德尔干涉仪的两臂将是相位任意波动的独立的光纤。在这种情况下,稳定差分相位是不实际的。图 1.8 所示的为用差分相位检测绕过这一问题[15]的另一种方案。一个单光子通过 50-50 的分束器分成两束分离的光脉冲,即探测光脉冲与参考光脉冲。只有探测光脉冲能检测出两原子腔系统的相移,而参考光

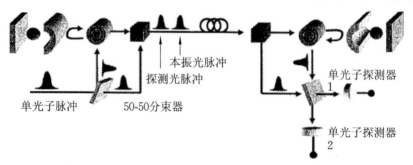

本振光脉冲
探测光脉冲
单光子探测器 1
单光子脉冲
50-50分束器
单光子探测器 2

图 1.8 通过差分相位检测单光子的原子纠缠态产生方案示意图,类似文献[15],引自 Kaoru Sanaka

脉冲传输相对于探测光脉冲有短的延迟和在信道中获得精确的相位波动,且参考光脉冲不与两原子腔系统相互作用。这样,通过探测光脉冲与参考光脉冲间的拍频产生的零差检测信号自动地去除了光纤的相位波动。

我们还没有讨论上述方案中原子腔系统将相移应用到反射的单个光子态的物理机理。对于激励场的响应,我们想到的一种方法就是将原子产生的场和腔反射的场叠加。然后,整个场就有变化的相位。但是,由原子自发辐射的单光子态也能自己通过量子擦除来产生纠缠。自从 Cabrillo 等人基于拉曼散射[16]首先提出了一个方案后,人们现在为此已提出了许多方案。很多方案受限于上述相位稳定性问题,可能仅适合于短距离通信,或在单一温度稳定芯片内的通信。

图 1.9 所示的为一种可能的实验方案,该方案基于绕开光纤相位波动问题[17]的自发辐射产生的两个不可分辨的单光子间的干涉。在这个方案中,两个原子同时制备在激发态 $|ex\rangle$,发射频率为 ω_1 或者 ω_2 的单光子。在每个臂上的原子和光子是纠缠的。

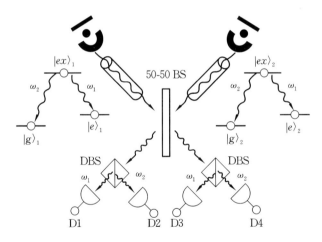

图 1.9 通过同时检测两个单光子的原子纠缠态产生方案,类似文献[17],引自 Kaoru Sanaka

$$|\phi\rangle_1 = \frac{1}{\sqrt{2}}(|g\rangle_{\text{atom1}}|\omega_2\rangle_{\text{photon1}} + |e\rangle_{\text{atom1}}|\omega_1\rangle_{\text{photon1}}) \tag{1.13}$$

$$|\phi\rangle_2 = \frac{1}{\sqrt{2}}(|g\rangle_{\text{atom2}}|\omega_2\rangle_{\text{photon2}} + |e\rangle_{\text{atom2}}|\omega_1\rangle_{\text{photon2}}) \tag{1.14}$$

我们假设光子 1 和 2 是无分辨的成对组合。那么,如果两个单光子通过 50-50 合波器进行合波且不同频率的两个光子在合波器的相同输出端口同

时被探测到,也就是,D1 和 D2 同时被点击或者 D3 和 D4 同时被点击,则两个原子状态同时被投射到 $|\phi\rangle_{atom} = \frac{1}{\sqrt{2}}(|g\rangle_{atom1}|e\rangle_{atom2} + |e\rangle_{atom1}|g\rangle_{atom2})$。另一方面,如果两个光子在不同的输出端口同时被探测到,也就是,D1 和 D4 同时被点击或者 D2 和 D3 同时被点击,则两个原子状态同时被投射到 $|\phi\rangle_{atom} = \frac{1}{\sqrt{2}}(|g\rangle_{atom1}|e\rangle_{atom2} - |e\rangle_{atom1}|g\rangle_{atom2})$。既然两个被探测到的光子有相似的频率,那么 $|\omega_1 - \omega_2| \ll \omega_1$,$|\omega_1 - \omega_2| \ll \omega_2$,在这种方案中光纤的相位波动也被抑制了。

1.4 单光子的产生历史

如果考虑任何能量的光子,则最早宣布单光子产生的实验可追溯到 20 世纪早期。这些实验产生的单光子辐射在时间上与一个或多个额外粒子辐射相关。尽管特殊光子发射的时间不能被控制,但是通过测量相关的粒子就可以知道。例如,文献[18]描述了高能光子(X 射线或者 γ 射线)参与的结果吻合的实验。20 世纪 50 年代[19,20],证实了通过正电子衰变的相关光子对发射是正电子发射断层成像的基础。

始于 20 世纪 60 年代的原子级联[21]和 20 世纪 70 年代的自发参量下转换(SPDC)[22]首次实现了光频的相关光子。这些光源被用于如违反 Bell 不等式[23]和双光子干涉[24]这样里程碑式的量子光学演示。在过去的 20 年,基于自发参量下转换的光源继续得到了改善并被用于大量的量子光学与量子信息实验中。

1977 年,通过染料激光激励一束钠原子首次实现了光频光子反聚束[25]。10 年后,通过捕获单个离子,演示了类似的实验[26]。后来实验的重大进展在于单个离子能够被捕获约 10 min,而且光子的统计真正地符合亚泊松分布。在固态系统中,1992 年用单一染料分子埋入固体中,首次实现了光子反聚束[27]。然后在金刚石的氮空位中心[28]和 CdSe 量子点[29]中观察到了反聚束。所有的实验都是连续激励,发射光子的时间没有加以控制。

1993 年,第一个按亚泊松统计的光源可能是基于挤压实现的[30],尽管泊松统计的偏离较小。1996 年,公布了基于脉冲激励单分子的按需光源[31]。包括测量光子相关直方图($G^{(2)}(\tau)$)的演示首次发表于 1999 年[32]。在这个实验中,利用作用电场,单分子通过与连续激光的共振而快速扫频。同样在 1999 年,报道了基于库仑阻塞效应的一个电驱动的半导体器件,在电特性和辐射光的时间上宣告实现了单光子产生[33]。之后不久,在半导体量子点中按需产生了包括光子统计测量的单光子[34-36]。几乎同时,室温下在单分子[37]和金刚石的氮空位中心[38]实现了稳定的触发单光子产生,还演示了基于量子点的电泵浦器件[39]。

紧跟着这些研究演示,注意力转向面向如量子密钥分发和基于单光子计算应用的效率和光谱特性改善。对于集成微米尺寸的光学腔,半导体量子点是自然的选择。在包含 InAs 量子点的柱状微腔内利用分布式布拉格反射镜(DBR)首次报道了重大的收获。这些结构被用来产生具有增强的光子收集效率的单光子[40-42]。正像 Hong-Ou-Mandel 类型利用自发辐射的单光子进行双光子干涉实验证实的那样,这种器件持续发射的光子展现了高度的量子力学的不可分辨性[6,43,44]。具有高度的量子力学的不可分辨性的光子还可由电泵浦的器件产生[45]。最近,对于埋入量子阱的量子点,初始具有宽间隔光学频率的两个量子点能够相互间共振,并观察到一定程度的光子不可分辨性[46]。

现在的关注集中在用单原子和离子产生单光子。一些早期用原子的结果包括用三能级原子与腔的耦合[47]触发单光子产生,从三能级原子和其他原子源研究双光子干涉[48,49]。用捕获的离子不仅实现了任意波形的单光子产生[50],还通过两个不同的捕获离子发射的光子实现了双光子干涉[51]。通过光子干涉和探测,这一工作促使首次证实两个遥远离子之间的概率纠缠形成[52]。

目前,更多引人注目的单光子产生的应用是在用于中继器或者可拓展计算的物质量子比特间的量子通信方面。现在该领域更多的努力是实现有长相干寿命的与物质量子比特耦合的高质量单光子源。目前,工作在光学频率的类原子系统,像上面提到的捕获离子在该领域的研究取得了很大的进步。尽管如此,包括半导体量子点、金刚石的氮空位中心,以及浅施主与受主半导体在内的几个固态系统看起来仍然很有发展前景。在半导体量子点方面,通过对包含单个电子的量子点加上横向作用磁场,能获得含有单个电子自旋的 Λ 型三能级系统。近期在这一系统的部分进展包括具有高保真度的光学自旋初始化[53,54]、任意全光量子比特门[55],以及利用拉曼散射从单一量子点产生光子[56]。在氮空位中心方面,电子自旋相干寿命已相当长[57],成功地实现了电子-原子核间耦合的控制[58,59],但是光学跃迁比较弱。Λ 型三能级系统已得到了证实[60],许多研究小组已花费更多努力来改善能实现该系统有效的静态到动态转换的光学结构[61-71]。在浅施主与受主半导体方面,现在已经报道了单光子产生[72]、Λ 型系统[73]、全光旋转[74]和来自两种分离杂质的不可分辨的光子[75]。

对于量子光学的应用,工作在光学频率的许多固体中的其他类原子系统已经被研究或者还在继续被研究,如碳纳米管[76]和有机染料纳米晶体[77]。单分子领域取得了持续的进步,包括能调控具有变换极限谱线的两个分子成相互共振演示的实验[78],近期证实了从两个不同分子产生不可分辨的光子[79]。在金刚石中存在数以百计的光学有源缺陷[80]。有些已被确认为高亮度室温单光子源[81-85],即使在室温下,同逆寿命相比其亦有较大的光子带宽。尽管由于没有进行更细致深入的研究,其他缺陷还是未知的,但是,类似于氮空位中心,有些缺陷可能存在基态上的长相干时间的多个自旋亚能级。综合有持久的物质量子比特相干、强的光学跃迁和高可复制性(例如,小的非均匀加宽光谱)的理想人工原子至今还没有研制出来。所以,人们有很强的动机继续这样的系统研究。

近期人们利用超导量子比特和"电路量子电动力学"(circuit QED)在微波领域取得了非常积极的成果。由于在 Josephson 结器件和超导带状线共振器间能获得很强的耦合,这类器件能工作在极其强耦合的方式,在传输线腔内光子与超导量子比特间的可逆耦合已被证实[86,87]。而且,这些器件可以被设计和重复制备。目前的限制是由于微波频率存在很大的热光子数,所以将这种单光子送出稀释制冷机是没有用的。尽管如此,这仍是迄今为止对大规模量子计算最有希望的研究方法。

1.5　概述

本书中,我们选择聚焦在利用固态类原子系统在光频下的单光子产生。在第 2 章和第 3 章中我们将分别给出二能级和三能级系统的单光子产生的基本理论。在第 4 章中我们将给出退相的一些基本理论模型。在第 5 章中我们将简要讨论实验问题。在第 6 章中,我们将描述三种固态类原子系统:InAs量子点、金刚石中的氮空位中心和浅施主(或者受主)半导体。在第 7 章中,我们将介绍不同类型用于增强和有效收集这些系统自发辐射的微腔。在第 8 章中,我们将给出其他的一些单光子源的可能应用示例。

第 2 章
腔内二能级量子发射体的单光子产生

本章阐述了在控制良好的光学模式下产生单个光子的最简单的技术。由激发态下的原子或量子点制备成的二能级量子发射体,会向周围发射一个光子并衰减到基态。发射体通常被放置在光学腔内,以帮助控制发射光子的时空特性。首先提出的杰恩斯-卡明斯模型(Jaynes-Cummings model,简称 J-C 模型)很好地描述了发射体-腔动力学。在此之后,单个发射体与辐射连续体的相互作用被研究分析,得到了一个完整的自发辐射过程的数学描述。然后相干腔动力学和耗散辐射过程结合,从而给出了量子发射体与有限品质因子的腔模式相互作用的完整图像——这是腔量子电动力学(cavity QED)领域的主要课题。我们假设读者对电磁场的量子化很熟悉,这在许多优秀的教科书中都有详细的描述,如文献[89,90]。

2.1 J-C 哈密顿量

J-C 模型描述了二能级的有源偶极子量子发射体与单个量子化光学模式的相互作用。这个模型最初是由埃德温·杰恩斯(Edwin Jaynes)和弗雷德·卡明斯(Fred Cummings)在 1963 年提出的,目的是获得关于自发辐射现象的完整量子理论。它是研究单光子发射过程的首选工具。在这本书中,我们将把这个模型应用于二能级偶极子跃迁与束缚或非束缚的量子化电磁场模式的相互作用。在给定电磁场模式下,我们需要得到其电场算符的表达式,所以我们首先简要回顾一下电磁场量子化的过程。

2.1.1 电磁场的量子化

大多数光场量子化的处理都是在自由空间环境下进行的。在自由空间中,麦克斯韦方程组的本征模是简单的(矢量)平面波,由波矢 $\mathbf{k}$ 和极化指数 α,以及偏振矢量 $\mathbf{e}_{k,\alpha}$ 和频率 $\omega_k = |\mathbf{k}|c$ 来标记。标准的量子化过程包括将每一个模态都转换到一个复向量空间中,在这个空间中产生和湮灭算子起作用,将该模态的受激能级提高或降低一个固定的(量子化的)量。考虑一个单模 $(\mathbf{k},\alpha)$,作用于相关向量空间的向量势算子为

$$\hat{A}_{k,\alpha}(r) = \mathbf{e}_{k,\alpha}\sqrt{\frac{\hbar}{2\omega_k\epsilon_0 V}}\left(a_{k,\alpha}\mathrm{e}^{ikr} + a_{k,\alpha}^\dagger\mathrm{e}^{-ikr}\right) \tag{2.1}$$

由此我们可以推导出电场和磁场算符为

$$\hat{E}_{k,\alpha}(r) = \mathrm{i}\mathbf{e}_{k,\alpha}\sqrt{\frac{\hbar\omega_k}{2\epsilon_0 V}}\left(a_{k,\alpha}\mathrm{e}^{ikr} - a_{k,\alpha}^\dagger\mathrm{e}^{-ikr}\right) \tag{2.2}$$

$$\hat{B}_{k,\alpha}(r) = \mathrm{i}\mathbf{k}\times\mathbf{e}_{k,\alpha}\sqrt{\frac{\hbar}{2\omega_k\epsilon_0 V}}\left(a_{k,\alpha}\mathrm{e}^{ikr} - a_{k,\alpha}^\dagger\mathrm{e}^{-ikr}\right) \tag{2.3}$$

这里,V 是一个很大的"量化体积",这是我们用来处理非平方可积函数的平面波的一个数学技巧。算符 $a_{k,\alpha}$ 和 $a_{k,\alpha}^\dagger$ 分别表示在模态 $(\mathbf{k},\alpha)$ 湮灭和产生光子,并遵循通常的对易关系:

$$[a_{k1,\alpha1}, a_{k2,\alpha2}^\dagger] = \delta_{k1,k2}\delta_{\alpha1,\alpha2} \tag{2.4}$$

$$[a_{k1,\alpha1}, a_{k2,\alpha2}] = 0 \tag{2.5}$$

然后给出了模式真空状态下的平均电磁能量:

$$\frac{1}{2}\int dr\langle vac|\epsilon_0\hat{E}_{k,\alpha}^2 + \mu_0^{-1}\hat{B}_{k,\alpha}^2|vac\rangle = \frac{\hbar\omega_k}{2} \tag{2.6}$$

这就是谐振子的修正零点能量。

任意介电常数为 $\epsilon(r)$ 的无损电介质,也可以采用类似的量化过程。为简单起见,我们假设介质无色散,因此 $\epsilon(r)$ 与频率变量无关。在可见光和近红外频率下,这对通常的半导体材料来说是一个很好的近似,但是对某些金属结构会失效,这时材料本身的色散是不可忽略的。

在一般介质环境中,求解麦克斯韦方程组时,将电场视为空间上的向量场,定义一个新的内积是很方便的,如下:

$$\langle \boldsymbol{E}_1, \boldsymbol{E}_2 \rangle_\epsilon = \int \mathrm{d}r \epsilon(r) E_1^*(r) E_2(r) \tag{2.7}$$

这就把麦克斯韦方程变成了厄米矩阵的特征值问题。对此,我们知道存在一组完备的标准正交解(完备性要求麦克斯韦算子或它的逆是紧算子,这对我们通常研究的物理结构几乎总是成立的)。

在这组解中有两种模式,即束缚模式和非束缚模式。束缚模式是指电场在空间中的分布是平方可积的,即

$$\int \mathrm{d}r \epsilon(r) \mid E(r) \mid^2 < \infty \tag{2.8}$$

并且可以为其定义一个模体积,即

$$V_\mathrm{m} = \frac{\int \mathrm{d}r \epsilon(r) \mid E(r) \mid^2}{\max_\epsilon(r) \mid E(r) \mid^2} \tag{2.9}$$

(逆)模体积可以看作是真空场能量在该模态(空间上)的最大集中的度量,或者等效地,可以看作是测量处于该模态的单个光子的最大能量密度。小的模体积意味着大的真空涨落或每个光子大的电场,因此,我们将在下一节中看到与物质更强的相互作用。束缚模式的存在通常归因于光学腔的存在,但它也可以出现在无序介质中(Anderson 局域化)。对于频率为 ω_c 的束缚模式,电场算符可以简单地写成

$$\hat{E}(r) = \frac{\mathrm{i} E(r)}{\sqrt{\max_\epsilon(r) \mid E(r) \mid^2}} \sqrt{\frac{\hbar \omega_c}{2\epsilon_0 V_\mathrm{m}}} \hat{a} + \mathrm{h.c.} \tag{2.10}$$

模式真空态的平均能量再次由 $\dfrac{\hbar \omega_c}{2}$ 给出。

非束缚模式是一种非平方可积的模式。因此,得到合适的规范化并不是很容易。这里的微妙之处在于,非束缚模式不是单独出现的,而是作为连续解的一部分。它们可以通过完整性关系以一种独特的方式归一化,即

$$\int \mathrm{d}\lambda E_\lambda^*(r) \epsilon(r) E_\lambda(r') = \delta(r - r') \tag{2.11}$$

其中,λ 是遍历所有模式的标记,有束缚模式和非束缚模式。例如,在自由空间中,λ 遍历所有的 $\boldsymbol{k}$ 向量,以及根据完整性关系的归一化模式的形式应该是

$\dfrac{e^{ikr}}{(2\pi)^{3/2}}$（省略极化项）。将测度从 $d^3\boldsymbol{k}$ 重新定义为 $\dfrac{d^3\boldsymbol{k}}{(2\pi)^3}$，使自由空间模式以 e^{ikr} 的形式出现，这在文献中似乎很常见。当我们遵循这个规范化过程时，会遇到一个小问题。如果我们试着计算每一种模式的零点能量，则会得到一个发散的结果。为了"规范化"这些先前没有涉及的模态，包括引入一个大的"量化"体积 V，将模态函数转换为 $\dfrac{e^{ikr}}{\sqrt{V}}$，并将测度转换为 $\dfrac{V}{(2\pi)^3}d^3\boldsymbol{k}$，现在我们将量化的部分定义在有限的空间 V 中，而不是全部空间。这个过程纯粹是为了数学上的方便，当我们计算可测观测值的平均值时取极限 $V\to\infty$，会给出与全空间问题相同的物理性质。

一般来说，最方便的规范化方法取决于问题的几何形状。我们将在下面给出几个例子。

2.1.1.1　三维平移对称性：均匀介质

这类似于自由空间，只是它充满了介电常数为 $\epsilon=n^2$ 的无损介质。麦克斯韦方程的本征模归一化后，给出了修正的完备关系如下：

$$\boldsymbol{E}_{k,a}(r)=\boldsymbol{e}_{k,a}\dfrac{e^{ikr}}{\sqrt{2\pi n}} \tag{2.12}$$

同样，这里的 $\boldsymbol{k}$ 遍历所有的波矢，α 是极化的记号。与模式 $(\boldsymbol{k},\alpha)$ 相关的本征频率现在是 $\omega_k=|\boldsymbol{k}|c/n$。然后，通常使用量化体积 V 并将测度改为 $\dfrac{V}{(2\pi)^3}d^3\boldsymbol{k}$，从而将本征模改为 $\boldsymbol{e}_{k,a}\dfrac{e^{ikr}}{\sqrt{Vn}}$。现在可以把电场算符与这种模式联系起来，而这种模式提供有限的零点能量。通过将模式 $(\boldsymbol{k},\alpha)$ 的零点能固定为 $\hbar\omega_k/2$，得到修正的场算符为

$$\hat{E}_{k,a}=i\boldsymbol{e}_{k,a}\sqrt{\dfrac{\hbar\omega_k}{2\epsilon_0 V}}\left(\dfrac{e^{ikr}}{n}a_{k,a}-\dfrac{e^{-ikr}}{n}a^{\dagger}_{k,a}\right) \tag{2.13}$$

此时，将这个结果与自由空间 $(\epsilon=1)$ 的情况进行比较会很有意思。假设我们想通过与电场算符的 r 次幂成正比的一些相互作用的哈密顿量，来计算包含 p 个初始模式和 q 个最终模式的过程的速率。这些是用费米黄金规则完成的，即

$$R\sim\int dk'_1\cdots dk'_q\,|\,\langle k_1,\cdots,k_p,\mathrm{ini}|E^r|k'_1,\cdots,k'_q,\mathrm{final}\rangle\,|^2 \tag{2.14}$$

这个问题的常见例子包括(但不限于)自发辐射速率($p=0,q=1,r=1$)或有些线性散射率($p=1,q=1,r=1$)。通过变量 $k_i=n\bar{k}_1$ 的变化,我们发现 R 与它在自由空间的值相同,除了需要乘上一个因子 n^{3q-2r},即

$$R(n)=n^{3q-2r}R(n=1) \tag{2.15}$$

特别地,当在均匀介质中而不是在自由空间中计算时,自发辐射速率和线性散射率按因子 n 进行缩放。

2.1.1.2　二维平移对称性:平板波导

在这种情况下,我们假设介电函数的形式为 $\epsilon(z)$,也就是说,它不依赖于 x、y 的坐标。对于这种几何形状的介质,标准的方法是将波矢在 (x,y) 平面上的投影定义为 $\boldsymbol{\beta}$。麦克斯韦方程组的归一化本征模都有如下形式:

$$E_{\lambda,\boldsymbol{\beta}}=\overline{E}_{\lambda,\boldsymbol{\beta}}(z)\frac{e^{i\boldsymbol{\beta}\cdot\boldsymbol{\rho}}}{\sqrt{(2\pi)^2}} \tag{2.16}$$

对于 TM 偏振模和 $\lambda\perp\boldsymbol{\beta}$ 的情况,我们有完备性关系

$$\int d\lambda\epsilon(z)\overline{E}_{\lambda,\boldsymbol{\beta}}^*(z)\overline{E}_{\lambda,\boldsymbol{\beta}}(z')=\delta(z-z') \tag{2.17}$$

以及对应的正交性条件

$$\int dz\epsilon(z)\overline{E}_{\lambda,\boldsymbol{\beta}}^*(z)\overline{E}_{\lambda',\boldsymbol{\beta}}(z)=\delta_{\lambda,\lambda'} \tag{2.18}$$

(对于 TE 偏振模,有相似的表达式,但在积分中没有 $\epsilon(z)$ 出现。)同样地,λ 是一个遍历所有"横向模式"(简称为横模)的记号,这些模式是束缚的(离散集或可数集)或者非束缚的(连续函数)。对于束缚的横模,满足 $\int dz\epsilon(z)|\overline{E}_{\lambda,\boldsymbol{\beta}}(z)|^2<\infty$,我们可以定义如下的一个"模式长度"$L_m$:

$$L_m=\frac{\int dz\epsilon(z)|\overline{E}(z)|^2}{\max\epsilon(z)|\overline{E}(z)|^2} \tag{2.19}$$

它衡量模式在 z 方向上的集中程度。为了定义一个正则化的电场算符,我们引入了一个大的量化区域 A,并将 $\boldsymbol{\beta}$ 的测度改为 $\frac{A}{(2\pi)^2}d^2\boldsymbol{\beta}$,则电场算符可以表示为

$$\hat{E}_{\lambda,\boldsymbol{\beta}}(\boldsymbol{\rho},z)=i\frac{\overline{E}(z)}{\sqrt{\max\epsilon(z)|\overline{E}(z)|^2}}\sqrt{\frac{\hbar\omega_{\lambda,\boldsymbol{\beta}}}{2\epsilon_0 L_m}}\frac{e^{i\boldsymbol{\beta}\cdot\boldsymbol{\rho}}}{\sqrt{A}}a_{\lambda,\boldsymbol{\beta}}+\text{h.c.} \tag{2.20}$$

对于非束缚的横模,我们在 z 方向上需要一个额外的量化长度 L,则电场算符的形式很简单,如下:

$$\hat{E}_{\lambda,\boldsymbol{\beta}}(\boldsymbol{\rho},z)=\mathrm{i}\overline{E}_{\lambda,\boldsymbol{\beta}}(z)\sqrt{\frac{\hbar\omega_{\lambda,\boldsymbol{\beta}}}{2\epsilon_0 AL}}\mathrm{e}^{\mathrm{i}\boldsymbol{\beta}\cdot\boldsymbol{\rho}}a_{\lambda,\boldsymbol{\beta}}+\mathrm{h.c.} \qquad (2.21)$$

满足

$$\frac{1}{L}\int\mathrm{d}z\epsilon(z)\mid\overline{E}_{\lambda',\boldsymbol{\beta}}(z)\mid^2=1 \qquad (2.22)$$

这是 TM 偏振模 $(\lambda,\boldsymbol{\beta})$ 的情况,且 λ 垂直于 $\boldsymbol{\beta}$。

2.1.1.3　一维平移对称性:波导

在这种情况下,我们假设介电函数的形式是 $\epsilon(x,y)$,也就是说,它不依赖于 z 坐标。对于这种几何形状的介质,标准的方法是将波矢在 z 轴上的投影定义为 $\boldsymbol{\beta}$。麦克斯韦方程的归一化本征模都有如下形式:

$$E_{\lambda,\boldsymbol{\beta}}=\overline{E}_{\lambda,\boldsymbol{\beta}}(x,y)\frac{\mathrm{e}^{\mathrm{i}\beta z}}{\sqrt{2\pi}} \qquad (2.23)$$

其中,对于所有的 $\boldsymbol{\beta}$,对纯 TM 偏振模和 $\lambda\perp\boldsymbol{\beta}$ 的情况,有

$$\int\mathrm{d}\lambda\epsilon(x,y)\overline{E}^*_{\lambda,\boldsymbol{\beta}}(x,y)\overline{E}_{\lambda,\boldsymbol{\beta}}(x',y')=\delta(x-x')\delta(y-y') \qquad (2.24)$$

也意味着对所有的 $\boldsymbol{\beta}$,有

$$\int\mathrm{d}x\,\mathrm{d}y\epsilon(x,y)\overline{E}^*_{\lambda,\boldsymbol{\beta}}(x,y)\overline{E}_{\lambda',\boldsymbol{\beta}}(x,y)=\delta_{\lambda,\lambda'} \qquad (2.25)$$

同样,λ 是一个遍历所有"横模",包括束缚模(离散集或可数集)或非束缚模(连续函数)上的标记。对于由 $\int\mathrm{d}x\,\mathrm{d}y\epsilon(x,y)\mid\overline{E}_{\lambda,\boldsymbol{\beta}}(z)\mid^2<\infty$ 约束的横模,我们可以定义一个"模面积"A_m 为

$$A_m=\frac{\int\mathrm{d}x\,\mathrm{d}y\epsilon(x,y)\mid\overline{E}(x,y)\mid^2}{\max\epsilon(x,y)\mid\overline{E}(x,y)\mid^2} \qquad (2.26)$$

它衡量在 (x,y) 平面上的模式集中程度。为了定义一个正则化的电场算符,我们引入了一个大的量化长度 L,并将测度 $\boldsymbol{\beta}$ 变成 $\frac{L}{2\pi}\mathrm{d}\boldsymbol{\beta}$,则修正的电场算符可以表示为

$$\hat{E}_{\lambda,\boldsymbol{\beta}}(x,y,z)=\mathrm{i}\frac{\overline{E}(x,y)}{\sqrt{\max\epsilon(x,y)\mid\overline{E}(x,y)\mid^2}}\sqrt{\frac{\hbar\omega_{\lambda,\boldsymbol{\beta}}}{2\epsilon_0 A_m}}\frac{\mathrm{e}^{\mathrm{i}\beta z}}{\sqrt{L}}a_{\lambda,\boldsymbol{\beta}}+\mathrm{h.c.} \qquad (2.27)$$

对于非束缚横模，(x,y) 平面上需要一个额外的量化面积 A，则电场算符的形式很简单，如下：

$$\hat{E}_{\lambda,\boldsymbol{\beta}}(x,y,z)=\mathrm{i}\overline{E}_{\lambda,\boldsymbol{\beta}}(x,y)\sqrt{\frac{\hbar\omega_{\lambda,\boldsymbol{\beta}}}{2\epsilon_0 AL}}\,\mathrm{e}^{\mathrm{i}\beta z}a_{\lambda,\boldsymbol{\beta}}+\mathrm{h.c.} \tag{2.28}$$

满足

$$\frac{1}{A}\int\mathrm{d}x\,\mathrm{d}y\epsilon(x,y)\mid\overline{E}_{\lambda',\boldsymbol{\beta}}(x,y)\mid^2=1 \tag{2.29}$$

它给出了 TM 偏振模 $(\lambda,\boldsymbol{\beta})$ 的修正零点能。

2.1.2　光与物质的相互作用

在 2.1.1 节中，我们介绍了描述量子化电磁场的矢量势算子和电场算子。我们现在使用这些算子来获得光场模式和单光子发射体耦合的完整量子力学图像，该图像由具有偶极矩 μ 的二能级系统来描述。其结果就是 J-C 光与物质相互作用模型。

2.1.2.1　最小耦合哈密顿量与多极子展开

考虑一个光发射体，它被形式化表述为运动电荷的集合体（例如，在半导体中，电子绕原子旋转，或电子和空穴相互绕着对方旋转）。为了简化讨论，我们将考虑一定数量的质量为 m、电荷为 $-e$ 的电子，用指标 j 标记，它们在固定的背景下运动。电磁场背景中电子 j 的运动用最小耦合哈密顿量来描述，其中动能项 $\dfrac{\hat{p}_j^2}{2m}$ 被规范不变项 $\dfrac{1}{2m}(\hat{p}_j+e\hat{A}(r_j))^2$ 所取代。由此，电荷系统与量子化电场的相互作用可以表示为

$$H_{pA}=\frac{e}{m}\sum_j\hat{A}(r_j)\cdot\hat{p}_j \tag{2.30}$$

上式称为"$p\cdot A$"形式，或者经过一次总体（Power-Zienau-Wooley）的幺正变换后的形式如下：

$$H_{rE}=e\sum_j\int_0^1\mathrm{d}\xi r_j\cdot\hat{E}(\xi r_j) \tag{2.31}$$

我们称之为"$r\cdot E$"形式。对我们来说，这与本书的目的更为相关。[①] 出于完整性的考虑，我们提到了物质与磁场部分相互作用的另一项，表示为

---

① 更准确地说，H_{rE} 应该只具有电场的非发散或"横向"部分。

$$H_{\text{mag}} = \frac{e}{m} \sum_j \int_0^1 \mathrm{d}\xi \xi \boldsymbol{r}_j \times \hat{p}_j \cdot \hat{E}(\xi \boldsymbol{r}_j) \tag{2.32}$$

但与 H_{rE} 相比，H_{mag} 通常可以忽略。

一个方便的数学技巧是对电场进行泰勒展开，有

$$\hat{E}(\xi \boldsymbol{r}_j) = \left[1 + \xi \boldsymbol{r}_j \cdot \nabla + \frac{1}{2!}(\xi \boldsymbol{r}_j \cdot \nabla)^2 + \cdots \right] \hat{E}(\boldsymbol{r}_j = 0) \tag{2.33}$$

对变量 ξ 积分后得到所谓的相互作用哈密顿量的多极展开，如下：

$$H_{rE} = e \sum_j \boldsymbol{r}_j \cdot \left[1 + \frac{1}{2!} \boldsymbol{r}_j \cdot \nabla + \frac{1}{3!}(\boldsymbol{r}_j \cdot \nabla)^2 + \cdots \right] \hat{E}(\boldsymbol{r}_j = 0) \tag{2.34}$$

$$H_{\text{mag}} = \frac{e}{m} \sum_j \boldsymbol{r}_j \times \hat{p}_j \cdot \left[\frac{1}{2!} + \frac{2}{3!} \boldsymbol{r}_j \cdot \nabla + \frac{3}{4!}(\boldsymbol{r}_j \cdot \nabla)^2 + \cdots \right] \hat{B}(\boldsymbol{r}_j = 0) \tag{2.35}$$

H_{rE} 展开的第一项包含电荷分布的偶极矩

$$\boldsymbol{\mu} = -e \sum_j \boldsymbol{r}_j \tag{2.36}$$

在许多相关的物理研究中，它是对相互作用的哈密顿量有主要贡献的项。在某些情况下，偶极矩消失，相互作用的下一个主导项是 H_{rE} 的第二项和 H_{mag} 的第一项。H_{rE} 的第二项包括电荷分布的电四极矩，给出的二阶张量为

$$\boldsymbol{Q} = -\frac{e}{2} \sum_j \boldsymbol{r}_j \boldsymbol{r}_i \tag{2.37}$$

而 H_{mag} 的第一项包含磁偶极矩

$$\boldsymbol{\mu}_{\text{M}} = -\frac{e}{2m} \sum_j \boldsymbol{r}_j \times \hat{p}_j \tag{2.38}$$

总之，在几乎所有我们研究的情况下，主要相互作用项都是电偶极子 $-\boldsymbol{\mu} \cdot \hat{E}(0)$、电四极子 $-\nabla \cdot \boldsymbol{Q} \cdot \hat{E}(0)$ 和磁偶极子 $-\boldsymbol{\mu}_{\text{M}} \hat{B}(0)$。对于可见光频率范围内的原子跃迁，电四极子和磁偶极子项具有相同的数量级，并且比电偶极子项小一个因子 $\frac{e^2}{4\pi\epsilon_0 \hbar c} \sim \frac{1}{137}$，这个因子称为精细结构常数。因此，除非选择定则禁止它跃迁，否则电偶极子将占主导地位，这是我们在这本书中唯一要担心的术语。

2.1.2.2 J-C 哈密顿量，旋波近似

现在我们有了推导 J-C 哈密顿量所需的理论工具。考虑频率为 ω 的单模光场，它可由量子算符描述为

$$\hat{E}(r)=\mathrm{i}\overline{E}(r)a-\mathrm{i}\overline{E}^*(r)a^{\dagger} \tag{2.39}$$

假设复数(矢量的)场振幅 $\overline{E}(r)$ 被归一化,得到零点能量

$$\int \mathrm{d}^3 r_0 \langle vac \mid \hat{E}^2 \mid vac \rangle = \frac{\hbar\omega}{2} \tag{2.40}$$

如第 2.1.1 节所述。

考虑一个位于 $r=r_0$ 的二能级量子系统,它具有基态 $\langle g |$、激发态 $|e\rangle$、跃迁频率 ω_0 和(电)偶极矩算子,有

$$\hat{\mu}=\boldsymbol{\mu}|g\rangle\langle e|+\boldsymbol{\mu}^*|e\rangle\langle g| \tag{2.41}$$

其中,对于有运动电荷 q_j 的系统,偶极跃迁矩阵元 $\boldsymbol{\mu}$ 可以按下式计算:

$$\boldsymbol{\mu}=\sum_j q_j \langle g \mid \hat{r}_j \mid e\rangle \tag{2.42}$$

注意到,我们已经使用了位置算符 $\hat{r}_j$,它出现在电子自由度的一次量子化过程中,作用于描述第 j 个电荷运动的希尔伯特空间。

限制在电偶极子的相互作用下,完整的哈密顿量描述了发射体+场系统的时间演化,有

$$H=\hbar\omega_0 |e\rangle\langle e|+\hbar\omega\left(a^{\dagger}a+\frac{1}{2}\right)-\hat{\mu}\cdot\hat{E}(r_0) \tag{2.43}$$

上式的最后一项描述了相互作用。海森堡图像中的相互作用部分可以表示为

$$H_{\mathrm{int}}(t)=\mathrm{i}\boldsymbol{\mu}^*\cdot\overline{E}(r_0)|e\rangle\langle g|[a\mathrm{e}^{-\mathrm{i}(\omega-\omega_0)t}+a^{\dagger}\mathrm{e}^{\mathrm{i}(\omega+\omega_0)t}]+\mathrm{h.c.} \tag{2.44}$$

在场模和发射体接近谐振($\omega\sim\omega_0$)的情况下,含有缓慢变化的时间指数项占主导地位。旋波近似(rotating wave approximation,RWA)就是忽略了快速变化的时间指数项。我们将在本书中对其进行近似。这将使我们能够得到关于光与物质耦合系统时间演化的解析结果。再来看薛定谔图像,RWA 中的相互作用哈密顿量可以写成

$$H_{\mathrm{int}}^{\mathrm{RWA}}=\mathrm{i}\boldsymbol{\mu}^*\cdot\overline{E}(r_0)|e\rangle\langle g|\cdot a+\mathrm{h.c.} \tag{2.45}$$

这是本节的主要结果,为我们提供了研究各种架构下单光子发射问题所需的所有工具。

2.2 量子发射体与辐射连续体的耦合

现在我们将用 J-C 哈密顿量来描述频率为 ω 的单个二能级量子发射体与电磁模连续体的耦合。连续模由(可能是多维的)变量 β 标记,对应的频率为 ω_β 和归一化电场分布为 $E_\beta(r)$。例如,如果我们试图描述发射体与单个横向

波导模式的耦合,则 β 是一维连续的;用于描述模式的纵向动量,而 ω_β 是色散曲线。对于自由空间的耦合,β 是三维连续的,描述动量或自由传播光的"k 矢量"。

2.2.1 一般情况

如第 2.1.1 节所述,模式分布的归一化如下:

$$\int \mathrm{d}^3 r \boldsymbol{E}_\beta^*(r) \epsilon(r) \boldsymbol{E}_{\beta'}(r) = \delta(\beta - \beta') \tag{2.46}$$

其中,$\epsilon(r)$ 为无损耗、无色散介质的介电常数分布。

我们定义了一个偶极矩为 $\boldsymbol{\mu}$,位于 r 处的量子发射体与模式 β 之间的耦合常数

$$C_\beta = \boldsymbol{\mu}^* \cdot \boldsymbol{E}(r)/\hbar \tag{2.47}$$

由式(2.45)得到的所有连续模态贡献的相互作用总哈密顿量可表示为

$$H_{\mathrm{int}}^{\mathrm{RWA}} = \int \mathrm{d}\beta \, \hbar C_\beta \mid e\rangle\langle g \mid \cdot a_\beta + \mathrm{h.c.} \tag{2.48}$$

假设发射体在 $t=0$ 时,以激发态 $\mid e\rangle$ 启动。由于在 RWA 下,相互作用的哈密顿量总是体现着,物质的激发伴随着场的去激发,反之亦然,所以发射体+辐射连续体系统的量子态始终保持下列形式:

$$\Psi(t) = e(t) \mid e, 0\rangle + \int \mathrm{d}\beta g_\beta(t) \mid g, 1_\beta\rangle \tag{2.49}$$

其中,$e(t)$ 和 $g_\beta(t)$ 为复时变振幅,由于概率的保守性,一直会服从以下等式:

$$\mid e(t)\mid^2 + \int \mathrm{d}\beta \mid g_\beta \mid^2 (t) = 1 \tag{2.50}$$

利用式(2.48)中的 J-C 哈密顿量,得到变量 e、g_β 的动力学方程如下:

$$\dot{e}(t) = -\mathrm{i} \int \mathrm{d}\beta C_\beta^* g_\beta(t) \tag{2.51}$$

$$\dot{g}_\beta(t) = -\mathrm{i}(\omega_\beta - \omega) g_\beta(t) - \mathrm{i} C_\beta e(t) \tag{2.52}$$

有几种方法可以精确地解这些方程,也许利用拉普拉斯变换是最严谨的。函数 $f(t)$ 的拉普拉斯变换 $\overline{f}(s)$ 定义为

$$\overline{f}(s) = \int_0^\infty \mathrm{d}t \, \mathrm{e}^{-st} f(t) \tag{2.53}$$

同时逆变换为

$$f(t) = \int_{\epsilon - \mathrm{i}\infty}^{\epsilon + \mathrm{i}\infty} \mathrm{d}s \, \mathrm{e}^{st} \, \overline{f}(s) \tag{2.54}$$

对动力学方程进行拉普拉斯变换,利用适当的初值条件,得到

$$s\bar{e}(s) - 1 = -i\int d\beta C_\beta^* \bar{g}_\beta(s) \tag{2.55}$$

$$s\bar{g}_\beta(s) = -i(\omega_\beta - \omega)\bar{g}_\beta(s) - iC_\beta\bar{e}(s) \tag{2.56}$$

在此基础上,我们可以完全消去连续变量,得到

$$\bar{e}(s) = \left[s + \int d\beta \frac{|C_\beta|^2}{s + i(\omega_\beta - \omega)} \right]^{-1} \tag{2.57}$$

如果 $|C_\beta|^2$ 的变化不太快,我们可以将分布 $1/(s + ix)$ 近似为 $\pi\delta(x) - i\mathcal{P}(1/x)$,在这种情况下可以得到

$$\bar{e}(s) \sim [s + \kappa/2 + i\delta_L]^{-1} \tag{2.58}$$

以及

$$\kappa = 2\pi\int d\beta |C_\beta|^2 \delta(\omega_\beta - \omega) \tag{2.59}$$

$$\delta_L = -\mathcal{P}\int d\beta \frac{|C_\beta|^2}{\omega_\beta - \omega} \tag{2.60}$$

在这种情况下,受激能级的粒子数 $|e|^2(t)$ 以指数为 κ 的速率衰减,偶极子以 $\omega + \delta_L$ 的速率振荡,略偏移于原频率 ω,偏移量 δ_L 称为兰姆移位。

模式变量的拉普拉斯变换为

$$\bar{g}_\beta(s) = -iC_\beta [s + \kappa/2 + i\delta_L]^{-1} [s + i(\omega_\beta - \omega)]^{-1} \tag{2.61}$$

在时域中,它们有以 k 速率消逝的瞬态特性,和一个给定的终态

$$g_\beta(t \to \infty) \sim \frac{C_\beta e^{-i(\omega_\beta - \omega)t}}{\omega_\beta - \omega - \delta_L + i\kappa/2} \tag{2.62}$$

很容易检验 $\int d\beta |g_\beta(t \to \infty)|^2 = 1$。这给出了系统作为单个光子在连续本征模的线性组合中的最终状态。

2.2.2 一维连续

在一维连续的情况下,通过研究这些结果可以获得一些重要的物理见解。例如,考虑一个单模(横向模式)波导,其中(纵向)模式由动量 β 和色散函数 $\omega(\beta)$ 标记。用 β^i 表示 β 在 $\omega(\beta^i) = \omega$ 成立时的 β 值,同时用 v_g^i 表示波导模式对应的群速度,定义为

$$v_g^i = \left(\frac{\partial\omega}{\partial\beta} \right)_{\beta = \beta^i} \tag{2.63}$$

然后,发射体在特定(横向)波导模式下的衰减率由式(2.59)给出,可以重新表

示为

$$\kappa = \sum_i \frac{2\pi}{v_g^i} \left| C_{\beta i} \right|^2 \tag{2.64}$$

如果 ω 处在波导模式色散的能量带隙中,则可以得到 $\kappa = 0$:发射体没有可用的衰减模式。如果色散曲线仅在一点 $\omega(\beta^*)$ 处穿过 ω,则发射体衰减的速率与该点波导的群速度成反比,有

$$\kappa = \frac{2\pi}{v_g^*} \left| C_{\beta^*} \right|^2 \tag{2.65}$$

因此在原理上,如果波导的模式色散是这样的:它有一个"平坦"区域,在较小的群速度下,发射体在该模式下的衰减率可以达到非常大的数值。这个简单的实例是珀塞尔效应(Purcell effect),即光发射体的衰减率不仅取决于发射体的固有性质(例如,其偶极矩 μ 以耦合常数 $C(\beta^*)$ 为特征),而且取决于发射体的电磁环境(这里的衰减为波导模式的色散)[4]。接下来,当我们处理光学腔内的光发射体时,我们将看到珀塞尔效应的其他表现。

2.3 腔耦合到辐射连续体

在本节中,我们发展了一种方法来处理光场的单光子激发,该光场由单模腔(束缚态)耦合到辐射模的任意连续体形成。更具体地说,考虑耦合到单模脊波导的环形腔或耦合到光子晶体波导(线缺陷)的光子晶体腔(点缺陷)。

请注意,尽管光场具有单光子性质,但这个问题是纯粹的经典问题,通常使用扰动格林函数的方法来解决。在这里,我们发展了一个单光子态之间的耦合模式理论,这将很方便达成这本书的目的。

考虑谐振频率为 ω_c 的腔模式,有归一化电场分布 $\overline{E}_c(r)$,产生算子 $c^\dagger$,以及由一些(可能是多维的)指数 β 标记的辐射连续体,色散为 ω_β,归一化场分布 $\overline{E}_\beta(r)$ 和产生算子 $a_\beta^\dagger$。

腔模与辐射模的耦合可以建模为具有有效哈密顿量的多模分束器,有

$$H_{\text{int}}^{C-R} = \hbar \int \mathrm{d}\beta C_\beta c^\dagger a_\beta + \text{h.c.} \tag{2.66}$$

我们假设在整个系统中有一个光子,它的动力学可以用一个"波函数"来描述,即

$$\Psi(t) = c(t)c^\dagger \left| vac \right\rangle + \int \mathrm{d}\beta \alpha_\beta(t) a_\beta^\dagger \left| vac \right\rangle \tag{2.67}$$

因此，H_{int} 的厄米性确保了在任何时候都有正确的概率守恒，即

$$| c(t) |^2 + \int d\beta | \alpha_\beta(t) |^2 = 1 \qquad (2.68)$$

耦合常数 C_β 可由经典的耦合模理论计算得到，即

$$C_\beta \sim \omega_b \int d^3 r \, \overline{E}_c^*(r) \epsilon_R(r) \overline{E}_\beta(r) \sim \omega_c \int d^3 r \, \overline{E}_c^*(r) \epsilon_C(r) \overline{E}_\beta(r) \qquad (2.69)$$

其中，$\epsilon_C(r)$ 和 $\epsilon_R(r)$ 分别为单腔和单辐射连续介质的介电常数分布。

单光子场振幅的时间演化为

$$\dot{c}(t) = -i\omega_c c(t) - i\int d\beta C_\beta^* \alpha_\beta(t) \qquad (2.70)$$

$$\dot{\alpha}_\beta(t) = -i\omega_\beta \alpha_\beta(t) - iC_\beta c(t) \qquad (2.71)$$

假设在遥远的过去 t_0 时刻，腔模式不存在，而连续体处于工作状态

$$\Psi(t_0) = \int d\beta \alpha_\beta^{in} a_\beta^\dagger | vac \rangle \qquad (2.72)$$

对具有时间原点 t_0 的演化方程进行拉普拉斯变换，得到

$$(s + i\omega_c)\overline{c}(s) = -\frac{\kappa(\omega_c)}{2}\overline{c}(s) - i\int d\beta \frac{C_\beta^* \alpha_\beta^{in}}{s + i\omega_\beta} \qquad (2.73)$$

$$(s + i\omega_\beta)\overline{\alpha}_\beta(s) = \alpha_\beta^{in} - iC_\beta \overline{c}(s) \qquad (2.74)$$

在这里使用了维格纳 - 韦斯科普夫（Wigner-Weisskopf）近似并定义

$$\kappa(\omega) = 2\pi \int d\beta | C_\beta |^2 \delta(\omega_b - \omega) \qquad (2.75)$$

在没有耦合的情况下，连续模的振幅将按如下简单的方程演化：

$$\alpha_\beta^{in}(t) = a_\beta^{in} e^{-i\omega_\beta(t-t_0)} \qquad (2.76)$$

利用这个符号，我们发现时域内的演化方程可以写成如下形式：

$$\dot{c}(t) = -i\omega_c c(t) - \frac{\kappa}{2}c(t) - i\int d\beta C_\beta^* \alpha_\beta^{in}(t) \qquad (2.77)$$

$$\alpha_\beta(t) = \alpha_\beta^{in}(t) - iC_\beta e^{-i\omega_\beta(t-t_0)} \int_{t_0}^t dt' e^{-i\omega_\beta(t'-t_0)} c(t') \qquad (2.78)$$

现在我们定义散射辐射模的振幅为

$$\alpha_\beta^{out} = \lim_{t \to +\infty} \alpha_\beta(t) e^{i\omega_\beta(t-t_0)} \qquad (2.79)$$

将式（2.79）代入式（2.78），得到

$$\alpha_\beta^{out} = \alpha_\beta^{in} - iC_\beta \tilde{c}(\omega_\beta) \qquad (2.80)$$

这里 $\tilde{c}(\omega)$ 是振幅 $c(t)$ 的傅里叶变换，是通过使式（2.78）中 $t \to +\infty$ 和 $t_0 \to -\infty$ 得到的。

通过对式(2.77)进行傅里叶变换,得到

$$-\mathrm{i}\omega\,\tilde{c}(\omega)=-\mathrm{i}\omega_c\,\tilde{c}(\omega)-\frac{\kappa}{2}\,\tilde{c}(\omega)-\mathrm{i}\int\mathrm{d}\beta C_\beta^*\,2\pi\delta\,(\omega-\omega_\beta)\alpha_\beta^{\mathrm{in}} \quad (2.81)$$

为进一步简化表达式,我们将相同频率的辐射模重新组合成一个线性组合,即

$$\tilde{\alpha}^{\mathrm{in,out}}(\omega)\equiv\frac{-\mathrm{i}}{\sqrt{\kappa}}\int\mathrm{d}\beta C_\beta^*\,2\pi\delta\,(\omega-\omega_\beta)\alpha_\beta^{\mathrm{in,out}} \quad (2.82)$$

这就引出了本节的主要结果:

$$-\mathrm{i}\omega\,\tilde{c}(\omega)=-\mathrm{i}\omega_c\tilde{c}(\omega)-\frac{\kappa}{2}\tilde{c}(\omega)+\sqrt{\kappa}\,\tilde{\alpha}^{\mathrm{in}}(\omega) \quad (2.83)$$

$$\tilde{\alpha}^{\mathrm{out}}(\omega)=\tilde{\alpha}^{\mathrm{in}}(\omega)-\sqrt{\kappa}\,\tilde{c}(\omega) \quad (2.84)$$

或在傅里叶逆变换之后得到

$$\dot{c}(t)=-\mathrm{i}\omega_c c(t)-\frac{\kappa}{2}c(t)+\sqrt{\kappa}\,\alpha^{\mathrm{in}}(t) \quad (2.85)$$

$$\alpha^{\mathrm{out}}(t)=\alpha^{\mathrm{in}}(t)-\sqrt{\kappa}\,c(t) \quad (2.86)$$

有趣的是,$\alpha^{\mathrm{in}}(t)$ 和 $\alpha^{\mathrm{out}}(t)$ 表示辐射连续体中单个光子的时域包络,不论是入射到腔中还是从腔中散射出去的光子。

这组方程以一种非常直观的方式完整地描述了连续介质与腔体的相互作用。其相互作用的物理性质可以总结如下。

(1)连续介质的存在对腔光子引入了一个速率为 $\kappa(\omega_c)$ 的阻尼项。

(2)光子在连续介质中的初始存在可以激发腔场,耦合项由 $\sqrt{\kappa(\omega_c)}\,\alpha^{\mathrm{in}}(t)$ 给出。

(3)腔模的存在为入射光子创造了散射路径。散射光子是绕行腔的直接路径与光子暂时存在于腔内的间接路径相互干涉的结果,例如,会导致 Fano 型共振现象的产生。

2.4 通过腔的量子发射体衰变

在上一节中,我们推导了直接耦合到辐射连续体的单个量子发射体的光谱特性。我们现在感兴趣的情况是,发射体通过耦合到一个单模光腔从而衰变成一个连续体。理论上,我们已经解决了这个问题。腔+辐射连续体本身可以看作是一个连续体,其中新的辐射模式包括腔的影响。在实际应用中,将腔和无扰动连续体作为单独的实体来处理,并利用耦合模理论来描述空腔-连

续体的相互作用更加简单,这就是本节所采用的方法。实际上,我们考虑了两
个连续介质中任意一个衰变的可能性,一个是通过腔模耦合到发射体(例如,
考虑单模波导),另一个是直接耦合到发射体(考虑杂散的自发辐射)。这是在
实验系统中最常遇到的情况。在实验系统中,与环境的直接耦合表示一种损
耗的机制。腔耦合影响通常是相对于直接耦合到环境的影响来进行测量的,
这就引出了珀塞尔因子的定义(见第 2.5 节)。

这里给出的计算首先是为了解释单量子点在光子晶体单模腔中衰变的实
验光谱,但它们的范围当然要广泛得多。

处于激发态的二能级系统会在有限 Q 值的单模腔中衰减。在足够长的时
间后,将会在这两个辐射连续体中发现一个光子:代表腔模辐射的 α 连续体或
代表通过漏模辐射的 β 连续体。我们想知道有多少比例的光会通过腔衰减并
确定它的光谱。

我们考虑如图 2.1 所示的系统。将具有能量间隔 ω_0 和偶极矩 μ 的二能级
系统耦合到谐振频率为 ω_c 的单模腔中。腔模耦合到辐射连续体标记为 α,该
辐射连续体具有耦合常数 C_α 和色散 $\omega(\alpha)$。发射体也有可能直接在环境中衰
变,即以辐射连续体 β 为模型,具有耦合常数 D_β 和色散 $\omega(\beta)$。我们假设 α 和
β 连续体是正交的,因此它们彼此不会"串扰"。

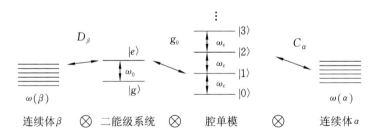

图 2.1　耦合发射腔系统的示意图

我们将二能级系统在 β 连续体中的自发辐射速率定义为 γ,将腔模(能量)
衰减为 α 连续体的速率定义为 κ。利用上一节的结果,我们明显地可得到

$$\kappa = 2\pi \int d\alpha \ |C_\alpha|^2 \delta(\omega(\alpha) - \omega) \tag{2.87}$$

$$\gamma = 2\pi \int d\beta \ |D_\beta|^2 \delta(\omega(\beta) - \omega) \tag{2.88}$$

注意到,γ 可以不同于自由空间的自发辐射速率,因为腔改变了发射体周围真
空的结构。

我们用 $\hat{E}_c(r)$ 表示腔模电场,即

$$\hat{E}_c(r) = \mathrm{i}\,\frac{\overline{E}_c(r)}{\sqrt{\max_\epsilon(r)\,|\,\overline{E}_c(r)\,|^2}}\sqrt{\frac{\hbar\omega_c}{2\epsilon_0 V_m}}\,a_c + \mathrm{h.c.} \qquad (2.89)$$

例如,腔场模的振幅在这里可以被归一化,即

$$\int \mathrm{d}^3 r \epsilon(r)\,|\,\overline{E}_c(r)\,|^2 = 1 \qquad (2.90)$$

(通过式(2.89)可确定,它实际上与所选的归一化场无关)。然而,由于选择了归一化,模体积 V_m 采用了以下简单的形式:

$$V_m = [\max_\epsilon(r)\,|\,\overline{E}_c(r)\,|^2]^{-1} \qquad (2.91)$$

在 J-C 模型中,我们将发射体与空腔模的耦合常数定义为

$$g_0 = \mathrm{i}\,\frac{\mu^* \cdot \overline{E}_c(r)}{\hbar} \qquad (2.92)$$

$$= \mathrm{i}\sqrt{\frac{\omega_c}{2\hbar\epsilon_0 V_m}}\,\frac{\mu^* \cdot \overline{E}_c(r)}{\sqrt{\max_\epsilon(r)\,|\,\overline{E}_c(r)\,|^2}} \qquad (2.93)$$

我们假设二能级发射体是在激发态制备的,而辐射连续体开始处于真空态。再次,我们观察到,如果我们使用 J-C 哈密顿量与旋波近似描述发射体、腔模和辐射连续体之间的耦合,一个子系统中能量子的产生总是伴随着另一个子系统中量子的消耗。例如,如果一个光子在腔或 β 连续体中消耗,那么发射体可以从基态被激发到激发态。这极大地简化了分析,意味着系统的状态时刻可以写成

$$\begin{aligned}|\psi(t)\rangle = {}& a(t)\,|\,e,0_c,0_\alpha,0_\beta\rangle + b(t)\,|\,g,1_c,0_\alpha,0_\beta\rangle \\ & + \sum_\alpha c_\alpha(t)\,|\,g,0_c,1_\alpha,0_\beta\rangle + \sum_\beta d_\beta(t)\,|\,g,0_c,0_\alpha,1_\beta\rangle\end{aligned} \qquad (2.94)$$

然后将薛定谔方程 $\mathrm{i}\hbar\dfrac{\mathrm{d}\psi}{\mathrm{d}t} = \mathcal{H}\psi$ 简化为以下一系列方程式:

$$\frac{\mathrm{d}a}{\mathrm{d}t} = -\mathrm{i}g_0 \mathrm{e}^{\mathrm{i}(\omega_0-\omega_c)t}b - \mathrm{i}\sum_\beta D_\beta \mathrm{e}^{\mathrm{i}(\omega_0-\omega_\beta)t}d_\beta \qquad (2.95)$$

$$\frac{\mathrm{d}b}{\mathrm{d}t} = -\mathrm{i}g_0^* \mathrm{e}^{-\mathrm{i}(\omega_0-\omega_c)t}a - \mathrm{i}\sum_\alpha C_\alpha \mathrm{e}^{\mathrm{i}(\omega_c-\omega_\alpha)t}c_\alpha \qquad (2.96)$$

$$\frac{\mathrm{d}c_\alpha}{\mathrm{d}t} = -\mathrm{i}C_\alpha^* \mathrm{e}^{\mathrm{i}(\omega_\alpha-\omega_c)t}b \qquad (2.97)$$

$$\frac{\mathrm{d}d_\beta}{\mathrm{d}t} = -\mathrm{i}D_\beta^* \mathrm{e}^{\mathrm{i}(\omega_\beta-\omega_0)t}a \qquad (2.98)$$

其中,初始条件为

$$a(0)=1$$

$$b(0)=c_\alpha(0)=d_\beta(0)=0$$

我们用拉普拉斯变换求解这些方程。我们记得函数 $f(t)$ 的拉普拉斯变换定义为

$$\overline{f}(s)\equiv\int_0^\infty \mathrm{e}^{-st}f(t)\mathrm{d}t \tag{2.99}$$

同时逆变换为

$$f(t)=\frac{1}{2\mathrm{i}\pi}\int_{\epsilon-\mathrm{i}\infty}^{\epsilon+\mathrm{i}\infty}\mathrm{e}^{st}f(s)\mathrm{d}s \tag{2.100}$$

对式(2.98)进行拉普拉斯变换得到等价的方程组:

$$s\overline{a}(s)-1=-\mathrm{i}g_0\overline{b}(s-\mathrm{i}(\omega_0-\omega_c))-\mathrm{i}\sum_\beta D_\beta\overline{d}_\beta(s-\mathrm{i}(\omega_0-\omega_\beta)) \tag{2.101}$$

$$s\overline{b}(s)=-\mathrm{i}g_0^*\overline{a}(s+\mathrm{i}(\omega_0-\omega_c))-\mathrm{i}\sum_\alpha C_\alpha\overline{c}_\alpha(s-\mathrm{i}(\omega_c-\omega_\alpha)) \tag{2.102}$$

$$s\overline{c}_\alpha(s)=-\mathrm{i}C_\alpha^*\overline{b}(s-\mathrm{i}(\omega_\alpha-\omega_c)) \tag{2.103}$$

$$s\overline{d}_\beta(s)=-\mathrm{i}D_\beta^*\overline{a}(s-\mathrm{i}(\omega_\beta-\omega_0)) \tag{2.104}$$

由这组方程,我们得到

$$\overline{a}(s)=\left[s+\frac{|g_0|^2}{s-\mathrm{i}(\omega_0-\omega_c)+\sum_\alpha\dfrac{|C_\alpha|^2}{s-\mathrm{i}(\omega_0-\omega_\alpha)}}+\sum_\beta\frac{|D_\beta|^2}{s-\mathrm{i}(\omega_0-\omega_\beta)}\right]^{-1} \tag{2.105}$$

$$\overline{b}(s)=-\mathrm{i}g_0^*\frac{\overline{a}(s+\mathrm{i}(\omega_0-\omega_c))}{s+\sum_\alpha\dfrac{|C_\alpha|^2}{s+\mathrm{i}(\omega_\alpha-\omega_c)}} \tag{2.106}$$

$$\overline{c}_\alpha(s)=-\mathrm{i}C_\alpha^*\frac{\overline{b}(s-\mathrm{i}(\omega_\alpha-\omega_c))}{s} \tag{2.107}$$

$$\overline{d}_\beta(s)=-\mathrm{i}D_\beta^*\frac{\overline{a}(s-\mathrm{i}(\omega_\beta-\omega_0))}{s} \tag{2.108}$$

函数 $\overline{c}(s)$ 有三个极点,其中两个具有严格的负实部,因此只对瞬态的时域特性有贡献。α 连续体的渐近解由 $\overline{c}(s)$ 中 $s=0$ 极点来描述,即

$$c_a(t \to \infty) = \lim_{s \to 0+} -iC_a^* \, \overline{b} \, (s - i(\omega_a - \omega_c)) \tag{2.109}$$

为了求出这个极限,我们需要进行类似于以下的计算

$$\lim_{s \to 0+} \sum_a \frac{|C_a|^2}{s - i(\omega_0 - \omega_a)}$$

这在处理单个连续体与发射体耦合时已经遇到过。再次,利用分布理论中的熟知关系

$$\lim_{s \to 0+} \frac{1}{x + is} = \mathcal{P}\left(\frac{1}{x}\right) - i\pi\delta(x) \tag{2.110}$$

可以得到结果

$$\lim_{s \to 0+} \sum_a \frac{|C_a|^2}{s - i(\omega_0 - \omega_a)} = \frac{\kappa}{2} + i\delta_a \tag{2.111}$$

类似地,

$$\lim_{s \to 0+} \sum_\beta \frac{|D_\beta|^2}{s - i(\omega_0 - \omega_\beta)} = \frac{\gamma}{2} + i\delta_b \tag{2.112}$$

由主体部分积分得到的 δ_a 和 δ_b 分别表示,由于与 α 连续体和 β 连续体的耦合,发射体的兰姆移位或能量重整化。我们在本节的其余部分省略了它们,因为可以简单地将其嵌入 ω_0 的定义中。

然后给出了 α 连续体中态的渐近振幅为

$$c_a(t \to \infty) = C_a \frac{g_0}{\left(\omega_a - \omega_c + i\frac{\kappa}{2}\right)\left(\omega_a - \omega_0 + i\frac{\gamma}{2}\right) - |g_0|^2} \tag{2.113}$$

对应的概率分布如图 2.2 所示。类似地,漏模(β 连续体)的渐近振幅为

$$d_\beta(t \to \infty) = D_\beta \frac{\omega_\beta - \omega_c + i\frac{\kappa}{2}}{\left(\omega_\beta - \omega_c + i\frac{\kappa}{2}\right)\left(\omega_\beta - \omega_0 + i\frac{\gamma}{2}\right) - |g_0|^2} \tag{2.114}$$

对应的概率分布如图 2.3 所示。

接下来,我们可以计算发射体衰变为 α 连续体的总概率为

$$P_{cav} = \sum_a |c_a(t \to \infty)|^2 \tag{2.115}$$

$$= \int d\omega \left[\int d\alpha \, |c_a(t \to \infty)|^2 \delta(\omega - \omega_a)\right] \tag{2.116}$$

$$= |g_0|^2 \frac{\kappa}{2\pi} \int \frac{d\omega}{(\omega - \omega_1)(\omega - \omega_1^*)(\omega - \omega_2)(\omega - \omega_2^*)} \tag{2.117}$$

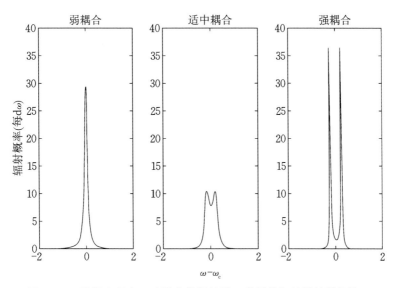

图 2.2　不同耦合强度下腔模式的辐射谱。发射体与腔模的谐振情况

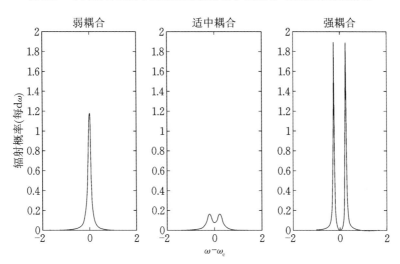

图 2.3　发射体与腔共振时的漏模谱

在上面的表达式中，ω_1 和 ω_2 是 $c_a(t\to\infty)$ 的极点，视为 ω 的函数。它们可以简写为

$$\omega_1 = \frac{\widetilde{\omega}_0 + \widetilde{\omega}_c}{2} + \frac{1}{2}\sqrt{(\widetilde{\omega}_0 - \widetilde{\omega}_c)^2 + 4|g_0|^2} \tag{2.118}$$

$$\omega_2 = \frac{\widetilde{\omega}_0 + \widetilde{\omega}_c}{2} - \frac{1}{2}\sqrt{(\widetilde{\omega}_0 - \widetilde{\omega}_c)^2 + 4|g_0|^2} \tag{2.119}$$

其中，$\tilde{\omega}_0 = \omega_0 - \mathrm{i}\dfrac{\gamma}{2}$ 和 $\tilde{\omega}_c = \omega_c - \mathrm{i}\dfrac{\kappa}{2}$。可以看出，它们在任何情况下都有负的虚部。然后，利用余数定理，很容易得到

$$P_{\mathrm{cav}} = \frac{|g_0|^2 \kappa}{|\omega_1 - \omega_2^*|^2} \left| \frac{1}{\mathrm{Im}(\omega_1)} + \frac{1}{\mathrm{Im}(\omega_2)} \right| \tag{2.120}$$

在给出积分结果之前，我们先给出一些中间结果。我们写成

$$\frac{1}{\mathrm{Im}(\omega_1)} + \frac{1}{\mathrm{Im}(\omega_2)} = \frac{\mathrm{Im}(\omega_1 + \omega_2)}{\mathrm{Im}(\omega_1)\mathrm{Im}(\omega_2)}$$

并利用如下关系：

$$\mathrm{Im}(\omega_1 + \omega_2) = -\frac{\kappa + \gamma}{2} \tag{2.121}$$

$$\mathrm{Im}(\omega_1)\mathrm{Im}(\omega_2) = \frac{(\kappa + \gamma)}{16} - \frac{1}{8}\sqrt{\tilde{g}^2 + \Delta^2 (\kappa - \gamma)^2 - \tilde{g}^2} \tag{2.122}$$

$$|\omega_1^* - \omega_2|^2 = \frac{(\kappa + \gamma)^2}{4} + \frac{1}{2}\left(\sqrt{\tilde{g}^4 + \Delta^2 (\kappa - \gamma)^2} + \tilde{g}^2\right) \tag{2.123}$$

这里使用了简写符号 $\Delta = \omega_0 - \omega_c$ 和 $\tilde{g}^2 = 4|g_0|^2 + \Delta^2 - \dfrac{(\kappa - \gamma)^2}{4}$。在此基础上，进行一些代数运算，就得到了需要的腔模（例如，在 α 连续体中）辐射概率的表达式，它是失谐参量 Δ 的函数，Δ 是发射体相对于谐振腔的失谐程度。

$$P_{\mathrm{cav}} = \frac{|g_0|^2 \kappa (\kappa + \gamma)}{\kappa\gamma\left(\Delta^2 + \dfrac{(\kappa + \gamma)^2}{4}\right) + (\kappa + \gamma)^2 |g_0|^2} \tag{2.124}$$

在第 2.5 节，我们将介绍珀塞尔因子

$$F_{\mathrm{p}} \equiv \frac{4|g_0|^2}{\kappa\gamma} \tag{2.125}$$

它是发射腔与环境耦合时的一个无量纲参数。根据珀塞尔因子，可以把进入腔内的自发辐射部分重写为

$$P_{\mathrm{cav}} = \frac{\kappa}{\kappa + \gamma} \frac{F_{\mathrm{p}}}{F_{\mathrm{p}} + 1 + \dfrac{4\Delta^2}{(\kappa + \gamma)^2}} \tag{2.126}$$

特别是当发射体的频率与腔模共振时，腔的辐射达到最大，如下：

$$P_{\mathrm{cav}}(\Delta = 0) = \frac{\kappa}{\kappa + \gamma} \frac{F_{\mathrm{p}}}{F_{\mathrm{p}} + 1} \tag{2.127}$$

可以把失谐辐射概率写成

$$P_{cav}(\Delta) = \frac{P_{cav}(\Delta=0)}{1 + \dfrac{4\Delta^2}{(F_p+1)(\kappa+\gamma)^2}} \tag{2.128}$$

这表明只要失谐量小于 $\sqrt{F_p+1}(\kappa+\gamma)$，发射体就能"发现"腔模。因此，当耦合变得更强时，发射体仍然以腔模式发射，即使相对于谐振腔失谐更多。

2.5 强和弱耦合方式，珀塞尔效应

在第 2.4 节中，我们推导了通过腔耦合到辐射连续体的二能级量子发射体的动力学。利用拉普拉斯变换和维格纳-韦斯科普夫近似，我们可以把连续介质对发射体和腔模的影响描述为耗散过程，只引起相关的场振幅衰减。在这里重新回顾一下，发射体与其环境的直接耦合（不包括腔），导致其激发态振幅以 $\gamma/2$ 的速率衰减。同样，腔模与输出的辐射连续体的耦合，导致腔内场振幅以 $\kappa/2$ 的速率衰减。

重复上一节的计算，但这次只考虑（开放的）发射腔系统，我们可以定义一个非厄米哈密顿量，描述系统在状态向量 $|e,0\rangle$ 和 $|g,1\rangle$ 张成的约化希尔伯特空间中的耗散动力学，即

$$\boldsymbol{H}_{eff} = \hbar \begin{pmatrix} \Delta - \mathrm{i}\dfrac{\gamma}{2} & g_0 \\[3mm] g_0^* & -\mathrm{i}\dfrac{\kappa}{2} \end{pmatrix} \tag{2.129}$$

给出了约化态矢量 $e(t)|e,0\rangle + g(t)|g,1\rangle$ 的准确动力学描述。

$\boldsymbol{H}_{eff}$ 的特征值很容易计算如下：

$$\hbar\omega_{\pm} = \frac{\Delta}{2} - \mathrm{i}\frac{\kappa+\gamma}{4} \pm \sqrt{|g_0|^2 + \left(\frac{\Delta}{2} + \mathrm{i}\frac{\kappa-\gamma}{4}\right)^2} \tag{2.130}$$

式（2.130）在零失谐的情况下化简为

$$\hbar\omega_{\pm}(\Delta=0) = -\mathrm{i}\frac{\kappa+\gamma}{4} \pm \sqrt{|g_0|^2 - \left(\frac{\kappa-\gamma}{4}\right)^2} \tag{2.131}$$

根据腔耦合 g_0 的相对大小，系统的行为完全不同，有

- 强耦合：$g_0 \gg \dfrac{\kappa}{2}, \dfrac{\gamma}{2}$

- 弱耦合：$g_0 \lesssim \dfrac{\kappa}{2}$ 或 $g_0 \lesssim \dfrac{\gamma}{2}$

2.5.1　强耦合方式

在强耦合方式下,发射腔系统表现出较强的振荡特性,以 $2g_0$ 的速率交替交换能量。这些被称为真空拉比振荡,$2g_0$ 为真空拉比频率。此外,它缓慢地泄漏能量到环境$\left(速率为\dfrac{\gamma}{2}\right)$以及腔辐射模$\left(速率为\dfrac{\kappa}{2}\right)$。这是非常直观的,因为在一个振荡过程中,该系统一半的时间处于 $|e,0\rangle$ 态,这时泄漏能量到环境的速率为 γ;另一半的时间处于 $|g,1\rangle$ 态,此时泄漏能量到腔辐射模的速率为 κ。于是我们可以得到,泄漏到腔内的能量的比例为 $\dfrac{\kappa}{\kappa+\gamma}$,与 g_0 的值无关,这只是在极限 $F_p \to \infty$ 的情况下重写式(2.126)。增加 g_0 只会改变能量振荡频率,不会改变以下事实:系统能量会用完全相同的时间以激发发射体的形式或以腔光子的形式存在。

可以注意到,与普遍看法不同的是,强耦合方式并不是通过腔体从发射体中提取光子最有效的方法。在许多相关问题中,给出了一个发射体类型(原子、量子点等)和一个腔的几何形状(环形谐振器、光子晶体点缺陷等),这些或多或少决定了 γ 和 g_0 的值(来自偶极矩和模体积)。对于给定的辐射连续体,其发射的光子是待处理的,我们可以自由设计它的耦合速率 κ。因此,我们要问:在腔辐射模下,最优值 κ 是多少时,能最大限度地收集光?

有趣的是,当我们使用式(2.126)对 κ 求微分时,发现腔衰减率的最优值是 $\dfrac{\kappa_{opt}}{2}=|g_0|$,这最多代表强耦合的开始。然后给出了最佳耦合效率为

$$R_{opt}=\left[1+\frac{\gamma}{2|g_0|}\right]^{-2} \tag{2.132}$$

这个简单的计算反映的想法是,强耦合可能不是腔 QED 系统的最佳运行状态。这将是本书中反复出现的主题,在许多情况下,增加腔衰减率只有利于产生强耦合,有时被称为适中耦合(intermediate coupling)。这通常是从量子发射体系统中提取光子最快、最有效的方法。例如,第 3 章将要描述相干光子发射方案的情况。

2.5.2　弱耦合方式,珀塞尔因子

在弱耦合方式下,初始激发的发射体衰减到基态时,振荡很小或没有振荡。假设 $\kappa \gg \gamma$,这种情况通常发生在固态系统中,我们对式(2.131)进行泰勒

展开,假设 g_0 相对 κ 较小,得到两个纯虚数的特征值 $-\mathrm{i}\dfrac{\kappa_g}{2}$ 和 $-\mathrm{i}\dfrac{\gamma_e}{2}$

$$\kappa_g \sim \kappa - \frac{4\,|g_0|^2}{\kappa} \tag{2.133}$$

$$\gamma_e = \gamma + \frac{4\,|g_0|^2}{\kappa} \tag{2.134}$$

其中,γ_e 主要解释了一个受激发射体的衰变速率,也就是说,当系统处于初始状态 $|e,0\rangle$ 时如何快速地失去能量。另一方面,κ_g 代表了发射体在基态时,单腔光子的衰减率,换句话说,当系统处于初始状态 $|g,1\rangle$ 时如何快速地失去能量。腔耦合 g_0 的影响是显而易见的。它趋向于抵消两个衰减率 γ 和 κ 之间的差异。在目前的情况下,我们假设 $\gamma < \kappa$,则有

$$\gamma < \gamma_e < \kappa_g < \kappa \tag{2.135}$$

如果假设 $\gamma > \kappa$,也会类似得到

$$\gamma > \gamma_e > \kappa_g > \kappa \tag{2.136}$$

直观上,这些修改后的速率可以理解为 γ 和 κ 的一些加权平均值,其中权重分别为系统处于状态 $|e,0\rangle$ 和 $|g,1\rangle$ 所用时间的比例。正如前面提到的,在强耦合的极限下,在许多拉比振荡的过程中,系统花费尽可能多的时间处在各自的状态,能量以速率 $\dfrac{\kappa+\gamma}{2}$ 衰减。在任何情况下,应当清楚的是,系统流失能量的速率不能超过最大值 $\max(\kappa,\gamma)$。

在 $\kappa \gg \gamma$ 的情况下,随着与腔耦合的增加,受激发射体衰减得更快。确实存在

$$\gamma_e = \gamma(1+F_p) \tag{2.137}$$

其中,$F_p = \dfrac{4\,|g_0|^2}{\kappa\gamma}$ 称为珀塞尔因子,用于测量相对于非耦合发射体中裸衰减率 γ 的自发辐射速率的增长。

2.5.3 比较三维腔体、一维波导和均匀介质的珀塞尔效应

用已知量,如自由空间衰减率,可以很方便地表示珀塞尔衰减率。在真空中,频率为 ω_0 和偶极矩为 μ 的发射体衰减速率为

$$\gamma_0 = \frac{\mu^2 \omega_0^3}{3\pi\epsilon_0 \hbar c^3} \tag{2.138}$$

同样的发射体置于折射率为 n 的均匀介质中,衰减速率为修正的 $n\gamma_0$。

假设我们现在将发射体置于空谐振腔的最大场中,并且在折射率为 n 处场最大。根据上一节,发射体通过空腔的衰减率为

$$\gamma_c = \frac{4\left|g_0\right|^2}{\kappa} = \frac{2\mu^2\omega_0}{\hbar\epsilon_0 n^2 V_m \kappa} \tag{2.139}$$

可以通过引入腔的 Q 值进一步简化为

$$Q = \frac{\omega_0}{\kappa} \tag{2.140}$$

在折射率为 n 的材料中,引入由半波长的立方定义的无量纲的模体积 $\widetilde{V}_m$,即

$$\widetilde{V}_m = V_m \Big/ \left(\frac{\lambda_0}{2n}\right)^3 \tag{2.141}$$

根据这些量,可以将通过腔的最大珀塞尔率表示为

$$\frac{\gamma_c}{n\gamma_0} = \frac{6}{\pi^2}\frac{Q}{\widetilde{V}_m} \tag{2.142}$$

在如今的实验系统中,珀塞尔率可以达到很高的数值,在这种系统中,通常会产生小的模体积($\widetilde{V}_m \sim 1$)和大的品质因子($Q > 10^4$)的腔。

在前一节中,我们还暗示,通过发射体与低群速度波导的直接耦合,可以获得较大的珀塞尔因子。在折射率为 n 的空波导的场最大值处,自发辐射速率可以表示为

$$\gamma_w = (2\times)\frac{\mu^2\omega_0}{2\,\hbar\epsilon_0 n^2 A_m v_g(\omega_0)} \tag{2.143}$$

其中,A_m 为模面积,v_g 为在频率 ω_0 处的波导群速度。我们假设一个时间反演对称结构,式子中乘的 2 倍因子来自左右传播模式的耦合。通过将群折射率定义为

$$n_g = c/v_g \tag{2.144}$$

并将无量纲的模面积定义为

$$\widetilde{A}_m = A_m \Big/ \left(\frac{\lambda_0}{2n}\right)^2 \tag{2.145}$$

我们可以将波导的珀塞尔因子表示为

$$\frac{\gamma_w}{n\gamma_0} = \frac{3}{\pi}\frac{n_g}{\widetilde{A}_m}\frac{1}{} \tag{2.146}$$

通过与式(2.142)的比较,我们发现一个体积为 $\widetilde{V}_m = \widetilde{A}_m \times \widetilde{L}_m$ 和品质因子为 Q 的腔体,给出与截面为 $\widetilde{A}_m$ 的(双向)波导相同的珀塞尔因子和群折射率

$$\frac{n_{\mathrm{g}}^{\mathrm{eff}}}{n} = \frac{2}{\pi} \frac{Q}{\widetilde{L}_{\mathrm{m}}} \tag{2.147}$$

2.6 基于二能级量子发射体的单光子源

本节总结了通过腔内二能级量子发射体的衰减而获得单光子的特性。我们假设发射体在 $t=0$ 时处于激发态,这通常是通过非相干泵浦实现的。典型的非相干泵浦方案涉及几种辅助激发态之一,这些激发态是由泵浦激光或电荷注入产生的。通常通过非辐射的声子辅助过程,受激载流子会迅速衰变到 $|e\rangle$ 态。由于这是一个随机过程,$|e\rangle$ 态被填充的确切时间可能发生涨落,这种现象称为时间抖动,不利于在量子信息过程中使用产生的光子。

2.6.1 发射光子的波形

在第 2.4 节中我们完整地描述了在腔辐射模中释放的光子态。在这里,我们使用第 2.3 节中比较简单的腔输入输出关系,重新推导了它的波形。回想一下,如果我们将进出腔的单光子态的时域包络分别表示为 $\alpha^{\mathrm{in}}(t)$ 和 $\alpha^{\mathrm{out}}(t)$,可以得到如下关系

$$\alpha^{\mathrm{out}}(t) = \alpha^{\mathrm{in}}(t) - \sqrt{\kappa}\, g(t) \tag{2.148}$$

在这个连续体最初是空的情况下,我们有

$$\alpha^{\mathrm{out}}(t) = -\sqrt{\kappa}\, g(t) \tag{2.149}$$

式中,$g(t)$ 是发现发射体-腔系统处于 $|g,1\rangle$ 态时的概率幅值。

以腔频率为参考值,振幅 $e(t)$ 和 $g(t)$ 服从

$$\dot{e} = -\mathrm{i}\left(\Delta - \mathrm{i}\frac{\gamma}{2}\right) e - \mathrm{i} g_0^* g \tag{2.150}$$

$$\dot{g} = -\frac{\kappa}{2} g - \mathrm{i} g_0 e \tag{2.151}$$

经过拉普拉斯变换后得到

$$\bar{e}(s) = \left[s + \mathrm{i}\Delta + \frac{\gamma}{2} + \frac{|g_0|^2}{s + \frac{\kappa}{2}} \right]^{-1} \tag{2.152}$$

$$\bar{g}(s) = -\mathrm{i} g_0 \left[\left(s + \mathrm{i}\Delta + \frac{\gamma}{2} \right)\left(s + \frac{\kappa}{2} \right) + |g_0|^2 \right]^{-1} \tag{2.153}$$

我们在上一节已经计算过分母的极点，$s = -\mathrm{i}\omega_{\pm}$，即

$$\omega_{\pm} = \frac{\Delta}{2} - \mathrm{i}\frac{\kappa+\gamma}{4} \pm \sqrt{|g_0|^2 + \left(\frac{\Delta}{2} + \mathrm{i}\frac{\kappa-\gamma}{4}\right)^2} \tag{2.154}$$

这样，最终我们得到

$$\alpha^{\mathrm{out}}(t) = g_0\sqrt{\kappa}\,\frac{\mathrm{e}^{-\mathrm{i}\omega_+ t} - \mathrm{e}^{-\mathrm{i}\omega_- t}}{\omega_+ - \omega_-} \tag{2.155}$$

在零失谐，$|g_0| > |\kappa - \gamma|/4$ 时，输出的振幅具有明显的振荡性质如下：

$$\alpha^{\mathrm{out}}_{\mathrm{strong}}(t) = \mathrm{i}g_0\sqrt{\kappa}\,\frac{\mathrm{e}^{-\frac{\kappa+\gamma}{4}t}\sin\sqrt{|g_0|^2 - \left(\frac{\kappa-\gamma}{4}\right)^2}\,t}{\sqrt{|g_0|^2 - \left(\frac{\kappa-\gamma}{4}\right)^2}} \tag{2.156}$$

而在弱耦合方式下，它完全是双指数的，即

$$\alpha^{\mathrm{out}}_{\mathrm{weak}}(t) = \mathrm{i}g_0\sqrt{\kappa}\,\frac{\mathrm{e}^{-\frac{\kappa+\gamma}{4}t}\sinh\sqrt{\left(\frac{\kappa-\gamma}{4}\right)^2 - |g_0|^2}\,t}{\sqrt{\left(\frac{\kappa-\gamma}{4}\right)^2 - |g_0|^2}} \tag{2.157}$$

2.6.2　效率

在大多数单光子源的应用中，有用的光是在腔辐射模中收集的那部分。我们之前推导了一个关于珀塞尔因子的分数，即式（2.126），如下所示

$$P_{\mathrm{cav}} = \frac{\kappa}{\kappa+\gamma}\,\frac{F_{\mathrm{p}}}{F_{\mathrm{p}} + 1 + \dfrac{4\Delta^2}{(\kappa+\gamma)^2}}$$

我们还看到，当真空拉比频率 g_0 和环境衰减率 γ 给定时，通过腔提取光最有效的配置是使 $\dfrac{\kappa}{2} = |g_0|$，此时提取光的部分为

$$P^{\mathrm{max}}_{\mathrm{cav}} = \left(1 + \frac{\gamma}{2g_0}\right)^{-2} \tag{2.158}$$

请记住，在实际应用中，只有一小部分的腔体辐射被收集起来进行处理。上面导出的结果仅仅是有用的光子发射部分的固有上界。

2.7　加载或卸载空腔的单光子相互作用

在研究了腔内二能级发射体的光子发射过程后，我们现在感兴趣的是当

单个光子从发射体-腔系统反射时会发生什么。我们发现一个非常有趣的结论:在很多情况下,反射光子保留了它的形状,但是当发射体存在时,光子获得的相移与从腔中移除发射体或二者失谐时的相移不同。这个结论非常有用,因为它有效地实现了光子和电子量子比特之间的受控量子操作(量子逻辑门)。在后面的章节我们将看到,它可以通过腔-发射体系统,在单光子之间诱导强非线性相互作用。通过单光子的交换,它还允许非线性门在量子网络的远程节点之间操作。

在这一节中,我们推导了在单模腔为空并且与二能级系统共振耦合的情况下,单光子脉冲由单模腔反射的传输函数的一个封闭形式表达式。我们确定了脉冲不劣化的方式和仅引起整体的吸收和相移的反射。如果入射光子与腔体发生近共振,则预期产生 π 的相移,有时甚至在弱耦合的方式下也会发生这种现象,损失概率的量级为原子-腔体珀塞尔因子的倒数。如果入射光子与谐振腔失谐 Δ 较大,则相移缩放为 Δ^{-3},损耗缩放为 Δ^{-2}(如果包含腔的杂散损耗)。

2.7.1 问题的描述

谐振频率为 ω_c 的腔模可以耦合到具有跃迁频率 ω_0 和真空拉比频率 g_0 的二能级系统($|g\rangle$,$|r\rangle$)。能级 $|r\rangle$ 发生自发辐射而损耗的速率为 γ。腔体为单边结构,在能量转移速率为 κ 的波导横模下优先辐射。它以能量衰减率 Γ_c 剩余辐射到这个模式之外。一个时域振幅为 $\alpha_{in}(t)e^{-i\omega_c t}$ 的单光子入射到腔内。我们要确定脉冲反射后的(线性)传输函数,然后指出反射脉冲不劣化,且可以用简单的吸收系数 L 和相移 Φ 来表征的不同的工作方式。这些方式有以下几种:

- 大的失谐;
- 小的失谐,大的珀塞尔因子,光子慢于腔的衰变速率;
- 小的失谐,小的珀塞尔因子,光子慢于腔和原子的衰变速率。

我们只对前两种情况感兴趣,因为第三种情况没有相移。因此,在本书的其余部分,我们假设 $g_0^2 > \dfrac{\kappa\gamma}{4}$ 对应一个"高的"珀塞尔因子。注意,这并不排除弱耦合的情况,因为 $g_0 < \kappa$ 仍然是允许的。我们还假设损耗机制都很小,且取 $\gamma \ll \kappa$,$\Gamma_c \ll \kappa$。

在单光子脉冲从没有激励的节点上反射(即在能级 $|r\rangle$ 上没有初始粒子数)的情况下,不存在非线性光学效应。在二能级系统中,光学非线性的来源

是能级 $|r\rangle$ 的受激辐射,对于单光子脉冲且无初始激发,但在原子被激发且腔内有一个或多个光子的状态下,永远不会出现节点。因此,不会产生任何非线性效应。所以,入射脉冲与反射脉冲之间成线性关系,且能量守恒(在频率空间局部),可以表征为传递函数 $T(\omega) = \dfrac{\widetilde{\alpha}_{\text{in}}(\omega)}{\widetilde{\alpha}_{\text{out}}(\omega)}$。在接下来的计算中,我们假设原子腔的失谐为 $\delta \equiv \omega_0 - \omega_{\text{c}} = 0$。为了研究这种失谐的效果,我们只需要对下面的传输函数的表达式进行 $\dfrac{\gamma}{2} \rightarrow \dfrac{\gamma}{2} - \mathrm{i}\delta$ 的变换即可。

2.8 无原子存在

利用腔的海森伯算符之间的输入输出关系

$$\frac{\mathrm{d}a}{\mathrm{d}t} = -\frac{\kappa + \Gamma_{\text{c}}}{2}a + \sqrt{\kappa}\, a_{\text{in}} \tag{2.159}$$

$$a_{\text{out}} = \sqrt{\kappa}\, a - a_{\text{in}} \tag{2.160}$$

很容易找到没有原子存在时的传输函数

$$T_{\text{No atom}}(\omega) = \frac{\dfrac{\kappa}{2} - \dfrac{\Gamma_{\text{c}}}{2} + \mathrm{i}\omega}{\dfrac{\kappa}{2} + \dfrac{\Gamma_{\text{c}}}{2} - \mathrm{i}\omega} \tag{2.161}$$

频率 ω 处的吸收为

$$L_{\text{No atom}}(\omega) = \frac{\kappa\Gamma_{\text{c}}}{\left(\dfrac{\kappa + \Gamma_{\text{c}}}{2}\right)^2 + \omega^2} \tag{2.162}$$

当 $\kappa > \Gamma_{\text{c}}$ 时,频率 ω 处的相移为[①]

$$\Phi_{\text{No atom}}(\omega) = \arctan\left(\frac{2\omega}{\kappa - \Gamma_{\text{c}}}\right) + \arctan\left(\frac{2\omega}{\kappa + \Gamma_{\text{c}}}\right) \tag{2.163}$$

2.8.1 有原子存在

利用腔的海森伯算符之间的输入输出关系和单光子假设,我们发现

$$T_{\text{atom}}(\omega) = \frac{\left(\dfrac{\gamma}{2} - \mathrm{i}\omega\right)\left(\dfrac{\kappa - \Gamma_{\text{c}}}{2} + \mathrm{i}\omega\right) - g_0^2}{\left(\dfrac{\gamma}{2} - \mathrm{i}\omega\right)\left(\dfrac{\kappa + \Gamma_{\text{c}}}{2} - \mathrm{i}\omega\right) + g_0^2} \tag{2.164}$$

---

① 技术说明:使用恒等式 $\tan(a+b) = \dfrac{\tan a + \tan b}{1 - \tan a \tan b}$ 来操作上面的表达式。

频率 ω 处的吸收为

$$L_{\mathrm{atom}}(\omega)=\frac{\kappa\left[\gamma g_0^2+\Gamma_c\left(\omega^2+\dfrac{\gamma^2}{4}\right)\right]}{\left(\omega^2-g_0^2-\dfrac{\gamma}{2}\dfrac{\kappa+\Gamma_c}{2}\right)^2+\omega^2\left(\dfrac{\kappa+\gamma+\Gamma_c}{2}\right)^2} \tag{2.165}$$

频率 ω 处的相移为

$$\Phi_{\mathrm{atom}}(\omega)=\pi+\arctan\left[\frac{\omega\left(\dfrac{\kappa-\Gamma_c-\gamma}{2}\right)}{g_0^2-\dfrac{\gamma}{2}\dfrac{(\kappa-\Gamma_c)-\omega^2}{2}-\omega^2}\right] \tag{2.166}$$

$$+\arctan\left[\frac{\omega\left(\dfrac{\kappa+\Gamma_c+\gamma}{2}\right)}{g_0^2+\dfrac{\gamma}{2}\dfrac{(\kappa+\Gamma_c)}{2}-\omega^2}\right]$$

2.8.2 "有、无原子"情况下的差分传输

差分传输函数是 $T(\omega)=\dfrac{T_{\mathrm{atom}}(\omega)}{T_{\mathrm{No\,atom}}(\omega)}$。利用上面的结果，我们发现

$$T(\omega)=\frac{\begin{aligned}&(-\mathrm{i}\omega)^3+(-\mathrm{i}\omega)^2\left(\Gamma_c+\frac{\gamma}{2}\right)+(-\mathrm{i}\omega)\left(g_0^2+\frac{\gamma\Gamma_c+\Gamma_c^2-\kappa^2}{4}\right)\\&+\left(\frac{\Gamma_c+\kappa}{2}\right)\left[g_0^2+\frac{\gamma}{2}\left(\frac{\Gamma_c-\kappa}{2}\right)\right]\end{aligned}}{\begin{aligned}&(-\mathrm{i}\omega)^3+(-\mathrm{i}\omega)^2\left(\Gamma_c+\frac{\gamma}{2}\right)+(-\mathrm{i}\omega)\left(g_0^2+\frac{\gamma\Gamma_c+\Gamma_c^2-\kappa^2}{4}\right)\\&+\left(\frac{\Gamma_c-\kappa}{2}\right)\left[g_0^2+\frac{\gamma}{2}\left(\frac{\Gamma_c+\kappa}{2}\right)\right]\end{aligned}} \tag{2.167}$$

频率 ω 处的相对反射系数为

$$|T(\omega)|^2=\left[\frac{\omega^2+\left(\dfrac{\kappa+\Gamma_c}{2}\right)^2}{\omega^2+\left(\dfrac{\kappa-\Gamma_c}{2}\right)^2}\right]$$

$$\times\left\{\frac{\omega^4+\omega^2\left[\dfrac{\gamma^2}{4}+\left(\dfrac{\kappa-\Gamma_c}{2}\right)^2-2g_0^2\right]+\left[g_0^2-\dfrac{\gamma}{2}\dfrac{(\kappa+G_c)}{2}\right]^2}{\omega^4+\omega^2\left[\dfrac{\gamma^2}{4}+\left(\dfrac{\kappa-\Gamma_c}{2}\right)^2-2g_0^2\right]+\left[g_0^2+\dfrac{\gamma}{2}\dfrac{(\kappa+G_c)}{2}\right]^2}\right\} \tag{2.168}$$

这个分数的极点将决定总的脉冲吸收。我们在这里进行了分析,更在于研究不同兴趣范围内的全传输谱。

在任何感兴趣的情况下(小的失谐和正的珀塞尔效应或大的失谐),相对相移由如下公式给出:

$$\Phi(\omega)=\arctan\left[\frac{\omega\left(\dfrac{\kappa-\Gamma_c-\gamma}{2}\right)}{g_0^2-\dfrac{\gamma}{2}\dfrac{(\kappa-\Gamma_c)-\omega^2}{2}-\omega^2}\right]+\arctan\left[\frac{\omega\left(\dfrac{\kappa+\Gamma_c+\gamma}{2}\right)}{g_0^2+\dfrac{\gamma}{2}\dfrac{(\kappa+\Gamma_c)}{2}-\omega^2}\right]$$

$$+\arctan\left(\frac{\kappa+\Gamma_c}{2\omega}\right)+\arctan\left(\frac{\kappa-\Gamma_c}{2\omega}\right)$$

$$\tag{2.169}$$

2.8.2.1　小的失谐

这里将失谐小的情况定义为入射光子脉冲的主频率分量符合 $\omega\ll\min\left(\kappa,\dfrac{g_0^2}{\kappa}\right)$ 的区域(见图 2.4)。

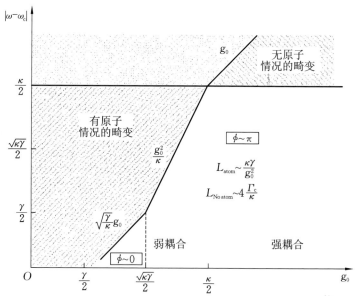

图 2.4　小的光子失谐的操作。前提是假设原子和腔发生共振。当 $g_0^2>\dfrac{\gamma\kappa}{4}$ 时,有、无原子两种情况的相对相移为 π

对于 ω 的一阶,我们发现

$$T(\omega) \sim -\left(1 - \frac{L}{2} - i\omega\tau\right) \qquad (2.170)$$

慢于 $\min\left(\kappa, \frac{g_0^2}{\kappa}\right)$ 的光子脉冲不会产生相对畸变，并且会获得 π 的差分相移。这种情况下的相对能量损耗为

$$L = \frac{(\kappa+\Gamma_c)^2}{(\kappa-\Gamma_c)^2} \frac{\left[g_0^2 - \frac{\gamma}{4}(\kappa-\Gamma_c)\right]^2}{\left[g_0^2 + \frac{\gamma}{4}(\kappa+\Gamma_c)\right]^2} \qquad (2.171)$$

当腔的杂散损耗可以忽略时，我们发现

$$L_{\Gamma_c=0} = \frac{\kappa\gamma g_0^2}{\left(g_0^2 + \frac{\kappa\gamma}{4}\right)^2} \qquad (2.172)$$

当处于 $g_0^2 \gg \gamma\kappa$ 和 $\Gamma_c \ll \kappa$ 的想要的工作状态时，反射脉冲之间的相对损耗会减小到

$$L \sim \frac{\kappa\gamma}{g_0^2} - 4\frac{\Gamma_c}{\kappa} \qquad (2.173)$$

有腔损耗实际上降低了差分吸收。原理上，差分吸收甚至可以被抵消，可通过选择以下方式来实现：

$$\Gamma_c = \Gamma_c^{\text{No diff abs}} \equiv \gamma\frac{\kappa^2}{4g_0^2} \qquad (2.174)$$

相对相移 π 和吸收 L 是反射脉冲之间最重要的区别。高一阶出现的差异是一个小的延迟效应：反射脉冲随时间移动量 τ，即

$$\tau = -\frac{4}{\kappa} \frac{1 - \frac{\kappa^2 - \Gamma_c(2\gamma+\Gamma_c)}{4g_0^2}}{1 - \left[\frac{\Gamma_c}{\kappa} - \frac{\kappa\gamma}{4g_0^2}\left(\frac{\Gamma_c^2}{\kappa^2} - 1\right)\right]^2} \qquad (2.175)$$

2.8.2.2 大的失谐

失谐大的情况定义为入射光子脉冲的主频率分量以 $\Delta \gg g_0, \kappa, \gamma\cdots$ 为中心。在此极限下，相对吸收系数为

$$L \sim \frac{\kappa\gamma g_0^2}{\Delta^4} + \frac{\kappa\Gamma_c}{\Delta^4}\left(\frac{\kappa+\Gamma_c}{2}\right)^2 \qquad (2.176)$$

尽管在这两种情况下（有或没有原子），反射的脉冲都会被吸收 $\frac{\kappa\Gamma_c}{\Delta^2}$。所以绝对

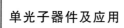

吸收尺度为 $\dfrac{1}{\Delta^2}$，而差分吸收尺度为 $\dfrac{1}{\Delta^4}$。这是腔杂散损耗的一个重要影响。

与没有原子的情况相比，有原子的情况下反射脉冲获得的相对相移为

$$\Phi \sim -\frac{\kappa g_0^2}{\Delta^3} \tag{2.177}$$

与相对吸收相比，失谐 Δ 的影响更大(但与净吸收相比则不然)。

第 3 章
腔内三能级Λ系统
的相干光子发射

本章介绍了一种相干光学方案,可根据需要生成具有任意时间分布的单光子。它基于 Λ 型配置中的三能级单个光发射体的激发,其一个臂耦合到谐振光学腔。相比于较简单的依赖于激发态的非相干泵浦来启动光子发射的二能级发射体方案,三能级方案完全相干,因为从腔中释放的时域光子波形完全由用于驱动系统的"控制"脉冲的(复)幅度决定。特别地,三能级方案是无时间抖动的。尤其是如果要以全速驱动光子发射,付出的代价就是控制脉冲必须设计得相当精确。

Rempe 等人首先在原子系统中提出了三能级方案[47],并且最初依赖于受激拉曼绝热通道(stimulated Raman adiabatic passage,STIRAP)技术,其中原子粒子数在缓慢变化的经典"控制"光脉冲的激发下从一个基态转变到另一个基态,在腔中留下一个斯托克斯频率的单光子。然后腔光子泄漏到单模波导中并且可以用于信息处理。Mabuchi 等人[91]首先提出这个过程可以反向运行。利用控制脉冲的时间反演方式,入射在腔-原子系统上的单个波导光子可以被确定性地捕获在原子中,来驱动从第二基态到第一基态的反向跃迁。因此,这种拉曼通道技术构成了将量子信息从静止量子比特转换为飞行量子比特的便利方法,反之亦然。最初认为控制脉冲的绝热性是该方案工作的要求,并且发射器和腔之间的强耦合也是必要的。

然而,事实证明拉曼通道可以在时间尺度上非绝热地驱动,仅受两个速率中较慢的速率限制:原子在其激发态下的腔修正衰减速率和腔衰减速率。在现在的实验固态系统中,转换可以在几皮秒的时间尺度上发生。在下面的章节中,我们将解释如何在最一般的条件下实现驱动拉曼通道的过程,可能是在非绝热状态和/或弱耦合的方式下。我们推导出将单光子脉冲时间幅度与控制脉冲幅度关联的解析公式。这种拉曼通道技术是生产任意形状的单光子并在量子信息处理网络中操作物质和光子量子比特之间的快速转换的首选工具。在本章中,我们将光子不可分辨性问题搁置一边,这将在第 4 章中讨论。

3.1 相干驱动 Λ 系统:背景

在三能级系统中相干单光子发射和俘获的思想源自量子网络的早期论文[91]。在量子网络中,量子信息存储在 Λ 型量子发射体的电子自由度中。每个发射体都有一个臂耦合到腔中。这种发射体-腔体系统称为网络的节点。节点通过光波导网络物理连接,并且可以通过在波导中交换单个光子来处理信息。量子网络的操作要求量子信息在电子或静止态与光子或飞行态之间的来回转换。这需要一种从网络节点相干且可逆地提取光的技术,这正是本章所描述的。

这种相互转换能力可能允许使用两个世界中最好的量子信息处理:通过光子快速可靠地传输信息,并且存储在可以使量子比特之间的相互作用变强的物质中。

在关于量子网络的早期论文中提出的光子交换方案[91]必须假设所有节点在强耦合状态下是相同的,并且以慢速或绝热方式操作。进一步的理论进展[92,93]放宽了所有这些条件。

在实验方面,来自节点的相干单光子生成[94]首先在原子系统中被证实[95-98],最近在被捕获的离子系统中也得到证实[50]。所有这些实验都在绝热状态下进行,其中光子脉冲与腔-物质耦合常数相比较慢。迄今为止,尚未证明量子节点中的单光子捕获。

虽然量子网络理论没有对节点的物理实现作出任何假设,但我们将提到少量的固态候选项。Λ 系统很容易在原子或离子中找到,但想在固态中找到却有点棘手。然而,两个固态系统已得到很好的研究,并显示出几乎理想的 Λ 型结构。第一种是半导体量子点(QD),其装载有置于大磁场中的单个电子。当放置在如图 3.1 所示的光子晶体腔[99]中时,利用现有技术,该系统开辟了时间宽度短至几皮秒的超快单光子的相干发射和俘获的视角[100,101]。最近的另一位候选项是金刚石中负电荷的氮空位(NV)中心。虽然重组较慢,并且其失去了一些光致发光,转换成声子,但它有可能在更高的温度下运行。目前,研究人员正在研究 NV 中心与直接刻蚀在金刚石或更高折射率材料(如磷化镓)中的微盘腔耦合。请读者参阅第 5 章以获取更多详细信息。

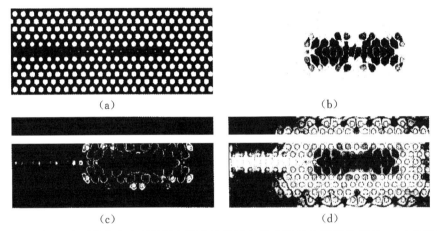

图 3.1　在 2D 光子晶体中实现的耦合到单波导横向模式的高 Q 微腔的模拟。(a)用于模
　　　　拟的结构;(b)线性标度上的能量密度图,包含在约束腔模式中的光以单波导模式
　　　　在左侧泄漏;(c)磁场幅度图;(d)以对数标度绘制能量密度图

3.2　绝热近似

考虑如图 3.2 所示的系统。具有非简并基态 $|e\rangle$ 和 $|g\rangle$ 以及激发态 $|r\rangle$ 的量子发射体位于单侧光学微腔中。我们将这个联合系统称为"节点"。$|r\rangle$ 到 $|g\rangle$ 的偶极跃迁几乎与单腔模式的场共振(共振频率 ω_c),具有真空拉比频率 g_0。腔模式耦合到外部辐射场,其能量衰减率由 κ 表示。我们控制一个经典的激光脉冲,其中心频率 ω_L 几乎与 $|e\rangle - |r\rangle$ 的偶极跃迁共振,并具有相干的拉比频率 $\Omega(t)$。我们假设控制脉冲和腔谐振相对于它们各自的跃迁具有相

同的失谐量 Δ。

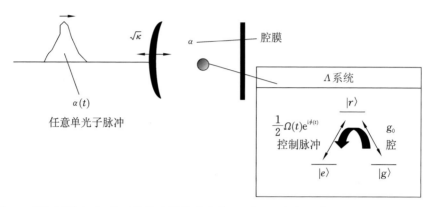

图 3.2　"节点"的组成：位于单模光学微腔中的 Λ 型配置中的三能级原子或量子点。$g\text{-}r$ 跃迁频率接近入射光子和腔谐振，并且具有腔模式的真空拉比频率为 g_0。$e\text{-}r$ 跃迁耦合到称为"控制脉冲"的经典激光脉冲。例如，由于偏振或频率的不匹配，该跃迁不会耦合到腔体。由湮灭算子 a 数学上表示的腔模式耦合到外部辐射模式，这给出了一个有限的衰减速率 κ。假设腔体仅可以与该特定外部模式交换能量

我们用 $|X,n\rangle$ 表示发射体处于 X 能级并且腔内有 n 个光子的系统的状态。暂时，我们忽略腔的衰减并取 $\kappa=0$。假设系统开始处于状态 $|e,0\rangle$。本节的目的是表明当控制脉冲的幅度 Ω 缓慢变化时，系统将"跟随"并且可以置于状态 $|e,0\rangle$ 和 $|g,1\rangle$ 的任何线性组合中。特别是，可以从 $|e,0\rangle$ 到 $|g,1\rangle$ 实现完全转变，在腔中留下一个单光子。另一方面，当系统开始处于状态 $|g,0\rangle$ 时，它将保持不受干扰。结果，存储在物质自由度中的量子信息可以相干地转换为光子自由度，即

$$(\alpha|e\rangle+\beta|g\rangle)|0\rangle \rightarrow |g\rangle(\alpha|1\rangle+\beta|0\rangle) \qquad (3.1)$$

为了证明这一点，我们利用绝热定理[102]，该定理指出，如果哈密顿量的变化率与在整个时间演变过程中的本征态和所有其他状态之间的能隙相比较小，则在时变哈密顿量的本征态中制备的系统保持在该本征态。暂时忽略从腔体到波导中的泄漏，在 $|e,0\rangle$、$|r,0\rangle$、$|g,1\rangle$ 基中节点的哈密顿量是

$$H(t)=\begin{pmatrix} 0 & \Omega^*(t)/2 & 0 \\ \Omega(t)/2 & \Delta-\mathrm{i}\gamma/2 & g_0 \\ 0 & g_0 & 0 \end{pmatrix} \qquad (3.2)$$

注意,状态 $\Psi(t)=g_0|e,0\rangle-\dfrac{\Omega(t)}{2}|g,1\rangle$ 始终是 $H(t)$ 的本征态,并且在控制脉冲消失时化简至 $|e,0\rangle$,这可以作为初始条件。在这种情况下保持绝热的充分条件是 $|\dot\Omega/W(t)|$ 与 $\sqrt{g_0^2+\Omega^2(t)}$ 在任何时候相比都很小。如果是这种情况,那么系统将保持在状态 $\Psi(t)$,并且当 $\Omega(t)$ 与 g_0 相比变大时,将完全跃迁至 $|g,1\rangle$。

这种相干传输技术非常稳定,因为它不依赖于拉曼失谐 Δ 或自发辐射率 γ 的值。如果控制脉冲足够慢,则激发态 $|r\rangle$ 永远不会被明显地填充,并且即使在零拉曼失谐的情况下也仅用作发生拉曼跃迁的虚拟态。这一表现让人联想到电磁诱导透明(EIT),其中三能级原子在控制和探测脉冲的作用下被驱动为"暗"状态。在我们的例子中,腔模的真空波动起到探测脉冲的作用。

但是,正如我们将在下一节中看到的那样,绝热条件并不是传输生效所必需的。如果设计得当,可以使用快速变化的控制脉冲,并允许其在更快的时间尺度上进行传输(仅受真空拉比频率 g_0 的限制)。

3.3 快速单光子产生/捕获的控制脉冲工程

与激光器中产生的经典光脉冲非常相似,单光子脉冲可以具有许多不同的时空分布。在第 1 章中解释的某些一般条件下,它们由称为"光子脉冲幅度"的光探测概率幅度[2]来描述。通过如第 3 章和第 4 章实验中使用的那些激励的二能级系统[35,103-106]的荧光发射的光子,其幅度是一个单侧衰减指数。最近通过将单个三能级原子[96]或离子[50]驱动到受激拉曼绝热通道[94],产生了具有更多奇异形状的光子脉冲。这些相干单光子生成在使用 Λ 型配置的量子系统中首次实现,其具有两个基态 $|e\rangle$、$|g\rangle$ 和一个激发态 $|r\rangle$。这将是我们分析的起点。考虑图 3.2 中所示的系统。具有非简并基态 $|e\rangle$、$|g\rangle$ 和激发态 $|r\rangle$ 的量子发射体位于一个单侧光学微腔中,我们将把这个联合系统作为一个"节点"。从 $|r\rangle$ 到 $|g\rangle$ 的偶极跃迁几乎与单个腔模的场共振(谐振频率 ω_c),具有真空拉比频率 g_0。该腔模式以能量衰减速率 κ 耦合到外部辐射场。我们控制一个经典激光脉冲的中心频率 ω_L 几乎与 $|e\rangle-|r\rangle$ 偶极跃迁共振和一个相干拉比频率 $\Omega(t)$。我们假设控制脉冲和腔谐振相对于它们各自的跃迁具有相同的失谐量 Δ。

假设一个幅度为 $\alpha(t)e^{-i\omega_c t}$ 的单光子脉冲入射到被初始化在状态 $|g\rangle$ 的节

点上。已知复光子脉冲包络 $\alpha(t)$，我们想要设计控制脉冲 $\Omega(t)$，使得节点完全吸收入射光子并且确定性地终止在状态 $|e,0\rangle$。本节的主要结果是，当且仅当光子脉冲始终满足以下条件时，才能完美地完成该吸收过程：

$$E(t) \equiv \int_{-\infty}^{t} |\alpha(s)|^2 \mathrm{d}s - \frac{|\alpha(t)|^2}{\kappa} - \frac{1}{\kappa g_0^2} \left| \dot{\alpha} - \frac{\kappa}{2}\alpha(t) \right|^2 > 0 \quad (3.3)$$

这个关系定性地告诉我们，单光子带宽不能比 κ 大得多，g_0 也不能比 κ 小得多。然而，一般来说，它不需要常常假设的绝热条件$\left(\left|\dfrac{\dot{\alpha}}{\alpha}\right| \ll g_0\right)$，也不需要强耦合方式($g_0 \gg \kappa$)。我们还了解到相对于腔频率的光子脉冲失谐可以和 g_0 一样大。推导出式(3.3)的证明在下一节给出。

当这个关系成立时，我们总能设计一个控制脉冲 $\Omega(t)$，强制在两个光子振幅之间产生相消干涉：一个被前端腔镜反射，另一个被系统吸收并重新发射(见图 3.3)。结果，入射光子没有净反射。要求的控制脉冲的绝对值为

$$\left| \frac{\Omega(t)}{2} \right| = \frac{\left| \ddot{\alpha} - \left(\dfrac{K}{2} - \mathrm{i}\Delta\right)\dot{\alpha} + \left(g_0^2 - \mathrm{i}\Delta\dfrac{\kappa}{2}\right)\alpha(t) \right|}{\sqrt{\kappa g_0^2 E(t)}} \quad (3.4)$$

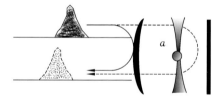

图3.3 光子捕获过程的物理图像。入射光子波包可以以两种不同的方式逃逸节点：通过前端腔镜(黑色实线)上的直接反射或通过原子-腔系统(黑色虚线)的吸收和再发射。如果应用于 Λ 系统的控制脉冲设计得很好，则这两个事件的概率幅度会相消干涉，并且光子仍然被困在原子-腔系统中，概率为 1

通常，控制脉冲必须具有啁啾以补偿入射光子脉冲中可能存在的啁啾和最终的有限失谐 Δ。啁啾的确切表达相当复杂，可以在补充材料中找到。但是，如果光子包络没有啁啾，并且如果 $\Delta = 0$，那么控制脉冲则不需要啁啾，并且由简单表达式给出，也已在文献[107]中推导，即

$$\frac{\Omega(t)}{2} = \frac{\ddot{\alpha} - \dfrac{\kappa}{2}\dot{\alpha} + g_0^2 \alpha(t)}{\sqrt{\kappa g_0^2 E(t)}} \quad (3.5)$$

光子包络与控制脉冲幅度之间关系的几个例子如图 3.4—图 3.6 所示。

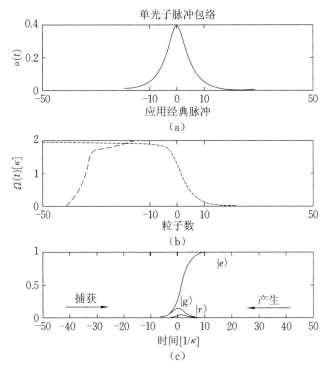

图 3.4　(a)给定幅度 $\alpha(t)$ 的单光子脉冲;(b)用于捕获(a)中所示脉冲的控制脉冲 $\Omega(t)$;(c)节点状态随时间的模拟的演变。模拟中使用的参数是 $g_0 = \kappa, \Delta = 0$。注意,控制脉冲(b)是高度非绝热的 $\left(\dfrac{\dot{\Omega}}{\Omega} \sim \Omega \sim g_0\right)$。从右到左观察这些图(时间反转)给出了光子发射问题的解决方案。在光子幅度可忽略的小的时间区域中修改控制脉冲不会过多地影响动力学。因此,实际上在很久之前就应该一直"打开"控制脉冲,可以在光子振幅开始上升之前(如虚线所示)的一小段时间内被打开

光子俘获问题的解决方案也为时间反转后的光子发射问题提供了解决方案。这意味着只要它们遵守时间反转关系式(3.3),就可以确定性地产生超快单光子脉冲。式(3.3)通常意味着任意单光子脉冲可以被完美地发射或捕获,只要它们不与腔谐振 ω_c 失谐超过 g_0,并且它们的带宽 γ_p 不超过 $\min\left(\kappa, \dfrac{g_0^2}{\kappa}\right)$。

即使在弱耦合方式中($g_0 \ll \kappa$)也是如此。在强耦合或适中耦合方式中,这些过程可以与腔衰减(速率 κ)进行得一样快。在这种情况下,控制脉冲变得高度非绝热并且必须精确地设计以匹配相应的光子包络。在文献[91]中较早研

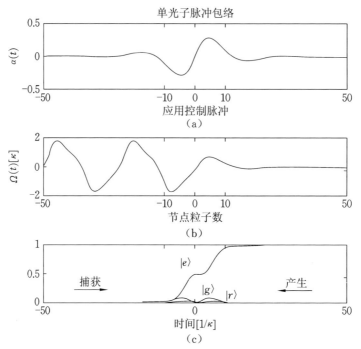

图 3.5　具有振荡幅度的单个光子脉冲的产生和俘获。条件也是完全非绝热。控制脉冲的形状不是很直观

究的大失谐情况下,关系式(3.3)只能在强耦合方式下得到满足,控制脉冲形状由下式给出:

$$\left| \frac{g_0 \Omega(t)}{2\Delta} \right| = \frac{\left| \dot{\alpha} - \frac{\kappa}{2}\alpha(t) \right|}{\sqrt{\kappa \int_{-\infty}^{t} |a(s)|^2 \mathrm{d}s - |\alpha(t)|^2}} \qquad (3.6)$$

我们以这种形式写出结果,因为 $\dfrac{g_0 \Omega(t)}{2\Delta}$ 是在能级 $|r\rangle$ 绝热消除之后两个基态 $|e\rangle$ 和 $|g\rangle$ 之间的有效拉曼耦合。此外,如果入射光子没有啁啾,控制脉冲必须有必要的啁啾 $\dot{\Phi}(t)$ 由下式给出:

$$\dot{\Phi}(t) = -\frac{|\Omega(t)|^2}{4\Delta} \qquad (3.7)$$

式(3.6)、式(3.7)和文献[91]的结果一致并且对其进行了扩展。文献[91]中假设了相同的节点和时间反转不变的光子形状。控制脉冲的必要啁啾可以被解释为通过经典控制脉冲消除由能级 $|r\rangle$ 或能级 $|e\rangle$ 引起的 AC 斯塔克偏移。

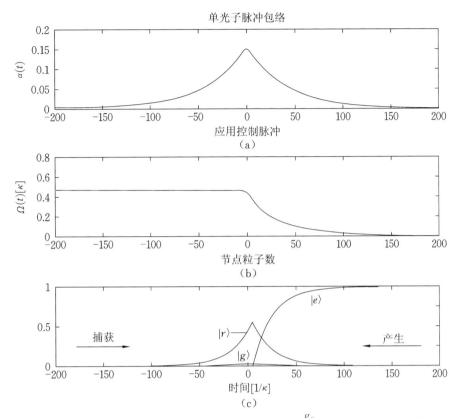

图 3.6 深入弱耦合方式的确定性的光子捕获/产生。参数是 $\frac{g_0}{\kappa}=0.1,\Delta=0$。(a)光子脉冲不能和适中(或强)耦合方式一样快(带宽上限是 $\frac{g_0^2}{\kappa}$ 而不是 κ);(b)用于捕获(a)中所示脉冲的控制脉冲 $\Omega(t)$;(c)能级 $|r\rangle$ 粒子数也明显增加,导致自发辐射损耗($\sim 22\frac{\gamma}{\kappa}$ 这里如果是小的损耗)和连续光子重叠退化。这些我们所不希望的效应在实际的 QD - 腔系统中仍然是较小的,例如,对于 $\kappa\sim 1/1$ ps、$g_0\sim 1/10$ ps 和 $\gamma\sim 1/1$ ns,其中的量子效率将是 98%,重叠将大于 95%

另一个相关的限制是绝热方式,其中入射(发射)光子脉冲足够慢,以至于 $\gamma_p\ll\min[\kappa,\frac{g_0^2}{\kappa}]$。这是操作现有相干单光子源的方式。如果我们进一步假设 $\Delta=0$,控制脉冲没有啁啾并采用以下简单的形式:

$$\frac{\Omega(t)}{2}=\frac{g_0}{\sqrt{\kappa}}\frac{\alpha(t)}{\sqrt{\int_{-\infty}^{t}|a(s)|^2\mathrm{d}s}} \tag{3.8}$$

请注意,分母是直到时间 t 光子所携带的和被腔吸收的总能量的平方根。因此,控制脉冲的强度 $|\Omega(t)|^2$ 与单光子能量进入腔中的瞬时速率成比例。这个结果非常直观:它意味着从辐射模式中累积在能级 $|g\rangle$ 中的任何能量必须立即转移到能级 $|e\rangle$,否则它将被重新辐射和损耗。式(3.8)可以等效地表示为

$$\alpha(t) = \frac{\sqrt{\kappa}}{g_0} \frac{\Omega(t)}{2} \exp\left[\frac{k}{2g_0^2} \int_{-\infty}^{t} \left|\frac{\Omega(s)}{2}\right|^2 ds\right] \tag{3.9}$$

如果我们知道(绝热的)控制脉冲,则式(3.9)给出光子形状。该结果解释了先前的实验观察和通过 STIRAP 技术的相干光子发射的模拟[50,96]。在绝热方式下,除了由式(3.9)中的由指数项给出的轻微校正,发射的光子脉冲跟随控制脉冲,导致发射的光子脉冲比控制脉冲增长更慢而衰减更快。

3.4 非理想系统:捕获/产生效率

尽管许多应用本方案的实验系统被发现具有稳定的基态 $|e\rangle$ 和 $|g\rangle$,它们通常将会受到腔光子衰变成伪模式以及受激能级 $|r\rangle$ 的有限纵向衰减和退相速率的影响。对这些效应的适当研究将需要主方程方法,尽管这里通过假设它们对系统动力学只引起一个可以被随后检查的微小的扰动得到估计。伪腔损耗将影响该方案的整体效率。如果假设以 Γ_c 表示的这种损耗的总速率与 κ 相比较小,那么俘获和发射方案都会受到效率降低 L_c 的影响,即

$$L_c \sim \Gamma_c \int_{-\infty}^{\infty} |g(t)|^2 dt = \frac{\Gamma_c}{k} \tag{3.10}$$

从能级 $|r\rangle$ 以速率为 γ 的自发衰变进一步降低了该方案的效率,并且可以降低连续发射的两个光子之间的量子力学重叠[6]。由于 γ 引起的效率 L 的降低可以估计为

$$L \sim \gamma \int_{-\infty}^{\infty} |r(s)|^2 ds = \frac{\gamma}{g_0^2}\left[\frac{\kappa}{4} + \frac{1}{\kappa}\int_{-\infty}^{\infty} |\dot{\alpha}(s)|^2 ds\right] \tag{3.11}$$

并且对于最有效的光子形状,其值不超过 $\frac{\gamma\kappa}{2g_0^2}$。在光子发射情况下,如果能级 $|r\rangle$ 自发衰减至能级 $|e\rangle$,发射的光子将具有波动的形状并且它们的平均重叠 O 将减小(如果 $\alpha_1(t)$ 和 $\alpha_2(t)$ 是两个光子的振幅,它们的重叠 O 被定义为数量 $\left|\int_{-\infty}^{\infty}\alpha_1(t)\alpha_2^*(t)dt\right|^2$)。但是,可以证明

$$O > 1 - 2\gamma \int_{-\infty}^{\infty} |r(s)|^2 \mathrm{d}s > 1 - \frac{\gamma\kappa}{2g_0^2} \qquad (3.12)$$

并且这个界限非常宽松。速率为 Γ_d 的能级 $|r\rangle$ 的退相也可以减少连续光子之间的重叠(通过一个大小为 $2\dfrac{\Gamma_\mathrm{d}}{\gamma_\mathrm{p}}$ 的因子),并且在较小程度上减少该方案的整体效率。注意,在强耦合方式下,通过能级 $|r\rangle$ 的跃迁而导致的损耗和噪声的影响大大降低。有趣的是,即使在适中或弱耦合方式中,当珀塞尔因子 $\dfrac{4g_0^2}{\gamma\kappa}$ 远大于 1 时,这些影响也会很小。这就是现在由许多团队制造的 QD-腔系统的情况[100,101,108,109]。

因此,即使在存在真实的实验缺陷的情况下,一个大的真空拉比频率 g_0 对方案的工作来说也不是必要的。这种相干方案能减少退相和能级 $|r\rangle$ 的有限寿命的影响,并实现高产生效率和量子不可分辨性。

3.4.1 断言

我们现在给出关于存在自发辐射情况下从能级 $|r\rangle$ 的传输效率(速率 γ)和寄生腔损耗(速率 Γ_c)的更多细节。这些耗散过程不是时间反转对称的,并且对光子生成问题和光子捕获问题必须进行不同的处理。在这两种情况下,我们发现当使波导和腔 QDE 节点处于可分离(非纠缠)的最终状态的时候,控制脉冲可以达到最佳的传输效率。从技术上讲,这样的脉冲可能无法为传输提供绝对最高的效率,但其关键特性是它将网络中错误的传播最小化。在捕获情况下,对于遵从类似于式(3.3)准则的一类包络函数 α,存在满足解纠缠条件的控制脉冲,但是需要考虑由 γ 和 Γ_c 导致的相干动力学修正。传输效率为

$$\eta_{\mathrm{trap}} = 1 - \frac{\Gamma_\mathrm{c}}{\kappa} - \frac{\gamma}{\kappa g_0^2}\left[\left(\frac{\kappa - \Gamma_\mathrm{c}}{2}\right)^2 + \int |\dot{\alpha}|^2 \mathrm{d}t\right] \qquad (3.13)$$

无论传输成功与否,光子都已完全从波导中移除。在光子产生的情况下,符合条件的光子波形也由修正的准则确定,并且传输效率是

$$\eta_{\mathrm{gene}} = \left[\left(1 + \frac{\Gamma_\mathrm{c}}{\kappa}\right)\left(1 + \frac{\gamma(\kappa + \Gamma_\mathrm{c})}{4g_0^2}\right) + \frac{\gamma}{\kappa g_0^2}\int |\dot{\alpha}|^2 \mathrm{d}t\right]^{-1} \qquad (3.14)$$

这些关系表明,如果腔-波导界面设计较好($\Gamma_\mathrm{c} \ll \kappa$)并且数量 $\dfrac{4g_0^2}{\kappa\gamma}$(在弱耦合方式下等于珀塞尔因子)比 1 大得多,则在损耗存在的情况下有效的传输是可能的。

3.4.2　证明

我们现在证明上述断言并展示对应的控制脉冲。我们作出了简化的假设,即没有额外的超过 $\frac{\gamma}{2}$ 的 $e\text{-}r$ 和 $g\text{-}r$ 跃迁的退相。我们还假设能级 $|r\rangle$ 主要在 $|g\rangle$ 或系统外部衰变。在这些条件下,可以将节点的状态视为纯态,即

$$\Psi(t)=g(t)|g,1\rangle+r(t)|r,0\rangle+e(t)|e,0\rangle \tag{3.15}$$

其中,符号 $|X,n\rangle$ 代表在腔中能级 X 上有 n 个光子的节点。注意,$\|\Psi(t)\|^2$ 是在时间 t 在节点(在腔中或在原子中)找到激发的概率。如果这些条件不成立,则系统变为混合状态,并且需要密度矩阵方法。在量子跃迁图[110]中,系统经历了一段相干演变,由 $\Psi(t)$ 描述。然而,在每个时间步骤,它有可能崩溃到状态 $|e,0\rangle$(衰变到能级 e 的处理)或者经历 $r(t)\rightarrow -r(t)$(退相处理)。在这种情况下,式(3.13)和式(3.14)给出了转换平均可信度的下限。

利用腔输入输出关系[111]以及临界假设即腔泄漏模式中存在不超过一个光子,我们可以展示在旋波近似中,波导状态的演化和 $\Psi(t)$ 由下列式子给出:

$$\alpha_{\text{out}}(t)=\sqrt{\kappa}\,g-\alpha_{\text{in}}(t) \tag{3.16}$$

$$\dot{g}=-\mathrm{i}g_0^{*}r-\frac{\kappa+\Gamma_{\text{c}}}{2}g+\sqrt{\kappa}\,\alpha_{\text{in}}(t) \tag{3.17}$$

$$\dot{r}=-\left(\frac{\gamma}{2}+\mathrm{i}\Delta\right)r-\mathrm{i}g_0g-\mathrm{i}\frac{\Omega}{2}e \tag{3.18}$$

$$\dot{e}=-\mathrm{i}\frac{\Omega^{*}}{2}r \tag{3.19}$$

为了研究一个光子 $\alpha(t)$ 的捕获,我们设 $\alpha_{\text{in}}=\alpha$,并且设置条件 $\alpha_{\text{out}}=0$。我们发现

$$\frac{\Omega}{2}=\frac{\mathrm{i}}{e}\left[\dot{r}+\left(\frac{\gamma}{2}+\mathrm{i}\Delta\right)r+\mathrm{i}g_0g\right] \tag{3.20}$$

$\Gamma(t)$ 存在的必要充分条件是在所有有限时间间隔内有 $|e|>0$。[112] 在上述表达式中,$g=\dfrac{\alpha}{\sqrt{\kappa}}$,$r=\dfrac{\mathrm{i}}{g_0^{*}}\left(\dot{g}-\dfrac{\kappa-\Gamma_{\text{c}}}{2}g\right)$,$e$ 由下式给出:

$$|e|^2=\eta_{\text{trap}}\int^{t}\mathrm{d}s\,|\alpha|^2-\frac{\gamma}{\kappa g_0^2}\left[\int^{t}\mathrm{d}s\,|\dot{\alpha}|^2\right]\left[\int_{t}^{\infty}\mathrm{d}s\,|\alpha|^2\right]$$

$$-\frac{|\alpha|^2}{\kappa}\left[1+\frac{\gamma(\kappa-\Gamma_{\text{c}})}{2g_0^2}\right]-\frac{\left|\dot{\alpha}-\dfrac{(\kappa-\Gamma_{\text{c}})}{2}\alpha\right|^2}{\kappa g_0^2} \tag{3.21}$$

$$\dot{\Phi}_e = \frac{|r|^2(\dot{\Phi}_r + \Delta) - |g|^2 \dot{\Phi}_g}{|e|^2} \tag{3.22}$$

其中,式(3.21)右边在任何时候都严格为正,控制脉冲存在,并且转移效率为 $|e|^2(t \to \infty) = \eta_{trap}$。当发生捕获时,与光子相关联的量子力学振幅 $-\alpha(t)$ 被前端腔镜反射,精确地抵消了在节点中被吸收的光子的振幅 $\sqrt{\kappa}g(t)$ 并从中重新发射。这种干涉相消可被视为入射波导和接收节点之间的阻抗匹配要求,必须通过精心设计的控制脉冲进行保障。请注意,对 $\Gamma_c > \kappa$ 来说,无论光子波形如何,我们始终无法找到使得节点和波导不纠缠的控制脉冲。

在光子产生的情况下,我们假设 $\alpha_{in} = 0$ 并且 $\alpha_{out} = \sqrt{\eta}\alpha$,其中 α 是归一化为 1 和 η 的光子包络,产生效率将会是自洽的。在这种情况下,适当的控制脉冲仍由式(3.20)给出,但是 $g = \sqrt{\frac{\eta}{\kappa}}\alpha$,$r = \frac{i}{g_0^*}(\dot{g} + \frac{\kappa + \Gamma_c}{2}g)$ 并且

$$|e|^2 = 1 - \frac{\eta}{\eta_{gene}}\int^t ds\, |\alpha|^2 - \frac{\eta\gamma}{\kappa g_0^2}\left[\int^t ds\, |\dot{\alpha}|^2\right]\left[\int_t^\infty ds\, |\alpha|^2\right]$$

$$- \frac{\eta|\alpha|^2}{\kappa}\left[1 + \frac{\gamma(\kappa + \Gamma_c)}{2g_0^2}\right] - \frac{\eta\left|\dot{\alpha} + \frac{(\kappa + \Gamma_c)}{2}\alpha\right|^2}{\kappa g_0^2} \tag{3.23}$$

$$\dot{\Phi}_e = \frac{|r|^2(\dot{\Phi}_r + \Delta) - |g|^2 \dot{\Phi}_g}{|e|^2} \tag{3.24}$$

当且仅当 $e(t \to 0) = 0$ 时,节点将不再和波导纠缠,这时,$\eta = \eta_{gene}$。当且仅当式(3.23)右边在所有时间严格为正时,对应的控制脉冲存在。

值得注意的是,在零拉曼失谐的情况下,当光子脉冲自身没有啁啾(即 $\alpha(t)$ 可以被认为是实数)时,则 $\Phi(t)$ 可以被认为是常数:控制脉冲需要无啁啾,这是用于实验时我们所期望的特征。此外,如果光子脉冲很慢(绝热方式),以至于 $\left|\frac{\dot{\alpha}}{\alpha}\right| \ll \kappa$,并且假设腔耦合和在光子生成实验[50,95-98]中的一样强,我们得到了控制脉冲和光子脉冲之间一种特别简单的关系。为了捕获一个波形为 $\alpha(t)$ 的光子,所需的控制脉冲应当具有时域形状,即

$$\left|\frac{\Omega(t)}{2}\right|^2 \sim \frac{g_0^2 |\alpha(t)|^2/\kappa}{\int_{-\infty}^t |\alpha(s)|^2 ds} \tag{3.25}$$

并且施加(慢)控制脉冲 $\Omega(t)$ 将导致一个单光子的发射,其波形由下式给出:

$$|\alpha(t)|^2 = \frac{\kappa}{g_0^2}\left|\frac{\Omega(t)}{2}\right|^2 e^{\frac{k}{g_0^2}\int_{-\infty}^{t}\left|\frac{\Omega(s)}{2}\right|^2 ds} \tag{3.26}$$

这些表达式解释了实验观察结果,即用 STIRAP 技术发射的光子将"跟随"控制脉冲,由于其有限的 κ 值而具有一定的延迟。

3.5 具有数个激发态的 Λ 系统

我们现在研究具有 N 个激发态能级 $|r_k\rangle$ 贡献对转换动力学的影响。我们用 g_k 和 Ω_k 分别表示由能级 r_k 到能级 $|g\rangle$ 和能级 $|e\rangle$ 的耦合。我们用 Δ_k 和 γ_k 分别表示从能级 r_k 的拉曼失谐和自发衰减速率。为了简化操作,我们利用一个单位向量长度 V 将量 $r_k(t)$、$g_k(t)$ 和 $\Omega_k(t)$ 集中到 N 维矢量 $\boldsymbol{R}(t)$、$\boldsymbol{G}$ 和 $\boldsymbol{\Omega}(t)$ 中。我们还定义了一个复数的失谐矩阵 $\boldsymbol{\Delta} = \mathrm{diag}(\Delta_k - \mathrm{i}\gamma_k)$。使用简写记号 $\gamma = \dot{g} + \dfrac{\kappa + \Gamma_c}{2} - \sqrt{\kappa}\alpha_{\mathrm{in}}$,系统的演化由下式给出:

$$\gamma(t) = -\mathrm{i}\boldsymbol{G}^\dagger \cdot \boldsymbol{R}(t) \tag{3.27}$$

$$\dot{R}(t) = -\mathrm{i}\boldsymbol{\Delta} \cdot \boldsymbol{R}(t) - \mathrm{i}g(t)\boldsymbol{G} - \mathrm{i}\frac{\boldsymbol{\Omega}(t)}{2}e(t)\omega \tag{3.28}$$

$$\dot{e}(t) = -\mathrm{i}\frac{\boldsymbol{\Omega}^*(t)}{2}\omega^\dagger \cdot \boldsymbol{R}(t) \tag{3.29}$$

正确地捕获条件是 $\gamma(t) = \dot{g} - \dfrac{\kappa - \Gamma_c}{2}g$。为了找到正确的控制脉冲,我们将向量空间划分为维度为 1 的向量 V 对应的子空间和正交空间,相应的符号为 $\parallel$ 和 $\perp$。使用这些符号,上述方程组可以重写为

$$\gamma = -\mathrm{i}G_\parallel^* R_\parallel - \mathrm{i}\boldsymbol{G}_\perp^\dagger \cdot \boldsymbol{R}_\perp \tag{3.30}$$

$$\dot{R}_\parallel = -\mathrm{i}\Delta_\parallel^\parallel R_\parallel - \mathrm{i}\boldsymbol{\Delta}_\perp^\parallel \cdot \boldsymbol{R}_\perp(t) - \mathrm{i}gG_\parallel - \mathrm{i}\frac{\Omega}{2}e \tag{3.31}$$

$$\dot{\boldsymbol{R}}_\perp = -\mathrm{i}\boldsymbol{\Delta}_\parallel^\perp R_\parallel - \mathrm{i}\boldsymbol{\Delta}_\perp^\perp \cdot \boldsymbol{R}_\perp - \mathrm{i}g\boldsymbol{G}_\perp \tag{3.32}$$

$$\dot{e} = -\mathrm{i}\frac{\Omega^*}{2}R_\parallel \tag{3.33}$$

当正确的控制脉冲存在时,其由下式给出:

$$\frac{\Omega}{2} = \frac{\mathrm{i}}{e}(\dot{R}_\parallel + \mathrm{i}\Delta_\parallel^\parallel R_\parallel + \mathrm{i}\boldsymbol{\Delta}_\perp^\parallel \cdot \boldsymbol{R}_\perp + \mathrm{i}gG_\parallel) \tag{3.34}$$

其中,$\boldsymbol{R}$ 的分量由下式给出:

$$\dot{\boldsymbol{R}}_{\parallel} = \frac{\mathrm{i}}{\boldsymbol{G}_{\parallel}^{*}} \left(\gamma + \mathrm{i} \boldsymbol{G}_{\perp}^{\dagger} \boldsymbol{R}_{\perp} \right) \tag{3.35}$$

$$\boldsymbol{R}_{\perp} = -\mathrm{i} \mathrm{e}^{-\mathrm{i} M t} \int^{t} \mathrm{e}^{\mathrm{i} M s} \left(\boldsymbol{G}_{\perp} g(s) + \mathrm{i} \frac{\boldsymbol{\Delta}_{\parallel}^{\perp}}{\boldsymbol{G}_{\parallel}^{*}} \gamma(s) \right) \mathrm{d} s \tag{3.36}$$

$$M = \boldsymbol{\Delta}_{\perp} - \frac{\boldsymbol{\Delta}_{\parallel}^{\perp} \boldsymbol{G}_{\perp}^{\dagger}}{\boldsymbol{G}_{\parallel}^{*}} \tag{3.37}$$

并且幅度 e 由下式给出：

$$|e|^{2} = \left(1 - \frac{\Gamma_{\mathrm{c}}}{\kappa} \right) \int^{t} \mathrm{d} s \ |\alpha|^{2} + 2 \mathrm{Im} \left(\int^{t} \mathrm{d} s \boldsymbol{R}^{\dagger} \boldsymbol{\Delta} \boldsymbol{R} \right) - \frac{|\alpha|^{2}}{\kappa} - \boldsymbol{R}^{\dagger} \boldsymbol{R} \tag{3.38}$$

$$\dot{\Phi}_{\mathrm{e}} = \frac{|\boldsymbol{R}_{\parallel}|^{2} [\mathrm{Re}(\boldsymbol{\Delta}_{\parallel}) + \dot{\Phi}_{R_{\parallel}}] + \mathrm{Re}[(\boldsymbol{\Delta}_{\perp} \boldsymbol{R}_{\perp} + g \boldsymbol{G}_{\parallel}) \boldsymbol{R}_{\parallel}^{*}]}{|e|^{2}} \tag{3.39}$$

同样，表达式 $|e|^{2}$ 必须始终严格为正。如果 M 具有纯的实数本征值，则必须打开控制脉冲无限长的时间以防止光子在波导中重新发射。即便如此，一小部分粒子数将多次陷入激发态的"暗"态中。一般来说，由于自发衰减，这种情况不会发生。额外的能级只进一步将捕获效率降低至

$$\eta_{\mathrm{trap}}^{(N)} = 1 - \frac{\Gamma_{\mathrm{c}}}{\kappa} + 2 \int \boldsymbol{R}^{\dagger} \mathrm{Im}(\boldsymbol{\Delta}) \boldsymbol{R} \, \mathrm{d} t \tag{3.40}$$

光子产生也是相同的公式，如果我们利用 $\gamma(t) = \dot{g} + \dfrac{\kappa + \Gamma_{\mathrm{c}}}{2} g$ 和 $g = \sqrt{\dfrac{\eta_{\mathrm{gene}}^{(N)}}{\kappa}} \alpha$ ，其中，

$$\eta_{\mathrm{gene}}^{(N)} = \left[1 + \frac{\Gamma_{\mathrm{c}}}{\kappa} + 2 \int \boldsymbol{R}^{\dagger} \mathrm{Im}(\boldsymbol{\Delta}) \boldsymbol{R} \, \mathrm{d} t \right]^{-1} \tag{3.41}$$

只有在任何时候都有 $|e|^{2} > 0$ ，该过程才是可能的，并且我们在下面明确了 $|e|^{2}$ 的值：

$$|e|^{2} = 1 - \int^{t} \mathrm{d} s \ |\alpha|^{2} - \eta_{\mathrm{gene}}^{(N)} \frac{|\alpha|^{2}}{\kappa} - \eta_{\mathrm{gene}}^{(N)} \boldsymbol{R}^{\dagger} \boldsymbol{R}$$

$$+ 2 \eta_{\mathrm{gene}}^{(N)} \left(\int \boldsymbol{R}^{\dagger} \mathrm{Im}(\boldsymbol{\Delta}) \boldsymbol{R} \, \mathrm{d} t \right) \left(\int_{t}^{\infty} \mathrm{d} s \ |\alpha|^{2} \right) \tag{3.42}$$

经验法则是，当 α 具有与 M 的本征值的实部相对应的频率处具有大的傅里叶分量时，在激发的多重态中附加的吸收增加。该观察结果可以作为光子包络有效设计的基础。

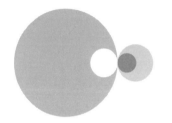

第 4 章
退相干效应

4.1　引言

在本章中,我们考虑退相干效应对单光子器件发射光子特性的影响。在研究退相干时,人们通常认为总体系有两个部分:感兴趣的小量子"系统"和体系的其余部分("热库(bath)")。退相干是由于系统和热库之间不受控制的耦合而产生的。如果这种耦合比系统动力学弱,那么这种划分是合理的。

退相干是一个很大的课题,我们不可能在这里提供一个完整的解决方法。相反,我们的目标是提供一些简单的计算,从而阐明退相干影响单光子源的一些主要方式。许多结果将为该领域的研究人员所熟知,但一个可能的例外是第 4.9 节中的计算,该计算分析了拉曼方案中的退相干,展示了如何通过使用大的失谐来大大降低激发态退相的影响。

在包括退相干的量子光学计算中,人们常采用密度矩阵法和坍缩(降维操作)算符相结合的方法,从而得到光学布洛赫方程。这种方法至少在一些教科书中有描述[7,113,114]。它对于一次计算出算子的期望值最有用。利用量子回归定理,该方法可以推广到双时关联,不过其计算效率很低,而且可能提供的物理场景很少。另一种似乎更适合单量子系统的方法是"量子跳跃"方案[115],

该方法将系统视为沿着一条轨迹演化,演化的轨迹包括量子态在随机时间内的突变(跳跃),这些突变对应于粒子的发射或吸收。该方法特别适用于蒙特卡罗数值模拟。密度矩阵和量子跳跃的方法,在它们的标准形式中,都只描述了具有无限短相关时间尺度的噪声过程。因此,寻找新的数学方法来描述有限记忆时间尺度下的退相干是一个需要不断探索的课题。

在接下来的几节中,我们将使用三种不同的方法来获得不同情况下物理相关的预测。对于纯的退相干过程,我们遵循一种半经典的处理方法,按照定义明确的随机过程,其中一个或多个能级在时间上随机涨落。这是一个旧方法;例如,参见文献[116—119]。为了分析发生的时间抖动过程,例如,在非相干激励下,我们沿用量子跳跃方法,该方法在第 4.6 节中通过考虑一个双粒子级联而首次被导出。最后,在第 4.10 节中,为了得到准确的声子边带谱,我们将声子模式的热库作为一个完整的量子系统。

4.2 退相干过程对固态单光子源的影响

具有很短相关时间尺度的噪声过程的主要例子是与晶格声子的耦合。晶体中原子核位置振动的相关时间尺度为 $\sim 1/kT$,即在液氦温度(4K)下,相干时间大约只有 1 ps。如果我们考虑声子自发辐射过程,有效带宽可以更大。

另一个重要的过程是与涨落的电荷陷阱的相互作用,它产生一个随机的时变电场。电荷陷阱可以存在于半导体的表面,也可以由材料内部的缺陷和杂质组成。根据不同的激发方式,波动的时间尺度可以在很大范围内变化。例如,对于半导体中强的带上激发,我们可能期望这个时间尺度的量级在 1 ns 或更少。对于小于带隙能量的激发,这可能发生得要缓慢得多。以金刚石中的氮空位(nitrogen-vacancy,NV)中心为例,在共振激发实验中常常可以观察到共振频率在几秒或更长的时间尺度上波动。这种光学跃迁频率随时间缓慢变化的过程称为"光谱扩散"过程[120]。

在与电子自旋耦合的单光子源中,我们还必须考虑自旋退相干过程。这些通常比影响轨道运动的退相干过程弱,这就是为什么自旋往往被认为是好的量子比特。自旋退相干倾向于受晶体中其他自旋相互作用的支配。在带电量子点中,电子自旋与 $10^4 \sim 10^5$ 核自旋之间的超精细耦合是一个主要的问题。由于与光子发射时间尺度相比核自旋涨落较慢,这是一种光谱扩散过程。核相互作用(主要与超精细的相互作用项所联系)产生一个缓慢变化的有效磁场,导致电子自旋子能级的塞曼位移在时间上发生缓慢变化。通过超精细相互作用,核自旋也有可能由于光激励而极化,从而使动力学过程变得复杂。在金刚石的 NV 中心等体系中,如果存在顺磁性杂质(如氮),杂质电子自旋的偶极相互作用可能会主导超精细耦合。如果把电子自旋的热环境看作噪声源,相关时间尺度将比原子核的短得多。

4.3 T_1、T_2 与 T_2^*

弛豫时间尺度 T_1、T_2 与 T_2^* 经常用来描述退相干过程。为了解释这些概念,我们首先介绍贯穿整个章节的半经典纯退相过程,然后展示这一过程如何影响二能级系统的密度矩阵元。

在接下来的内容中,我们使用波浪线($\tilde{x}$)来表示经典随机变量及任何依赖于它们的量。这些经典变量的期望用 $E(\ )$ 表示,以此来将这种均值形式和量子期望$\langle\rangle$区分开。变量 σ 是一个标量参数,用于描述噪声波动振幅,而与泡利矩阵 $\boldsymbol{\sigma}_x$、$\boldsymbol{\sigma}_y$ 和 $\boldsymbol{\sigma}_z$ 无关。

4.3.1 随机过程的定义

我们以如下有限差分方程表述的时间离散随机过程作为开始:

$$\tilde{f}_n = r\tilde{f}_{n-1} + \sigma\sqrt{1-r^2}\,\tilde{x}_n \tag{4.1}$$

其中,n 是离散时间指数,$\tilde{x}_n$ 是独立的正态(高斯)分布的随机变量,有$E(\tilde{x}_n)=0$ 和 $E(\tilde{x}_m\tilde{x}_n)=\delta_{mn}$。因此 $\tilde{x}_n$ 有为 0 的均值、归一的方差,并且是独立的。参数 r 表征 $\tilde{f}_n$ 的相关(记忆)时间,有 $0<r<1$,参数 σ 表征波动振幅。求解方程(4.1)可得

$$\tilde{f}_n = \sigma\sqrt{1-r^2}\sum_{m=0}^{\infty} r^m \tilde{x}_{n-m} \tag{4.2}$$

这里我们假设这一过程从 $-\infty$ 的时刻开始。连续过程 $\tilde{f}(t)$ 可通过设置 $t=n\mathrm{d}t$ 得到,这里,t 是时间变量,而 $\mathrm{d}t$ 则是时间微分。如果令 $r=\mathrm{e}^{-\beta\mathrm{d}t}$,我们可以得到

$$E(\tilde{f}(t))=0 \tag{4.3}$$

$$E(\tilde{f}(t)\tilde{f}(t'))=\sigma^2 \mathrm{e}^{-\beta|t-t'|} \tag{4.4}$$

这一形式是含有一个有限相关时间尺度参数的最简单的随机过程形式之一,例如,在文献[118,119]中,该形式曾被使用过。在第 4.4 节中将会导出一种相

似的过程,用于描述波动电荷陷阱集体产生的退相干过程。这两种过程有相同的均值和方差,只在更高阶矩有差异。

4.3.2 纯退相(T_2)过程

假设现有一个时间相关的哈密顿量的二能级系统,即

$$\widetilde{H}(t)=\left[\frac{\omega_0}{2}+\frac{\widetilde{f}(t)}{2}\right]\boldsymbol{\sigma}_z \tag{4.5}$$

这里 $\widetilde{f}(t)$ 用式(4.3)、式(4.4)描述,并且 $\boldsymbol{\sigma}_z$ 是三个泡利矩阵之一,即

$$\boldsymbol{\sigma}_x=\begin{pmatrix}0 & 1\\ 1 & 0\end{pmatrix} \tag{4.6}$$

$$\boldsymbol{\sigma}_y=\begin{pmatrix}0 & -i\\ i & 0\end{pmatrix} \tag{4.7}$$

$$\boldsymbol{\sigma}_z=\begin{pmatrix}1 & 0\\ 0 & -1\end{pmatrix} \tag{4.8}$$

ω_0 是状态 $|1\rangle$ 与状态 $|2\rangle$ 的能量差值。由 $[H(t),\widetilde{H}(t')]=0$,我们可以解薛定谔方程 $\frac{d}{dt}|\psi(t)\rangle=-i\widetilde{H}(t)|\widetilde{\psi}(t)\rangle$,得到的二能级系统的精确状态解为

$$|\widetilde{\psi}(t)\rangle=e^{-i\widetilde{g}(t)\boldsymbol{\sigma}_z/2}e^{-i\omega_0 t\boldsymbol{\sigma}_z/2}|\psi(0)\rangle \tag{4.9}$$

这里我们已经假设系统以 $t=0$ 时刻的纯态 $|\widetilde{\psi}(0)\rangle$ 为起始点,并且有 $\widetilde{g}(t)=\int_0^t dt'\widetilde{f}(t')$。随机过程 $\widetilde{g}(t)$ 是正态分布的(因为它是由正态分布的变量求和得到的),并有如下特性:

$$E(\widetilde{g}(t))=0 \tag{4.10}$$

$$E(\widetilde{g}(t)^2)=\frac{2\sigma^2}{\beta}\left[|t|-\frac{1}{\beta}(1-e^{-\beta|t|})\right] \tag{4.11}$$

接下来,我们定义旋转坐标系下的密度矩阵为

$$\boldsymbol{\rho}=E(|\widetilde{\psi}'\rangle\langle\widetilde{\psi}'|) \tag{4.12}$$

这里 $|\widetilde{\psi}'\rangle=e^{i\omega_0 t\boldsymbol{\sigma}_z/2}|\widetilde{\psi}\rangle$。这里直接给出如下结论,对角元素 ρ_{11} 和 ρ_{22} 不随时间改变,非对角元素随时间变化的关系为

$$\rho_{21}(t)=\rho_{21}(0)E(e^{i\widetilde{g}(t)}) \tag{4.13}$$

因为 $\widetilde{g}(t)$ 遵循正态分布,所以 $E(e^{i\widetilde{g}(t)})$ 这一项可以采用高斯积分精确计算。结果为

$$E(\mathrm{e}^{\mathrm{i}\widetilde{g}(t)}) = \exp\left[-\frac{\sigma^2}{\beta}\left(|t| - \frac{1}{\beta}(1 - \mathrm{e}^{-\beta|t|})\right)\right] \tag{4.14}$$

ρ_{12} 的时间相关性有点复杂,但可以考虑两种极限情形。对于 $\beta t \gg 1$,指数项是 t 的线性函数,此时可以得到 $E(\mathrm{e}^{\mathrm{i}\widetilde{g}(t)}) \approx \mathrm{e}^{-\sigma^2 t/\beta}$,因此 ρ_{12} 以 σ^2/β 速率进行指数衰减。在相反的极限条件 $\beta t \ll 1$ 的情况下,指数项可以展开到 βt 的二阶,可以得到 $E(\mathrm{e}^{\mathrm{i}\widetilde{g}(t)}) \approx \mathrm{e}^{-\sigma^2 t^2/2}$。这种情况下,$\rho_{12}$ 是关于时间的高斯线型,且经过 $\sqrt{2}/\sigma$ 的时间间隔后减小到原先的 $1/\mathrm{e}$。

去除低频噪声影响的最简单的方式是添加一个回波脉冲序列。系统允许演化 t_1 的时间间隔,施加一个 π 脉冲,然后系统再演化另一个 t_1 的时间间隔。如果最后施加第二个 π 脉冲,则系统的最终状态为

$$|\widetilde{\psi}(2t_1)\rangle = -\boldsymbol{\sigma}_x \mathrm{e}^{-\mathrm{i}\int_{t_1}^{2t_1}\mathrm{d}t(\omega_0 + \widetilde{f}(t))\frac{\boldsymbol{\sigma}_z}{2}}\boldsymbol{\sigma}_x \mathrm{e}^{-\mathrm{i}\int_0^{t_1}\mathrm{d}t(\omega_0 + \widetilde{f}(t))\frac{\boldsymbol{\sigma}_z}{2}}|\widetilde{\psi}(0)\rangle \tag{4.15}$$

$$= -\mathrm{e}^{-\mathrm{i}\widetilde{h}(t_1)\frac{\boldsymbol{\sigma}_z}{2}}|\widetilde{\psi}(0)\rangle \tag{4.16}$$

其中,$\widetilde{h}(t_1) = \int_0^{t_1}\mathrm{d}t\widetilde{f}(t) - \int_{t_1}^{2t_1}\mathrm{d}t\widetilde{f}(t)$。利用式(4.3)、式(4.4),可以得到

$$E(\widetilde{h}(t_1)) = 0 \tag{4.17}$$

$$E(\widetilde{h}(t_1)^2) = \frac{2\sigma^2}{\beta}\left[2t_1 - \frac{1}{\beta}(3 - 4\mathrm{e}^{-\beta t_1} + \mathrm{e}^{-2\beta t_1})\right] \tag{4.18}$$

自旋回波序列末尾的密度矩阵元素 ρ_{12} 为

$$\rho_{21}(2t_1) = \rho_{21}(0)E(\mathrm{e}^{\mathrm{i}\widetilde{h}(t_1)}) \tag{4.19}$$

利用 $\widetilde{h}(t_1)$ 是正态分布的条件,我们可以精确地估计期望值,得到

$$E(\mathrm{e}^{\mathrm{i}\widetilde{h}(t_1)}) = \exp\left[-\frac{\sigma^2}{\beta}\left(2t_1 - \frac{1}{\beta}(3 - 4\mathrm{e}^{-\beta t_1} + \mathrm{e}^{-2\beta t_1})\right)\right] \tag{4.20}$$

通过展开指数项到 β 的最低阶,该式变为 $E(\mathrm{e}^{\mathrm{i}\widetilde{h}(t_1)}) \approx \mathrm{e}^{-\frac{2}{3}\sigma^2\beta t_1^3}$。因此在 $\beta \to 0$ 的极限情况下,在 $2t_1$ 时刻,退相干完全消除。在布洛赫球上最容易观察到这种情况。假设布洛赫矢量沿着 x 轴开始,表示一个纯态,它是 $|1\rangle$ 态和 $|2\rangle$ 态的相等叠加。经过第一个时间间隔,布洛赫矢量绕着 z 轴旋转了 $\phi = (\omega_0 + \widetilde{f})t_1$ 的角度。之后施加 π 脉冲,改变了这一角度从 $\phi \to -\phi$。再经过第二次时间间隔的旋转,第一次的旋转便被抵消掉了。更一般地来讲,当 $\widetilde{f}(t)$ 可以允许随时间变化时,只要 $\beta t_1 \ll 1$,比起自由演化情况来说,自旋回波序列提供了巨大的改善。

传统上来讲,讨论自旋时,符号 T_2 和 T_2^* 分别指"均匀"的和"非均匀"的相干寿命。我们用"均匀"来表示单一量子系统中 ρ_{12} 的衰变时间,用"非均匀"来表示一个系综中 ρ_{12} 的衰变时间平均值。既然每一个系统有着稍微不同的过程频率 ω_i,平均信号似乎有着时间尺度 $1/\delta\omega$ 的阻尼,这里 $\delta\omega$ 是不同量子系统之间的频率展延。然而,符号 T_2 和 T_2^* 也经常在单一量子系统中使用。在这个前提下,T_2^* 表示多次重复试验的平均相干寿命,包括缓慢变化的噪声项,例如超精细场。在我们的模型中,T_2^* 由式(4.13)、式(4.14)决定,并且我们已经讨论了几种极限情况。参数 T_2 表示以某种方式去除噪声中最低频率成分后的相干寿命。在许多论文中,T_2 表示自旋-回波序列的衰变时间。在我们的模型中,它由式(4.19)、式(4.20)决定。有时认为自旋-回波衰变时间是系统"固有"相干寿命,但实际上它会体现任意性,因为更加复杂的脉冲序列可以用来进一步抑制噪声影响。尽管如此,在第 6 章中当我们引用单量子系统的测量寿命 T_2^* 与 T_2 时,我们仍将按惯例使用,二者分别表示没有和有回波序列测量的相干寿命。

4.3.3　布居数弛豫(T_1)过程

现在考虑与时间有关哈密顿量的二能级系统

$$\widetilde{H}(t) = \frac{\omega_0}{2}\boldsymbol{\sigma}_z + \frac{\widetilde{f}(t)}{2}\boldsymbol{\sigma}_x \tag{4.21}$$

这种情况在数学上相当困难,因为一般 $[\widetilde{H}(t),\widetilde{H}(t')] \neq 0$。让我们通过变换到旋转坐标系开始,$|\psi'\rangle = e^{i\omega_0 t\boldsymbol{\sigma}_z/2}|\psi\rangle$。然后 $|\psi'\rangle$ 动力学遵循有效哈密顿量,即

$$\widetilde{H}'(t) = \frac{\widetilde{f}(t)}{2}(e^{i\omega_0 t}\boldsymbol{\sigma}^+ + e^{-i\omega_0 t}\boldsymbol{\sigma}^-) \tag{4.22}$$

这里有

$$\boldsymbol{\sigma}^+ = \begin{pmatrix} 0 & 1 \\ 0 & 0 \end{pmatrix} \tag{4.23}$$

$$\boldsymbol{\sigma}^- = \begin{pmatrix} 0 & 0 \\ 1 & 0 \end{pmatrix} \tag{4.24}$$

我们接下来从运动方程着手求解密度矩阵(在旋转坐标系下),$\frac{d}{dt}\widetilde{\rho} = -i[\widetilde{H}(t),\widetilde{\rho}]$。这里 $\widetilde{\rho} = |\widetilde{\psi}'\rangle\langle\widetilde{\psi}'|$,此处我们没有取经典随机变量的平均值。对于小项相当于 $\widetilde{f}$ 的二阶时,我们可以得到

$$\tilde{\rho}(t) \approx \rho_0 - \mathrm{i} \int_0^t \mathrm{d}t' [\tilde{H}'(t'), \rho_0] - \int_0^t \mathrm{d}t' \int_0^{t'} \mathrm{d}t'' [\tilde{H}'(t'), [\tilde{H}'(t''), \rho_0]]$$

(4.25)

这里 $\rho_0 = \rho(0)$。已取随机变量平均值的真实密度矩阵 $\rho(t)$ 可由下式给出：

$$\rho(t) \approx \rho_0 - \mathrm{i} \int_0^t \mathrm{d}t' E([\tilde{H}'(t'), \rho_0]) - \int_0^t \mathrm{d}t' \int_0^{t'} \mathrm{d}t'' E([\tilde{H}'(t'), [\overline{\tilde{H}'(t'')}, \rho_0]])$$

(4.26)

之后我们用式(4.3)、式(4.4)来估计期望值。只保留 t 的线性增长项而去除快速振荡项，我们得到

$$\rho(t) \approx \rho_0 - \frac{\sigma^2 t}{4} \left(\frac{1}{\beta - \mathrm{i}\omega_0} [\boldsymbol{\sigma}^+, [\boldsymbol{\sigma}^-, \rho_0]] + \frac{1}{\beta + \mathrm{i}\omega_0} [\boldsymbol{\sigma}^-, [\boldsymbol{\sigma}^+, \rho_0]] \right)$$ (4.27)

该假设包括舍去含 $\sigma \ll \omega_0$ 和 $t \gg 1/\beta, 2\pi/\omega_0$ 在内的项。基于此,我们通过对时间求导及用 $\rho(t)$ 取代对易式中的 ρ_0,便可以得到"主方程"。这给出了去除小的快速振荡后有关 ρ 的近似运动方程。结果如下：

$$\frac{\mathrm{d}}{\mathrm{d}t} \begin{pmatrix} \rho_{11} & \rho_{12} \\ \rho_{21} & \rho_{22} \end{pmatrix} = -\frac{\sigma^2}{2} \begin{pmatrix} \frac{\beta}{\beta^2 + \omega_0^2}(\rho_{11} - \rho_{22}) & \frac{1}{\beta - \mathrm{i}\omega_0}\rho_{12} \\ \frac{1}{\beta + \mathrm{i}\omega_0}\rho_{21} & \frac{-\beta}{\beta^2 + \omega_0^2}(\rho_{11} - \rho_{22}) \end{pmatrix}$$ (4.28)

这些方程容易求解,得到

$$\rho_{11} - \rho_{22} = (\rho_{11}(0) - \rho_{22}(0)) \mathrm{e}^{-t/T_1}$$ (4.29)

$$\rho_{12} = \rho_{12}(0) \mathrm{e}^{-\mathrm{i}\delta t} \mathrm{e}^{-t/T_2}$$ (4.30)

$$\delta = \mathrm{Im} \frac{\sigma^2}{2(\beta - \mathrm{i}\omega_0)} = \frac{\sigma^2 \omega_0}{2(\beta^2 + \omega_0^2)}$$ (4.31)

$$\frac{1}{T_1} = \frac{\sigma^2 \beta}{\beta^2 + \omega_0^2}$$ (4.32)

$$\frac{1}{T_2} = \mathrm{Re} \frac{\sigma^2}{2(\beta - \mathrm{i}\omega_0)} = \frac{1}{2T_1}$$ (4.33)

这里 T_1 是两种状态的布居数差的衰变寿命,即 $\rho_{11} - \rho_{22}$,T_2 是非对角矩阵元素的衰变寿命。此处得到的 T_1 和 T_2 遵循任何过程的普遍性要求 $\frac{1}{T_2} \geqslant \frac{1}{2T_1}$。

与上面讨论的纯退相过程相比较,我们发现对于相同的噪声振幅,布居数弛豫($\boldsymbol{\sigma}_x$)过程的衰变速率,与纯退相($\boldsymbol{\sigma}_z$)过程相比,减少了 $\beta^2/(\beta^2 + \omega_0^2)$。这一结果在频域上是直观的,因为在小信号极限下,状态 $|1\rangle$ 和状态 $|2\rangle$ 之间的跃

迁只能由频率为 ω_0 的信号驱动。噪声源的功率谱密度是洛伦兹函数,$S(\omega) \propto \sigma^2 \beta / (\beta^2 + \omega^2)$,布居数弛豫速率 $1/T_1$ 正比于 $S(\omega_0)$。

4.4 例:电荷陷阱导致的波动电场

为了使讨论更具体,我们考虑一个受退相影响的固态单光子发射源,它可以用第 4.3.1 节介绍的简单随机过程来更合理地描述。

假设我们有单个类原子系统位于原点,并且这个量子系统嵌入在一个固体中,其附近包含起电荷陷阱作用的杂质或缺陷。如果我们的量子系统距离表面只有不到 1 μm,或者就位于表面上,还需要考虑表面态的影响。为了简单起见,依据随机变量 $\tilde{q}_n = \{0, 1\}$,让我们假设电荷陷阱 n 含有零个或一个电子。而且,我们假设每个 $\tilde{q}_n$ 的动力学可通过一个独立的、相同的马尔可夫过程描述,即

$$\frac{\mathrm{d}}{\mathrm{d}t}\begin{pmatrix} p_0 \\ p_1 \end{pmatrix} = \begin{pmatrix} -r_{10} & r_{01} \\ r_{10} & -r_{01} \end{pmatrix}\begin{pmatrix} p_0 \\ p_1 \end{pmatrix} \tag{4.34}$$

其中,p_i 表示当 $\tilde{q} = i$ 的概率,r_{ij} 是陷阱从电荷状态 j 跃迁到 i 的跃迁速率。这些速率将取决于外部因素,如温度、相对于电荷陷阱单电子能级的费米能级位置,以及任何光激励的功率和波长等。式(4.34)中的矩阵具有本征值 $\{0, -\beta\}$,其中 $\beta = r_{01} + r_{10}$ 及相应的本征矢量为

$$\boldsymbol{v}_0 = \frac{1}{\beta}\begin{pmatrix} r_{01} \\ r_{10} \end{pmatrix} \tag{4.35}$$

$$\boldsymbol{v}_{-\beta} = \begin{pmatrix} 1 \\ -1 \end{pmatrix} \tag{4.36}$$

稳态解由 $\boldsymbol{v}_0$ 给出。条件动力学方程可以写成

$$P(\tilde{q}(t) = 1 | \tilde{q}(0) = 1) = \frac{1}{\beta}(r_{10} + r_{01}\mathrm{e}^{-\beta t}) \tag{4.37}$$

其中,式(4.37)左边表示满足在 0 和 t 时刻,$\tilde{q} = 1$ 的条件概率。据此,我们可以估计相关函数。对于 $t > 0$,有

$$E(\tilde{q}(0)\tilde{q}(t)) = P(\tilde{q}(0) = 1 \bigcap \tilde{q}(t) = 1) \tag{4.38}$$

$$= P(\tilde{q}(0) = 1)P(\tilde{q}(t) = 1 | \tilde{q}(0) = 1) \tag{4.39}$$

$$= \frac{r_{10}}{\beta^2}(r_{10} + r_{01}\mathrm{e}^{-\beta t}) \tag{4.40}$$

因为随机过程是固定的,所以 $t<0$ 的情况可以用式 $E(\tilde{q}(0)\tilde{q}(t))=E(\tilde{q}(t)\tilde{q}(0))=E(\tilde{q}(0)\tilde{q}(-t))$ 来估计。因此对于所有 t 的相关函数为

$$E(\tilde{q}(0)\tilde{q}(t))=\frac{r_{10}}{\beta^2}(r_{10}+r_{01}\mathrm{e}^{-\beta|t|}) \tag{4.41}$$

现在假设我们的关注点为在量子系统位置上波动电荷陷阱所产生的电场的某些分量。为了获得平均值为零的随机过程,我们定义

$$\tilde{f}(t)=\sum_n c_n\tilde{q}_n-f_0 \tag{4.42}$$

$$f_0=\sum_n c_n E(\tilde{q}_n) \tag{4.43}$$

其中,f_0 是电荷陷阱产生的平均电场(不是随机变量),$\tilde{f}(t)$ 是电场与其平均值的偏差,c_n 是由库仑定律确定的相关系数,有

$$c_n=\frac{1}{4\pi\epsilon}\frac{\mathrm{e}}{r_n^2}\cos\theta \tag{4.44}$$

其中,r_n 是陷阱 n 到原点的距离,θ 是从原点到陷阱的矢量与所关注的电场分量之间的夹角。结合式(4.41)和式(4.42),利用假设每个陷阱的独立性,我们得到了式(4.4)的形式,其中,

$$\beta=r_{01}+r_{10} \tag{4.45}$$

$$\sigma^2=\sum_n c_n^2\frac{r_{10}r_{01}}{(r_{01}+r_{10})^2} \tag{4.46}$$

因此,我们在这里描述的过程与第 4.3.1 节中定义的达到二阶统计量的过程相匹配。对于更高阶统计量,一致性水平取决于两种情况:第一种情况是少数陷阱特别接近我们的量子系统,因此它们主导总电场;第二种情况是其他大量电荷陷阱各自贡献电场的一小部分。只有在第二种情况下,我们才可以期望电场接近基于中心极限定理的正态(高斯)分布。

电场对量子系统能级的影响程度很大程度上取决于所关注的波函数的对称性。如果假设最初的波函数是纯 s 型或 p 型的,那么矩阵元 $\langle\psi|x_i|\psi\rangle$ 为零。于是,一阶电场不会产生任何影响。然而,如果对称性被打破,如通过应变或一个大的内置压电场(如氮化物量子点),那么本征态将既不是偶宇称也不是奇宇称。在这种情况下,电场会产生很强的影响,导致显著的退相。另一个电场能产生较大影响的情况是在较低的对称系统中,如金刚石中的氮空位(NV)中心。在 C_{3v} 群中,NV 中心有两个初始的简并轨道激发态,具有 E_x 和 E_y 对称性。当电场作用时,在某些情况下产生(由电场方向决定)能级分裂,分裂幅

度与电场振幅成正比。

这是一个过于简化的模型,因为我们假定每个陷阱的波动速率相同。这就导致了总电场的相关函数只有单个指数衰变常数。在影响真实系统的过程中,如在胶体量子点中的光谱扩散或闪烁,可以观察到更复杂的表现。本节中介绍的模型只是作为一个起点。

4.5 纯退相二能级系统的光子发射

现在让我们考虑如上所述的二能级系统服从纯退相过程的自发辐射过程。我们从包含退相过程的旋波近似下的 J-C 哈密顿量开始,有

$$\widetilde{H}(t) = \left[\frac{\omega_0}{2} + \frac{\widetilde{f}(t)}{2}\right]\boldsymbol{\sigma}_z + \sum_k \omega_k a_k^\dagger a_k + \sum_k g_k(\boldsymbol{\sigma}^+ a_k + \boldsymbol{\sigma}^- a_k^\dagger) \quad (4.47)$$

其中,$a_k^\dagger$ 和 a_k 是频率为 ω_k 的第 k 个模式下光子产生与湮灭算符,并且 g_k 是耦合系数。如果系统在 $t=0$ 时以激发态 $|1\rangle$ 开始,那么 $t>0$ 的所有时间的量子态都可以写成

$$|\widetilde{\psi}(t)\rangle = \widetilde{r}(t)\mathrm{e}^{-\mathrm{i}\omega_0 t/2 + \mathrm{i}\widetilde{g}(t)/2}|1\rangle + \sum_k \widetilde{b}_k(t)\mathrm{e}^{\mathrm{i}\omega_0 t/2 - \mathrm{i}\omega_k t + \mathrm{i}\widetilde{g}(t)/2}a_k^\dagger|2\rangle$$

$$(4.48)$$

其中,$\widetilde{r}(t)$ 和 $\widetilde{b}_k(t)$ 描述动态变化,$\widetilde{g}(t)$ 是 $\widetilde{f}(t)$ 如前一节所述的积分。将此代入薛定谔方程可给出以下运动方程:

$$\frac{\mathrm{d}\widetilde{r}}{\mathrm{d}t} = -\mathrm{i}\widetilde{f}(t)\widetilde{r} - \mathrm{i}\sum_k g_k \mathrm{e}^{\mathrm{i}(\omega_0 - \omega_k)t}\widetilde{b}_k \quad (4.49)$$

$$\frac{\mathrm{d}\widetilde{b}_k}{\mathrm{d}t} = -\mathrm{i}g_k \mathrm{e}^{-\mathrm{i}(\omega_0 - \omega_k)t}\widetilde{r} \quad (4.50)$$

我们再对式(4.50)积分得到

$$\widetilde{b}_k(t) = -\mathrm{i}g_k \int_0^t \mathrm{d}t'\, \mathrm{e}^{-\mathrm{i}(\omega_0 - \omega_k)t'}\widetilde{r}(t') \quad (4.51)$$

并将其代入式(4.49)得到

$$\frac{\mathrm{d}\widetilde{r}}{\mathrm{d}t} = -\mathrm{i}\widetilde{f}(t)\widetilde{r} - \int_0^t \mathrm{d}t' \sum_k g_k^2 \mathrm{e}^{\mathrm{i}(\omega_0 - \omega_k)(t-t')}\widetilde{r}(t') \quad (4.52)$$

更进一步处理,我们利用 Weisskopf-Wigner 近似,有

$$\sum_k g_k^2 \mathrm{e}^{\mathrm{i}(\omega_0 - \omega_k)(t-t')} \longrightarrow \gamma\delta(t-t') \quad (4.53)$$

如此操作后,式(4.52)中的积分可积。在进行近似计算时,我们假设,与

$\tilde{r}(t)$变化率相比,光子耦合光谱密度在较大的频率宽度上近似平坦。只有当噪声源的波动速率 β 比光子模式的带宽小时,这才是有效的。对于体单晶中的自发辐射来说,这可能是一个很好的近似。然而,对于一个处在工作于珀塞尔区域的光腔中的量子系统,这存在一些限制,需要条件 $\beta \ll \kappa$,其中 κ 是腔的线宽。用这个近似继续推导,我们得到

$$\frac{\mathrm{d}\tilde{r}}{\mathrm{d}t} = \left(-\mathrm{i}\tilde{f}(t) - \frac{\gamma}{2}\right)\tilde{r} \tag{4.54}$$

这里 1/2 因子的出现是因为积分域的末端 δ 函数。该方程的解为

$$\tilde{r}(t) = \mathrm{e}^{-\frac{\gamma}{2}t}\,\mathrm{e}^{-\mathrm{i}\tilde{g}(t)} \tag{4.55}$$

这里 $\tilde{g}(t)$ 是来自式(4.10)、式(4.11)的随机变量。将此代入式(4.51),我们得到了发射光子的概率系数

$$\tilde{b}_k(\infty) = -\mathrm{i}g_k \int_0^\infty \mathrm{d}t\, \mathrm{e}^{\left[-\mathrm{i}(\omega_0 - \omega_k) - \frac{\gamma}{2}\right]t}\,\mathrm{e}^{-\mathrm{i}\tilde{g}(t)} \tag{4.56}$$

在光子模式的连续性极限下,我们可以用一个频域上归一化光子"波函数"来代替它,有

$$\tilde{\alpha}(\omega) = -\mathrm{i}\sqrt{\frac{\gamma}{2\pi}}\int_0^\infty \mathrm{d}t\, \mathrm{e}^{\left[\mathrm{i}(\omega - \omega_0) - \frac{\gamma}{2}\right]t}\,\mathrm{e}^{-\mathrm{i}\tilde{g}(t)} \tag{4.57}$$

归一化的强度谱 $I(\omega) = E\left(|\tilde{\alpha}(\omega)|^2\right)$,变成

$$I(\omega) = \frac{\gamma}{2\pi}\int_0^\infty \mathrm{d}s \int_0^\infty \mathrm{d}t\, \mathrm{e}^{\mathrm{i}(\omega - \omega_0)(t-s)}\,\mathrm{e}^{-\frac{\gamma}{2}(t+s)}\,E\left(\mathrm{e}^{-\mathrm{i}\int_s^t \mathrm{d}t'\tilde{f}(t')}\right) \tag{4.58}$$

这可以通过变量代换来简化,$\tau = t - s$ 与 $u = t + s$。由于 $\tilde{f}$ 是一个稳态过程,上面的期望值仅取决于 τ,有

$$I(\omega) = \frac{\gamma}{4\pi}\int_{-\infty}^\infty \mathrm{d}\tau \int_{|\tau|}^\infty \mathrm{d}u\, \mathrm{e}^{\mathrm{i}(\omega - \omega_0)\tau}\,\mathrm{e}^{-\frac{\gamma}{2}u}\,E\left(\mathrm{e}^{-\mathrm{i}\int_0^\tau \mathrm{d}t'\tilde{f}(t')}\right) \tag{4.59}$$

对 u 积分,计算可得

$$I(\omega) = \frac{1}{2\pi}\int_{-\infty}^\infty \mathrm{d}\tau\, \mathrm{e}^{\mathrm{i}(\omega - \omega_0)\tau - \frac{\gamma}{2}|\tau|}\,E\left(\mathrm{e}^{-\mathrm{i}\int_0^\tau \mathrm{d}t'\tilde{f}(t')}\right) \tag{4.60}$$

到目前为止获得的结果对任何一个噪声稳态过程 $\tilde{f}(t)$ 都是有效的。对于第 4.3.1 节中定义的特定的噪声过程,可以利用式(4.14)解得

$$I(\omega) = \frac{1}{2\pi}\int_{-\infty}^\infty \mathrm{d}\tau\, \mathrm{e}^{\mathrm{i}(\omega - \omega_0)\tau - \frac{\gamma}{2}|\tau| - \frac{\sigma^2}{\beta}\left(|\tau| - \frac{1}{\beta}(1 - \mathrm{e}^{-\beta|\tau|})\right)} \tag{4.61}$$

如第 4.3.2 节中那样,让我们再次考虑两个极限情况。对于 $\beta \gg \gamma$,噪声波

第 4 章

退相干效应

动速率比光子发射速率快。在这种情况下，我们可以舍去 $\frac{1}{\beta}(1-\mathrm{e}^{-\beta|\tau|})$ 项。

剩下的积分很容易计算，得到

$$I(\omega) \approx \frac{1}{2\pi} \frac{\gamma + \frac{2\sigma^2}{\beta}}{(\omega-\omega_0)^2 + \left[\frac{1}{2}\left(\gamma+\frac{2\sigma^2}{\beta}\right)\right]^2} \tag{4.62}$$

其为洛伦兹线型，半高全宽为 $\gamma+\frac{2\sigma^2}{\beta}$。因此，退相过程增加了 $\frac{2\sigma^2}{\beta}=\frac{2}{T_2^*}$ 的线宽。

在相反的极限情况（$\beta \ll \gamma$）中，我们将指数扩展到 $|\tau|$ 的二阶项，得到

$$I(\omega) \approx \frac{1}{2\pi}\int_{-\infty}^{\infty} \mathrm{d}\tau\, \mathrm{e}^{\mathrm{i}(\omega-\omega_0)\tau-\frac{\gamma}{2}|\tau|-\frac{\sigma^2\tau^2}{2}} \tag{4.63}$$

它可以看作是一个 Voigt 线型，因为它是线宽为 γ 的洛伦兹函数与方差为 σ^2 的高斯函数的卷积。这就是我们所期望的宽度为 σ 的慢光谱扩散过程。

在时间域中，光子波包精确地遵循由 $r(t)$ 描述的激发态动力学方程

$$\tilde{\alpha}(t) = \frac{1}{\sqrt{2\pi}}\int_{-\infty}^{\infty} \mathrm{d}\omega\, \mathrm{e}^{-\mathrm{i}\omega t}\tilde{\alpha}(\omega) \tag{4.64}$$

$$= -\mathrm{i}\sqrt{\gamma}\, \mathrm{e}^{\left(-\mathrm{i}\omega_0-\frac{\gamma}{2}\right)t-\mathrm{i}\tilde{g}(t)}\theta(t) \tag{4.65}$$

$$= -\mathrm{i}\sqrt{\gamma}\, \mathrm{e}^{-\mathrm{i}\omega_0 t}\tilde{r}(t)\theta(t) \tag{4.66}$$

其中，$\theta(t)$ 是单位步进函数。由于 $\tilde{g}(t)$ 为实数，光子强度 $I(t)=E(|\tilde{\alpha}(t)|^2)$ 在时间域中遵循一个简单的指数衰减，即

$$I(t) = \gamma \mathrm{e}^{-\gamma t}\theta(t) \tag{4.67}$$

自发辐射率 γ 不受噪声过程的影响。这在一定程度上是我们将维格纳-韦斯科普夫近似用于求解式（4.49）、式（4.50）时所做假设而导出的结果。在高 Q 腔的情况下，这个近似值可能不像前面提到的那样成立。

光子不可分辨性可以在频域用 $\tilde{\alpha}(\omega)$ 或在时间域用 $\tilde{\alpha}(t)$ 计算，尽管使用 $\tilde{\alpha}(t)$ 更简单。如果将 $\tilde{\alpha}(t)$ 归一化，两个光子 $\tilde{\alpha}_1(t)$ 和 $\tilde{\alpha}_2(t)$ 之间的不可分辨性可以定义为它们的均方重叠积分，即

$$F = E\left(\left|\int \mathrm{d}t\,\tilde{\alpha}_1(t)\tilde{\alpha}_2^*(t)\right|^2\right) \tag{4.68}$$

$$= \int \mathrm{d}s\int \mathrm{d}t\, E\left[\tilde{\alpha}_1^*(s)\tilde{\alpha}_2(s)\tilde{\alpha}_1(t)\tilde{\alpha}_2^*(t)\right] \tag{4.69}$$

如果我们假设两个光子的噪声过程是独立且相同的，正如我们所预期的

那样,如果光子是由两个相同的器件发出的,则

$$F = \int \mathrm{d}s \int \mathrm{d}t \, E\left[\widetilde{\alpha}_1^*(s)\widetilde{\alpha}_1(t)\right] E\left[\widetilde{\alpha}_2^*(t)\widetilde{\alpha}_2(s)\right] \tag{4.70}$$

$$= \int \mathrm{d}s \int \mathrm{d}t \, \left| E\left[\widetilde{\alpha}^*(s)\widetilde{\alpha}(t)\right] \right|^2 \tag{4.71}$$

利用式(4.65)的时域光子包络,我们得到

$$F = \gamma^2 \int_0^\infty \mathrm{d}s \int_0^\infty \mathrm{d}t \, \mathrm{e}^{-\gamma(s+t)} \left| E\left(\mathrm{e}^{-\mathrm{i}\int_0^\tau \mathrm{d}t' \widetilde{f}(t')}\right) \right|^2 \tag{4.72}$$

和计算 $I(\omega)$ 一样,我们作了变量代换 $\tau = t - s$ 和 $u = t + s$,并且假设 $\widetilde{f}$ 是稳态过程,即

$$F = \frac{\gamma^2}{2} \int_{-\infty}^\infty \mathrm{d}\tau \int_{|\tau|}^\infty \mathrm{d}u \, \mathrm{e}^{-\gamma u} \left| E\left(\mathrm{e}^{-\mathrm{i}\int_0^\tau \mathrm{d}t' \widetilde{f}(t')}\right) \right|^2 \tag{4.73}$$

$$= \frac{\gamma}{2} \int_{-\infty}^\infty \mathrm{d}\tau \, \mathrm{e}^{-\gamma|\tau|} \left| E\left(\mathrm{e}^{-\mathrm{i}\int_0^\tau \mathrm{d}t' \widetilde{f}(t')}\right) \right|^2 \tag{4.74}$$

对于第 4.3.1 节中定义的特定噪声过程,使用式(4.14),我们得到

$$F = \frac{\gamma}{2} \int_{-\infty}^\infty \mathrm{d}\tau \, \mathrm{e}^{-\gamma|\tau| - \frac{2\sigma^2}{\beta}\left(|\tau| - \frac{1}{\beta}(1 - \mathrm{e}^{-\beta|t|})\right)} \tag{4.75}$$

对于 $\beta \gg \gamma$ (快速波动噪声源),其可以简化为

$$F \approx \frac{\gamma}{\gamma + \dfrac{2\sigma^2}{\beta}} \tag{4.76}$$

对于 $\beta \ll \gamma$ (慢的光谱扩散过程),不可分辨性可以用高斯积分来表示,有

$$F \approx \frac{\gamma}{\sigma} \mathrm{e}^{\left(\frac{\gamma}{2\sigma}\right)^2} \int_{\gamma/2\sigma}^\infty \mathrm{d}x \, \mathrm{e}^{-x^2} \tag{4.77}$$

另一个值得考虑的极限情况是小噪声振幅($\sigma \to 0$)。在这种情况下,我们可以将式(4.75)中的指数展开到 σ^2 的一阶,有

$$F \approx 1 - \frac{2\sigma^2}{\gamma(\gamma + \beta)} \tag{4.78}$$

4.6 时间抖动过程

在前面的章节中,我们考虑了一个在 $t = 0$ 时瞬时激励的二能级系统,产生一个在 $t = 0$ 时突然上升继而有着简单指数衰减的光子脉冲。现在,让我们考虑如图 4.1 所示的情况,系统一开始被抽运到更高的激发态 $|x\rangle$。经过一段随机时间的延迟,状态 $|x\rangle$ 衰变到状态 $|r\rangle$,然后发射出一个光子。这种情况与

常用于固态系统的非共振或准共振光学激发
相对应,这种散射的激发光就可以更容易地
与量子系统的发射光分离开来。正如我们将
要展示的那样,从状态 $|x\rangle$ 到状态 $|r\rangle$ 的有限
衰变速率在光子脉冲开始时会产生一个时间
"抖动",这会降低光子的不可分辨性。

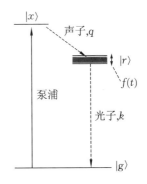

图 4.1　时间抖动过程的能级结构

在这里,我们将把这个过程建模为一个
双粒子辐射级联,第一个粒子是声子,第二个
粒子是光子。像第 4.5 节那样,在旋转坐标
系下进行研究,我们从以下运动方程开始:

$$\frac{\mathrm{d}\widetilde{x}}{\mathrm{d}t} = -\mathrm{i}\sum_q h_q \mathrm{e}^{\mathrm{i}(\omega_{xr}-\omega_q)t}\widetilde{r}_q \tag{4.79}$$

$$\frac{\mathrm{d}\widetilde{r}_q}{\mathrm{d}t} = -\mathrm{i}\widetilde{f}(t)\widetilde{r}_q - \mathrm{i}h_q \mathrm{e}^{-\mathrm{i}(\omega_{xr}-\omega_q)t}\widetilde{x} - \mathrm{i}\sum_k g_k \mathrm{e}^{\mathrm{i}(\omega_0-\omega_k)t}\widetilde{b}_{q,k} \tag{4.80}$$

$$\frac{\mathrm{d}\widetilde{b}_{q,k}}{\mathrm{d}t} = -\mathrm{i}g_k \mathrm{e}^{-\mathrm{i}(\omega_0-\omega_k)t}\widetilde{r}_q \tag{4.81}$$

其中,$\widetilde{x}(t)$ 是态 $|x\rangle$ 的振幅;$\widetilde{r}_q(t)$ 是电子态 $|r\rangle$ 的振幅,该态下产生一个波数为
q 的声子;$\widetilde{b}_{q,k}$ 是基态 $|g\rangle$ 的振幅,该态下产生一个波数为 q 的声子与一个波数
为 k 的光子;常数 h_q 和 g_k 分别是声子和光子发射的耦合系数;ω_{xr} 是态 $|x\rangle$ 和
态 $|r\rangle$ 之间的频率差;ω_0 和之前章节所示的一样,表示态 $|r\rangle$ 和态 $|g\rangle$ 之间的频
率差。为求解这些方程,我们从对式(4.81)积分着手,有

$$\widetilde{b}_{q,k}(t) = -\mathrm{i}g_k \int_{-\infty}^{\infty} \mathrm{d}t' \mathrm{e}^{-\mathrm{i}(\omega_0-\omega_k)t'}\widetilde{r}_q(t') \tag{4.82}$$

然后将其代入式(4.80)。之后对式(4.53)进行近似,式(4.80)变为

$$\frac{\mathrm{d}\widetilde{r}_q}{\mathrm{d}t} = \left(-\mathrm{i}\widetilde{f}(t)-\frac{\gamma}{2}\right)\widetilde{r}_q - \mathrm{i}h_q \mathrm{e}^{-\mathrm{i}(\omega_{xr}-\omega_q)t}\widetilde{x} \tag{4.83}$$

对此式积分,得到

$$\widetilde{r}_q(t) = -\mathrm{i}h_q \int_0^t \mathrm{d}t' \mathrm{e}^{-\mathrm{i}(\widetilde{g}(t)-\widetilde{g}(t'))-\frac{\gamma}{2}(t-t')-\mathrm{i}(\omega_{xr}-\omega_q)t'}\widetilde{x}(t') \tag{4.84}$$

其中,$\widetilde{g}(t)$ 是来自式(4.10)、式(4.11)的随机变量。将其代入式(4.79)并进行
如下近似:

$$\sum_q h_q^2 \mathrm{e}^{\mathrm{i}(\omega_{xr}-\omega_q)(t-t')} \rightarrow \xi\delta(t-t') \tag{4.85}$$

（假设在 ω_{xr} 附近有一个平坦的声子态密度），我们得到 $\dfrac{\mathrm{d}\tilde{x}}{\mathrm{d}t}=-\dfrac{\xi}{2}\tilde{x}$，由此看出 $\tilde{x}$ 有一个简单的指数衰减。在我们所做的近似下，$\tilde{x}$ 不依赖于任何经典的随机变量，因此我们可以去掉波浪线符号，有

$$x(t)=\mathrm{e}^{-\frac{\xi}{2}t} \tag{4.86}$$

把式（4.86）代回式（4.84）中，然后再代入式（4.82）中，我们得到了双粒子级联辐射的解，即

$$\tilde{b}_{q,k}(\infty)=-g_kh_q\int_0^\infty \mathrm{d}t\,\mathrm{e}^{[-\gamma/2-\mathrm{i}(\omega_0-\omega_k)]t-\mathrm{i}\widetilde{g}(t)}\int_0^t \mathrm{d}t'\,\mathrm{e}^{[\gamma/2-\xi/2-\mathrm{i}(\omega_{xr}-\omega_q)]t'+\mathrm{i}\widetilde{g}(t')}$$

$$\tag{4.87}$$

在连续性极限下，我们可以定义一个频率域中声子-光子的联合波函数为

$$\tilde{\alpha}(\nu,\omega)=-\frac{\sqrt{\gamma\xi}}{2\pi}\int_0^\infty \mathrm{d}t\,\mathrm{e}^{[-\gamma/2+\mathrm{i}(\omega-\omega_0)]t-\mathrm{i}\widetilde{g}(t)}\int_0^t \mathrm{d}t'\mathrm{d}t\,\mathrm{e}^{[\mathrm{i}(\nu-\omega_{xr})+\gamma/2-\xi/2]t'+\mathrm{i}\widetilde{g}(t')}$$

$$\tag{4.88}$$

然后，我们采用下式对声子进行时域的傅里叶变换：

$$\tilde{\alpha}(t_1,\omega)=\frac{1}{\sqrt{2\pi}}\int_{-\infty}^\infty \mathrm{d}\nu\,\mathrm{e}^{-\mathrm{i}\nu t_1}\tilde{\alpha}(\nu,\omega) \tag{4.89}$$

其中，t_1 对应于声子发射的时间。得到结果

$$\tilde{\alpha}(t_1,\omega)=-\sqrt{\xi}\,\mathrm{e}^{(-\mathrm{i}\omega_{xr}-\xi/2)t_1}\theta(t_1)\sqrt{\frac{\gamma}{2\pi}}\int_{t_1}^\infty \mathrm{d}t\,\mathrm{e}^{\mathrm{i}(\omega-\omega_0)t-\gamma/2(t-t_1)-\mathrm{i}(\widetilde{g}(t)-\widetilde{g}(t_1))}$$

$$\tag{4.90}$$

这看起来很像式（4.57）中的光子波函数，除了光子脉冲是从紧接着在声子发射之后的 $t=t_1$ 时刻开始而不是 $t=0$ 时刻开始。一开始，我们也有只依赖于 t_1 的项，其对应于衰减的声子振幅。由此，我们可以用下式计算出发射光子的强度谱：

$$I(\omega)=\int_0^\infty \mathrm{d}t_1 E\big(\,|\,\tilde{\alpha}(t_1,\omega)\,|^2\big) \tag{4.91}$$

很明显，在对 t_1 进行积分后，这个表达式与式（4.58）相同。因此，发射光子的强度谱完全不受时间抖动过程的影响。对于时间域中的光子强度，我们从式（4.90）开始，取光子变量的傅里叶变换，即

$$\tilde{\alpha}(t_1,t_2)=\frac{1}{\sqrt{2\pi}}\int_{-\infty}^\infty \mathrm{d}\omega\,\mathrm{e}^{-\mathrm{i}\omega t_2}\tilde{\alpha}(t_1,\omega) \tag{4.92}$$

其中,t_2 是光子发射的时间。结果为

$$\widetilde{\alpha}\left(t_1,t_2\right)=-\sqrt{\xi\gamma}\,\mathrm{e}^{\left(-\mathrm{i}\omega_{xr}-\frac{\xi}{2}\right)t_1}\theta\left(t_1\right)\mathrm{e}^{-\mathrm{i}\omega_0 t_2-\frac{\gamma}{2}(t_2-t_1)-\mathrm{i}(\widetilde{g}(t_2)-\widetilde{g}(t_1))}\theta\left(t_2-t_1\right)$$

$$(4.93)$$

这清楚地展示了之后紧跟着光子的声子级联指数衰减。由此,我们可以通过对 t_1 积分来计算平均光子强度,即

$$I\left(t_2\right)=\int_0^\infty \mathrm{d}t_1 E\left(\left|\widetilde{\alpha}\left(t_1,t_2\right)\right|^2\right) \tag{4.94}$$

$$=\xi\gamma\theta\left(t_2\right)\int_0^{t_2}\mathrm{d}t_1\,\mathrm{e}^{-\xi t_1}\,\mathrm{e}^{-\gamma(t_2-t_1)} \tag{4.95}$$

$$=\frac{\xi\gamma}{\xi-\gamma}\left(\mathrm{e}^{-\gamma t_2}-\mathrm{e}^{-\xi t_2}\right)\theta\left(t_2\right) \tag{4.96}$$

这样,代替在 $t=0$ 时刻的突然上升与随后的简单的指数衰减,平均光子强度从 $t=0$ 时刻开始线性增长,并且拥有两个衰减时间常数。在特殊情况($\xi=\gamma$)下,$I\left(t_2\right)\rightarrow\gamma^2 t_2\mathrm{e}^{-\gamma t_2}\theta\left(t_2\right)$。

由于时间抖动过程对频谱没有影响,但在时间域上展宽了光子脉冲,我们可以期待光子不可分辨性的降低。在量子跳跃的图谱中描述了这种方式,如图 4.2 所示。对于两个独立产生的光子 α 与 α',随机变量 t_1 和 t_1' 标记了通过声子发射出现 $x\rightarrow r$ 跃迁的时间。此时,在时间域的光子振幅在这些时间突然变大,然后以相同的速率 $\gamma/2$ 指数衰减。光子不可分辨性通过取 $\widetilde{\alpha}$ 与 $\widetilde{\alpha}'$ 关于 t_2 的均方重叠积分即可得到,取声子发射时间 t_1 与 t_1' 的光子发射的平均值,即

$$F=\int \mathrm{d}t_1\int \mathrm{d}t_1' E\left(\left|\int \mathrm{d}t_2\widetilde{\alpha}\left(t_1,t_2\right)\widetilde{\alpha}'^{*}\left(t_1',t_2\right)\right|^2\right) \tag{4.97}$$

$$=\int \mathrm{d}t_1\int \mathrm{d}t_1'\int \mathrm{d}s\int \mathrm{d}t E\left[\widetilde{\alpha}^{*}\left(t_1,s\right)\widetilde{\alpha}'\left(t_1',s\right)\widetilde{\alpha}\left(t_1,t\right)\widetilde{\alpha}'^{*}\left(t_1',t\right)\right]$$

$$=\int \mathrm{d}t_1\int \mathrm{d}t_1'\int \mathrm{d}s\int \mathrm{d}t E\left[\widetilde{\alpha}^{*}\left(t_1,s\right)\widetilde{\alpha}\left(t_1,t\right)\right]E\left[\widetilde{\alpha}'\left(t_1',s\right)\widetilde{\alpha}'^{*}\left(t_1',t\right)\right]$$

$$=\int_0^\infty \mathrm{d}t_1\int_0^\infty \mathrm{d}t_1'\xi^2\gamma^2\mathrm{e}^{(\gamma-\xi)(t_1+t_1')}$$

$$\times\int_{\max(t_1,t_1')}^\infty \mathrm{d}s\int_{\max(t_1,t_1')}^\infty \mathrm{d}t\,\mathrm{e}^{-\gamma(t+s)}\left|E\left(\mathrm{e}^{-\mathrm{i}\widetilde{g}(t-s)}\right)\right|^2$$

$$=F_0\int_0^\infty \mathrm{d}t_1\int_0^\infty \mathrm{d}t_1'\xi^2\mathrm{e}^{(\gamma-\xi)(t_1+t_1')-2\gamma\max(t_1,t_1')} \tag{4.98}$$

$$=F_0\int_0^\infty \mathrm{d}t_1\int_0^\infty \mathrm{d}t_1'\xi^2\mathrm{e}^{-\xi(t_1+t_1')-\gamma|t_1-t_1'|} \tag{4.99}$$

单光子器件及应用

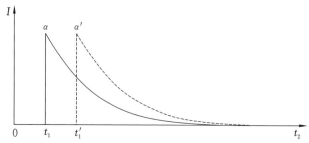

图 4.2 时间域上两个独立产生的光子振幅的示意图。由于时间抖动,光子在 t_1 与 t_1' 随机产生

其中,F_0 是根据无时间抖动过程计算的不可分辨性,根据式(4.75)—式(4.78)给出。计算积分得到

$$F = \frac{\xi}{\xi + \gamma} F_0 \tag{4.100}$$

这里我们看到时间抖动过程减小光子不可分辨性的因子,取决于能级 $|x\rangle$ 和 $|r\rangle$ 间的衰减速率之比。

当时间抖动过程和纯退相过程都存在时,我们发现了一个关于 γ 这个参数的有趣的权衡,例如,如果通过使用微腔和珀塞尔效应控制 γ 这个参数,在特殊情况($\beta \to \infty$)下,我们可以用式(4.76)计算 F_0,得到

$$F = \frac{\xi}{\xi + \gamma} \frac{\gamma}{\gamma + \frac{2\sigma^2}{\beta}} \tag{4.101}$$

这里给出了最大不可分辨性为

$$F_{\max} = \left(1 + \sqrt{\frac{2\sigma^2}{\beta\xi}}\right)^{-2} \tag{4.102}$$

有 $\gamma_{\max} = \sqrt{\frac{2\sigma^2}{\beta}\xi}$。例如,如果我们有 $\frac{2\sigma^2}{\beta} = (1 \text{ ns})^{-1}$ 和 $\xi = (10 \text{ ps})^{-1}$(一个量子点的有效参数),当 $\gamma_{\max} = (100 \text{ ps})^{-1}$ 时,可得到的最好的光子不可分辨性是 $F_{\max} \sim 0.83$。正如我们之前提到的,这种权衡的强烈动机来源于相干激励的方案,如直接应用于 g-r 跃迁的 π 脉冲或第 3 章中提到而后在第 4.9 节中再次进行分析的三能级拉曼方案。

4.7 无辐射衰减

如果我们有一些额外的衰减通道,而这些通道不能返回到态 $|r\rangle$,只需进

78

行细微修改,第 4.5—4.6 节获得的结果可重新利用。从数学上讲,这些附加通道可以通过在式(4.47)中引入附加模式来处理,对应于声子模式或对应于不能收集的附加光子模式。

如果不包括在激发过程中的时间抖动,由式(4.57)给出的在频域中的光子波函数变为

$$\tilde{\alpha}(\omega) = -\mathrm{i}\sqrt{\frac{\gamma}{2\pi}} \int_0^\infty \mathrm{d}t\, \mathrm{e}^{\left[\mathrm{i}(\omega-\omega_0)-\frac{\gamma+\gamma'}{2}\right]t}\, \mathrm{e}^{-\mathrm{i}\tilde{g}(t)} \qquad (4.103)$$

其中,γ' 是无辐射衰减速率。注意,指数中的衰减速率增加到 $\gamma+\gamma'$,而 $\sqrt{\gamma}$ 系数没有改变。因此,光子波函数不再归一化为联合概率。这是一种追踪非辐射复合导致光子产生效率降低的方式。相似地,时间域和频率域的强度可以简单地用 $\gamma+\gamma'$ 代替 γ 再乘上因子 $\dfrac{\gamma}{\gamma+\gamma'}$ 来得到。

为了计算光子不可分辨性,我们必须使用一个归一化光子波函数的公式,即

$$F = \frac{E\left(\left|\int \mathrm{d}t\,\tilde{\alpha}_1(t)\tilde{\alpha}_2^*(t)\right|^2\right)}{\left(\int \mathrm{d}t E\left(|\tilde{\alpha}(t)|^2\right)\right)^2} \qquad (4.104)$$

利用 $\gamma \to \gamma+\gamma'$ 得到的结果与之前一样。通过定义,不可分辨性不受光子产生效率降低的影响,而且由于衰减速率增加,实际上不可分辨性可能会提高。

4.8 两激发态间的弛豫

现在,让我们考虑两个激发态之间的弛豫情况,这两个激发态在能量上间隔很近,如图 4.3 所示。例如在两个几乎简并的轨道状态的金刚石氮空位中心处,这种情况便会发生。布居数弛豫主要通过单声子和双声子过程发生。在低温极限下,弛豫是从 $|r_1\rangle$ 到 $|r_2\rangle$ 的单向自发过程。然而,如果

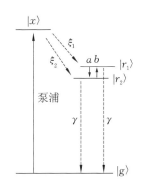

图 4.3　两激发态弛豫的能级示意图

kT 等于或大于能量间隔,那么 $|r_2\rangle \to |r_1\rangle$ 的过程也变得重要。如果这些弛豫速率是由于与处于热平衡状态的声子库的相互作用,那么从热力学角度来说,我们要求向下弛豫速率 a 和向上弛豫速率 b 必须满足 $b = a\mathrm{e}^{-\hbar\omega_{12}/kT}$,其中 ω_{12} 是两个激发态能级之间的频率分裂。

这种情况比我们目前所考虑的任何情况都要复杂,因为从 r 到 g 的跃迁过程中一个光子发射有无限多种方式,对应于系统在 $|r_1\rangle$ 和 $|r_2\rangle$ 能级之间来回跃迁的次数。首先,让我们来解决激发能级的布居数动力学问题。假设系统在 $t=0$ 时刻瞬时激发到 $|x\rangle$ 能级,然后分别以速率 ξ_1 与 ξ_2 单向弛豫到激发态 $|r_1\rangle$ 和 $|r_2\rangle$,其中 $\xi=\xi_1+\xi_2$ 是 $|x\rangle$ 的总衰减速率。在这种方式下,我们可以选择性地包含一个在初始激励中的时间抖动过程以及到 $|r_1\rangle$ 能级的不完全跃迁。然后我们得到一个从 $|r_1\rangle$ 到 $|r_2\rangle$ 的向下弛豫速率 a 和一个向上弛豫速率 b。最后,为了简单起见,我们假设 $|r_1\rangle$ 和 $|r_2\rangle$ 都以速率 γ 发射一个光子衰减到基态。在该图中,态 $|x\rangle$、态 $|r_1\rangle$ 和态 $|r_2\rangle$ 的布居数 p_0、p_1 和 p_2 都遵循以下动态变化:

$$\frac{\mathrm{d}}{\mathrm{d}t}\begin{pmatrix} p_0 \\ p_1 \\ p_2 \end{pmatrix} = \begin{pmatrix} -\xi & 0 & 0 \\ \xi_1 & -(a+\gamma) & b \\ \xi_2 & a & -(b+\gamma) \end{pmatrix}\begin{pmatrix} p_0 \\ p_1 \\ p_2 \end{pmatrix} \tag{4.105}$$

有初始条件 $p_0=1$ 和 $p_1=p_2=0$。由该矩阵的本征值和本征向量可以得到 $t>0$ 的解。通解为

$$p_0(t)=\mathrm{e}^{-\xi t} \tag{4.106}$$

$$p_1(t)=\frac{a\xi_1-b\xi_2}{(a+b)(\xi-\gamma-a-b)}(\mathrm{e}^{-(\gamma+a+b)t}-\mathrm{e}^{-\xi t}) \tag{4.107}$$

$$+\frac{b\xi}{(a+b)(\xi-\gamma)}(\mathrm{e}^{-\gamma t}-\mathrm{e}^{-\xi t}) \tag{4.108}$$

$$p_2(t)=\frac{b\xi_2-a\xi_1}{(a+b)(\xi-\gamma-a-b)}(\mathrm{e}^{-(\gamma+a+b)t}-\mathrm{e}^{-\xi t}) \tag{4.109}$$

$$+\frac{a\xi}{(a+b)(\xi-\gamma)}(\mathrm{e}^{-\gamma t}-\mathrm{e}^{-\xi t}) \tag{4.110}$$

光子从 $|r_1\rangle$ 的发射速率 $I_i(t)$ 简单地由 $\gamma p_i(t)$ 给出。通过对所有 $t>0$ 积分得到相应的光子效率 η_1 与 η_2 分别为

$$\eta_1=\frac{\gamma c_1+b}{\gamma+a+b} \tag{4.111}$$

$$\eta_2=\frac{\gamma c_2+b}{\gamma+a+b} \tag{4.112}$$

其中,$c_i=\xi_i/\xi$。

为计算光子光谱,我们采用与前两节所推导相似的方法。在简单的时间

抖动过程中,每次激发态间量子"跃迁"发生时,此时便开始发射一个新的光子波包。然而,由于无辐射衰减 a 和 b 单个光子波包被缩短。代替式(4.90),我们现在有

$$\widetilde{\alpha}_1(q,\omega) = e^{i\phi(q)} \sqrt{\gamma(q)} \sqrt{\frac{\gamma}{2\pi}} \int_{t_l}^{\infty} dt\, e^{i(\omega-\omega_0)t - \frac{\gamma+a}{2}(t-t_l) - i(\widetilde{g}(t) - \widetilde{g}(t_l))} \quad (4.113)$$

其中,q 是所有量子跃迁及其光子发射前的时间的集合,$\phi(q)$ 是依赖于这些跃迁的相移,但没有实际意义(除非可以测量联合光子/声子纠缠态),$\gamma(q)$ 是发生指定量子跃迁序列的概率密度,t_l 是必须回到态 $|r_1\rangle$ 的最终跃迁时间。这种态是未归一化的,因为它包括无辐射衰减项 a 和项 $\sqrt{\gamma(q)}$。所有可能跃迁序列的平均光子光谱是

$$I_1(\omega) = \int dq\, \gamma(q) \frac{\gamma}{2\pi} \left| \int_{t_l}^{\infty} dt\, e^{i(\omega-\omega_0)t - \frac{\gamma+a}{2}(t-t_l) - i(\widetilde{g}(t) - \widetilde{g}(t_l))} \right| \quad (4.114)$$

所有跃迁序列的积分,可以用在最后一个量子跃迁的时间范围内的单重积分做替代,即

$$I_1(\omega) = \int dt_l\, z(t_l) \frac{\gamma}{\gamma+a} I_0(\omega; \gamma+a) \quad (4.115)$$

其中,$z(t_l) = p_0(t_l)\xi_1 + p_2(t_l)b$ 是 t_l 时刻跃迁到状态 $|r_1\rangle$ 的总概率密度,我们这里已经考虑了两种状态,即之前的 $|r_1\rangle$ 或 $|r_2\rangle$,并且 $I_0(\omega; \gamma+a)$ 是由式(4.60)至式(4.63)得出的相同光子光谱,对简单二能级系统,进行了 $\gamma \to \gamma+a$ 的替换。可对 t_l 进行积分,结果可简单地表示为

$$I_1(\omega) = \eta_1 I_0(\omega; \gamma+a) \quad (4.116)$$

其中,η_1 是上面给出的 $|r_1\rangle$ 态的光子发射效率。这样,尽管在之前光子光谱不受从能级 $|x\rangle$ 弛豫相关联的时间抖动的影响,但现在它被从 $|r_1\rangle$ 到 $|r_2\rangle$ 的无辐射弛豫展宽。

对于光子的不可分辨性,我们可以以类似的方式着手。光子时间域中的非归一化态(包括所有跃迁)为

$$\widetilde{\alpha}_1(q,t) = e^{i\phi(q)} \sqrt{\gamma(q)} \sqrt{\gamma}\, e^{-i\omega_0 t - \frac{\gamma+a}{2}(t_2-t_l) - i(\widetilde{g}(t) - \widetilde{g}(t_l))} \theta(t-t_l) \quad (4.117)$$

我们使用式(4.104)中光子不可分辨性的归一化定义,分母中的因子为 η_1^{-2}。然后,我们可以按照式(4.97)至式(4.99)进行处理,得到

$$F = \eta_1^{-2} \frac{\gamma^2}{(\gamma+a)^2} F_0(\gamma+a) \int_0^{\infty} dt_l \int_0^{\infty} dt_l'\, z(t_l) z(t_l')\, e^{-(\gamma+a)|t_l - t_l'|}$$

$$(4.118)$$

其中,$F_0(\gamma+a)$是由式(4.75)—(4.78)得出的不可分辨性,利用了$\gamma \to \gamma+a$ 变换。使用上面给出的结果,可以直接计算二重积分,尽管$z(t)$中出现的三个指数衰减常数导致结果包含大量的项。取而代之,让我们考虑更简单的$\xi_1 \to \infty$,$\xi_2 = 0$ 与 $a = b$ 的情况。这对应于在 $t = 0$ 时刻完全初始化为$|r_1\rangle$状态,kT 比两个能级之间的能量分裂大得多的情况。然后,我们有

$$z(t) \to \delta(t) - \frac{1}{2}a\,\mathrm{e}^{-(\gamma+2a)t} + \frac{1}{2}a\,\mathrm{e}^{-\pi} \tag{4.119}$$

在这种特殊情况下,经过努力,光子的不可分辨性可计算得到一个相对简单的表达式

$$F = \left(1 - \frac{a^2(3\gamma^2 + 6\gamma a + 2a^2)}{2(\gamma+a)^4}\right)F_0(\gamma+a) \tag{4.120}$$

该有理式说明两个跃迁过程$|r_1\rangle \to |r_2\rangle \to |r_1\rangle$产生的劣化,且该式是 a 的二阶。如果纯退相也存在,则另一个因子$F_0(\gamma+a)$实际上可能会随着 a 提高到一阶(参见式(4.76)有 $\gamma \to \gamma+a$)。因此,我们可以得到以下情况,当 a 从零开始增加时,以减小光子发射效率为代价,不可分辨性在开始时得到了改善。最终,由于式(4.120)中的第一项,F 通常会再次降低。对于 $a \gg \gamma$,关于 γ 的一阶有 $F \approx \frac{\gamma}{a}$。可以预期,在这种极限下,强度衰减速率保持在 γ,并且光谱线宽(没有任何纯退相)为 $\gamma+a$。

4.9 三能级拉曼方案中的纯退相

在本节中,我们将上述推导出的半经典噪声模型应用于在第 3 章中首次提出的三能级拉曼方案。如前面所讨论的,降低纯退相过程对光子不可分辨性影响的一种方法是通过珀塞尔效应增加总激发态衰减速率 γ_p。然而,由于在非共振激励方案中光子脉冲开始时出现时间抖动,关于 γ_p 存在一个权衡(见式(4.101)有 $\gamma \to \gamma_p$)。因此,在典型的非共振激励方案中,对于 $\gamma_p \sim 100$ ps,我们期望光子的不可分辨性达到最大值。为了进一步改善不可分辨性,需要一个相干激励方案。我们至少有两个选择。第一种选择是利用二能级系统的实共振激励。由于激光散射,这在实验上是困难的,但最近有实验[121]以精心设计的结构,表明这种方案或许是可行的。第二种选择是拉曼方案。一项最近的演示表明,可以从单个量子点上观察到可调谐的自发拉曼荧光[56],这表明,拉

曼方法在实验上也是可行的。

在这里我们希望阐明的问题是,拉曼方案是否也允许激发态退相干减少对发射光子特性的影响。众所周知,拉曼散射产生的光子谱线宽度随着激光失谐量的增加而减小,并且这种谱线宽度比激发态的自然衰减速率要窄得多。然而,随着失谐量的增加,发射光子的时间长度也随之增加。所以,需要进行一个完整的计算来确定拉曼方案是否真的能产生量子不可分辨性更高的光子。这里表明,在确定的情况下,拉曼方案的确大大降低了纯退相过程对发射光子不可分辨性的影响。本节的讨论基于作者最近在文献[122]中发表的工作。

让我们考虑图 4.4 中的三能级系统。除了现在的能级有一些时间相关的随机波动外,该方案与第 3 节中提出的方案相同。和之前一样,系统有两个基态 $|e\rangle$ 和 $|g\rangle$,以及一个激发态 $|r\rangle$,其中 e-r 跃迁和 g-r 跃迁在光学上是允许的。g-r 跃迁耦合到一个光腔模式,该模式有单光子拉比频率为 g_0,失谐量为 Δ,并且腔模式自身以衰减速率 κ 耦合到单模波导。激发态 $|r\rangle$ 能以速率 γ 衰减进入到环境中。这里,我们主要感兴趣的是大失谐情况。该系统从 $|e\rangle$ 能级开始,并且暴露在经典时间变化的光束中,该光束以失谐量 Δ 与复数的拉比频率 $\Omega(t)$ 驱动 e-r 跃迁(使得 e 到 r 到 g 的跃迁发生在双光子谐振上)。我们忽略

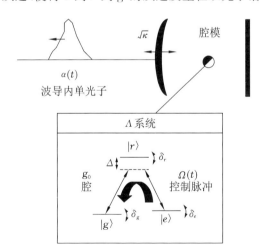

图 4.4 单模腔耦合到单模波导的 Λ 系统(源自文献 C. Santori,D. Fattal,K.-M.C. Fu,P.E. Barclay,and R.G. Beausoleil,"On the indistinguishability of Raman photons",*New J. Phys.*,11,123009(2009).)

了激光与 g-r 跃迁的耦合以及腔与 g-r 跃迁的耦合,如果我们有很好的极化选择规则或 $|e\rangle$ 和 $|g\rangle$ 之间的能量间隔远大于 Δ,能获得好的近似值。也许这个方案最严重的缺点,便是自发辐射回到状态 $|e\rangle$ 将系统状态的信息泄露到环境中,破坏了 $|e\rangle$ 和 $|g\rangle$ 之间的任何相干叠加。这种情况发生后,想要的拉曼跃迁仍可以被激发,但有一随机时间延迟。目前,我们希望将重点放在纯退相在激发态下的影响上,所以我们将在 $r \to e$ 自发辐射率足够小的假设下排除这一过程的干扰。当我们考虑其他退相干过程时,将在本节末回到这个问题上。

首先,让我们考虑不带退相过程的系统的确定轨道。用 $e(t)$ 和 $r(t)$ 表示系统在空腔中没有光子的状态 $|e\rangle$ 或 $|r\rangle$ 下的振幅,用 $g(t)$ 表示一个光子在腔内的系统在状态 $|g\rangle$ 下的振幅,假设从能级 r 直接自发辐射和光子从空腔逸出,包含了辐射模式正交集,旋波近似下三能级系统的动力学方程可以描述为

$$\dot{e}(t) = -\mathrm{i}\frac{\Omega}{2}r(t) \tag{4.121}$$

$$\dot{r}(t) = -\left(\mathrm{i}\Delta + \frac{\gamma}{2}\right)r(t) - \mathrm{i}\frac{\Omega^*}{2}e(t) - \mathrm{i}g_0^*g(t) \tag{4.122}$$

$$\dot{g}(t) = -\mathrm{i}g_0 r(t) - \left(\mathrm{i}\delta_\mathrm{c} + \frac{\kappa}{2}\right)g(t) \tag{4.123}$$

其中,δ_c 是腔共振频率的可选调整,可用于补偿交流斯塔克偏移。在波导中发出的光子的时间包络是 $\alpha(t) = \sqrt{\kappa}g(t)$,它的相干性质与 $g(t)$ 的相同。

如本章前面所述,我们将纯退相建模为随时间随机变化的三能级的能量转换,$\tilde{\delta}_\mathrm{e}(t)$、$\tilde{\delta}_\mathrm{r}(t)$ 与 $\tilde{\delta}_\mathrm{g}(t)$,或者是 $\tilde{\boldsymbol{\delta}}$,该符号表示小量,这里的波浪号同样是表示一个经典的随机变量。对于耦合的微分方程组(4.121)—(4.123),求得一个精确的解通常是不可能的。取而代之,我们采用微扰方法,定义微扰轨迹 $\tilde{x}(t) = x(t)\exp(-\mathrm{i}\tilde{\phi}_x(t))$,其中,$x$ 代表 e、r、g,并且 $\tilde{\phi}$ 是时间的任意复函数。对于小的扰动,微扰的演变方程能线性化为

$$\frac{\mathrm{d}}{\mathrm{d}t}\tilde{\boldsymbol{\Phi}} - \tilde{\boldsymbol{\delta}} = M\tilde{\boldsymbol{\Phi}} \tag{4.124}$$

其中,控制时间演化 $\tilde{\phi}$ 的矩阵 M 为

$$M = \begin{pmatrix} \mathrm{i}\dfrac{\Omega r}{2e} & \mathrm{i}\dfrac{\Omega r}{2e} & 0 \\[2ex] -\mathrm{i}\dfrac{\Omega^* e}{2r} & \mathrm{i}\dfrac{\Omega^* e}{2r} + \mathrm{i}g_0^*\dfrac{g}{r} & -\mathrm{i}g_0^*\dfrac{g}{r} \\[2ex] 0 & -\mathrm{i}g_0\dfrac{r}{g} & \mathrm{i}g_0\dfrac{r}{g} \end{pmatrix} \tag{4.125}$$

对于无微扰的动态变化,我们只考虑绝热极限条件 $\dot{g} \ll \kappa g$(劣腔极限)和 $\dot{r} \ll \Delta r$(大失谐极限)。在这种情况下,式(4.122)和式(4.123)中的时间导数可以设置为零。剩余方程的解很直观,可得

$$e(t) = \exp\left[\frac{i}{4\Delta'}\int_{-\infty}^{t} dt' \mid \Omega(t') \mid^2\right] \tag{4.126}$$

$$r(t) = -\frac{\Omega^*(t)}{2\Delta'}e(t) \tag{4.127}$$

$$g(t) = -\frac{2ig_0}{\kappa}r(t) \tag{4.128}$$

这里我们定义了 $\Delta' = \Delta - i\gamma_p/2$ 作为复失谐量,以及 $\gamma_p = \gamma + 4 \mid g_0 \mid^2/\kappa$ 作为 r 能级腔增强的自发辐射率。事实上,这种近似解甚至在 $g_0 > \kappa$ 的情况下有效,这在其他情况下可认为是"强耦合"。一个重要的要求是,拉曼跃迁速率 $\xi \approx \frac{\mid \Omega \mid^2}{4\Delta^2}\gamma_p$ 要比 γ、κ 和 Δ 慢。关于 κ 的类似的条件是,拉曼跃迁的有效拉比频率 $\frac{\Omega g_0^*}{\Delta}$ 必须比 κ 小。另一个要求是,双光子谐振条件包括交流斯塔克偏移 $\xi \approx -\frac{\mid \Omega \mid^2}{4\Delta}$ 要维持在腔线宽之内,达到 $\mid \delta_c - \xi \mid \ll \kappa$。最后,我们需要 $\{\mid \Omega \mid, \gamma_p\} \ll \mid \Delta \mid$。

我们迄今为止所描述的微扰方法可用于处理作用于所有三能级上的退相过程。然而,这里我们主要关注的是激发态退相比基态退相时间尺度上短得多的系统,就像在好的自旋量子比特系统中一样。因此,我们令 $\delta_g(t) = \delta_c(t) = 0$,以及 $\delta_r(t) = f(t)$,其中,$f(t)$ 是第 4.3.1 节中定义的具有涨落幅度 σ 和涨落速率 β 的随机过程。

第一个例子中,我们从 k 与 g_0、Δ 和 β 相比较大的简单情况开始。在这个极限条件下,腔只起到增强 r 能级有效自发辐射速率的作用。否则,腔不需要引入到问题中。利用 $\left|\frac{d}{dt}\tilde{\phi}_g\right| \ll \kappa \mid \tilde{\phi}_g \mid$,并将式(4.126)—(4.128)代入式(4.125),且有 $\phi(0) = 0$,我们得到

$$\tilde{\phi}_e(t) = \frac{1}{4\Delta'^2}\int_{-\infty}^{t} dt' \mid \Omega(t') \mid^2 \tilde{\bar{\delta}}(t') \tag{4.129}$$

$$\tilde{\phi}_g(t) = \tilde{\phi}_r(t) = \tilde{\phi}_e(t) + \frac{\tilde{\bar{\delta}}(t)}{i\Delta'} \tag{4.130}$$

$$\tilde{\bar{\delta}}(t) = i\Delta'\int_{-\infty}^{t} dt' e^{-i\Delta'(t-t')}\tilde{\delta}_r(t') \tag{4.131}$$

将相位 $\tilde{\phi}_g(t)$ 直接附加到发射光子包络函数 $\tilde{\alpha}(t)$ 中,我们可以看到它有两部分。第一项 $\tilde{\phi}_e(t)$ 源自结合了交流斯塔克偏移的波动失谐引起的跃迁到 $|e\rangle$ 态的累积相位误差。如果在 $\tilde{\tilde{\delta}}(t)\approx\tilde{\delta}_r(t)$ 这种情况下噪声源波动缓慢,则该项占主导地位。第二项表示通过自身能量波动直接将相位附加到态 $|r\rangle$ 上。

为评估随机过程产生的光子不可分辨性,我们必须从式(4.104)给出的归一化定义开始。既然我们的微扰理论不一定保持 $\tilde{\alpha}(t)$ 的归一化,那么分母就显得很重要。我们不仅有激发态衰变到腔外(速率 γ),而且相位 $\tilde{\phi}_g(t)$ 可能是复数。从式(4.104)开始,假设这两个光子受统计上独立但是相同的随机过程的影响,我们将分子和分母中的积分展开到 $\tilde{\phi}_g(t)$ 的二阶项。为了获得简单的解析表达式,我们限定在特殊情况下,经典场 $\Omega(t)$ 在 $t=0$ 时刻作用,并且在之后保持不变,$\Omega(t)=\Omega\theta(t)$。在这种情况下,来自式(4.126)—式(4.128)的无微扰的近似解是一个在 $t=0$ 时刻突然上升随后一个常指数衰减的光子包络,即

$$\tilde{\alpha}(t)\propto e^{(-\xi/2-\mathrm{i}\zeta)t-\mathrm{i}\tilde{\phi}_g(t)} \tag{4.132}$$

其中,ξ 和 ζ 现在分别等于拉曼光子发射率和能级 $|e\rangle$ 的交流斯塔克偏移,并由 $\zeta\approx-\dfrac{|\Omega|^2}{4\Delta}$ 和 $\xi\approx\dfrac{|\Omega|^2}{4\Delta^2}\gamma_p$ 给出。对于二阶的 ϕ_g,不可分辨性由下式给出:

$$F\approx 1+2\xi^2\int_0^\infty \mathrm{d}s\int_0^\infty \mathrm{d}t\, e^{-\xi(s+t)}\mathrm{Re}E\left(\tilde{\phi}_g(s)\tilde{\phi}_g^*(t)\right)-2\xi\int_0^\infty \mathrm{d}t\, e^{-\xi t}E\left(\tilde{\phi}_g(t)\tilde{\phi}_g^*(t)\right) \tag{4.133}$$

联立式(4.129)—式(4.131)、式(4.133)和式(4.3)—式(4.4),现在可以计算出小 σ 极限下的光子不可分辨性。在 $|\Delta|\gg\{|\Omega|,\gamma_p,\xi\}$ 极限下,可以忽略 $\tilde{\phi}_e(t)$ 和 $\dfrac{\tilde{\tilde{\delta}}}{\mathrm{i}\Delta}$ 之间的互相关项,简化了计算。近似结果为

$$1-F\approx\frac{2\sigma^2}{\gamma_p^2\left(1+\dfrac{\beta}{\xi}\right)}+\frac{2\sigma^2}{\Delta^2+\beta^2}\frac{\gamma_p+2\beta}{\gamma_p} \tag{4.134}$$

第一项和第二项分别与式(4.130)中的 $\tilde{\phi}_e(t)$ 和 $\dfrac{\tilde{\tilde{\delta}}}{\mathrm{i}\Delta}$ 直接对应。$\beta\rightarrow 0$ 时第一项占主导,$\beta\rightarrow\infty$ 时第二项占主导。

例如,理论光子不可分辨性(使用更精确的式(4.141))作为噪声波动速率 β 的函数如图4.5(实线)所示,参数取 $g_0=50$,$\kappa=1000$,$\gamma=1$(给定 $F_p=\dfrac{4g_0^2}{\kappa\gamma}=10$),$\Omega=10$,$\Delta=100$,$\sigma=1$。同时展示了基于式(4.78)的等效二能级系统在劣腔极

限(点线)下的结果。结果表明只有当噪声源的波动速率 β 降在窗口内（$\xi<\beta<\Delta$）时,拉曼方案才能对二能级情况有实质性的改善。当满足上述条件时,光子长度上的平均作用效果显现,也就改善了不可分辨性。

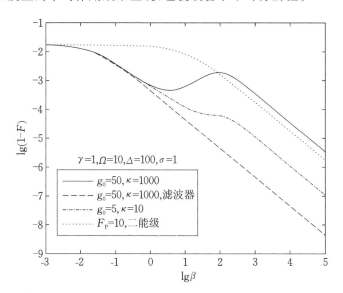

图 4.5　不同方案下光子不可分辨性的理论值比较。y 轴是与完美不可分辨性的偏差,为 $\lg(1-F)$,x 轴是 $\lg\beta$,β 是噪声影响激发态的波动速率。实线:劣腔极限下的拉曼方案,有 $g_0=50$,$\kappa=1000$,$\gamma=1$,$\Omega=10$,$\Delta=100$,$\sigma=1$,使用式(4.141)。虚线:相同的参数,但增加了光谱滤波,以去除拉曼辐射附近的远失谐自发辐射噪声,使用式(4.142)。点划线:在腔线宽远小于失谐量情况下的拉曼方案,有 $g_0=5$,$\kappa=10$,$\gamma=1$,$\Omega=10$,$\Delta=100$,$\sigma=1$,使用式(4.141)。点线:瞬时初始激发的等效二能级方案,有 $\gamma_p=11$,$\sigma=1$,使用式(4.78)

由于激发态退相对发射光子的影响至少在一定范围的噪声波动速率下被抑制,因此迄今为止的结果看起来鼓舞人心。然而,令人失望的是在大 β 极限下却没有什么改善。其中的原因在频域中可以看得更清楚。我们定义

$$\tilde{u}(\omega+\mathrm{i}\eta/2)=\frac{1}{\sqrt{2\pi}}\int_0^\infty \mathrm{d}t\, \mathrm{e}^{(\mathrm{i}\omega-\eta/2)t}\tilde{\phi}_g(t) \tag{4.135}$$

可以写成 $\tilde{\delta}_r(t)$ 的形式

$$\tilde{u}(\omega+\mathrm{i}\eta/2)=-\langle 3|[M+(\mathrm{i}\omega-\eta/2)I]^{-1}|2\rangle\frac{1}{\sqrt{2\pi}}\int_0^\infty \mathrm{d}t\, \mathrm{e}^{(\mathrm{i}\omega-\eta/2)t}\tilde{\delta}_r(t) \tag{4.136}$$

式(4.136)是这样计算得到的,对式(4.124)从常数 M 到得到的 $\widetilde{\phi}_g(t)$ 进行积分,然后将结果代入式(4.135)。转移给发射光子的噪声能量谱密度 $E(|\tilde{u}(\omega+\mathrm{i}\xi/2)|^2)$ 与传递函数的乘积成正比,即

$$Z(\omega,\eta)=\left|\langle 3|\left[M+(\mathrm{i}\omega-\eta/2)I\right]^{-1}|2\rangle\right|^2 \tag{4.137}$$

并且 $\widetilde{\delta}_r(t)$ 的加权功率谱密度为

$$S_r(\omega,\eta)=\int_{-\infty}^{\infty}\mathrm{d}\tau\rho(\tau)\mathrm{e}^{\mathrm{i}\omega\tau-\frac{\eta}{2}|\tau|}=\frac{\sigma^2(\eta+2\beta)}{\omega^2+(\eta/2+\beta)^2} \tag{4.138}$$

对 $\eta=\xi$ 估计,其中,$\rho(\tau)=\sigma^2\mathrm{e}^{-\beta|\tau|}$ 是 $\widetilde{\delta}_r(t)$ 的自相关。传递函数 $Z(\omega,\eta)$ 的计算需要一个 3×3 矩阵的倒数,可以用行列式进行分析。结果将有三个极点。联立式(4.125)—式(4.128),其中,式(4.137)在极限 $\xi\ll\{\gamma,\gamma_p\}\ll\Delta$ 范围内,并有常数 Ω,我们找到近似表达式

$$Z(\omega,\eta)\approx\left|\frac{\xi}{\gamma_p(\mathrm{i}\omega-\eta/2)}+\frac{\mathrm{i}\kappa}{(2\Delta+\mathrm{i}\kappa)(\mathrm{i}\omega-\mathrm{i}\Delta-\gamma_{\mathrm{eff}}/2)}-\frac{\mathrm{i}\kappa}{(2\Delta+\mathrm{i}\kappa)(\mathrm{i}\omega-\kappa/2)}\right|^2$$
$$\tag{4.139}$$

其中,$\gamma_{\mathrm{eff}}=(\kappa^2\gamma_p+4\Delta^2\gamma)/(\kappa^2+4\Delta^2)$ 是包括腔失谐量在内的能级 r 的修正自发辐射速率。式(4.133)给出的小 $\widetilde{\phi}_g$ 极限中的光子不可分辨性可以用这些量表示为

$$F=1+\xi Z(0,2\xi)S_r(0,2\xi)-2\int\frac{\mathrm{d}\omega}{2\pi}Z(\omega,\xi)S_r(\omega,\xi) \tag{4.140}$$

忽略式(4.139)中的交叉项,使用式(4.140)计算出的不可分辨性变成

$$1-F\approx\frac{2\sigma^2}{\gamma_p^2\left(1+\frac{\beta}{\xi}\right)}+\frac{2\sigma^2}{\Delta^2+\beta^2}\frac{\gamma_{\mathrm{eff}}+2\beta}{\gamma_{\mathrm{eff}}}\frac{\kappa^2}{\kappa^2+4\Delta^2}+\frac{8\sigma^2\kappa}{(\kappa^2+4\Delta^2)(\kappa+2\beta)}$$
$$\tag{4.141}$$

该表达式中的三个项对应于式(4.139)中出现的在 $\omega\approx\{-\mathrm{i}\xi/2,\Delta-\mathrm{i}\gamma_p/2,-\mathrm{i}\kappa/2\}$ 处的极点。这一结果与极限 $\kappa\to\infty$ 下的式(4.134)一致。在这个极限下,只有在 $\omega\approx\{-\mathrm{i}\xi/2,\Delta-\mathrm{i}\gamma_p/2\}$ 处的极点有贡献。第一项对应于拉曼线本身的增宽,第二项对应于自然频率下 $r\to g$ 跃迁的自发辐射。由此我们可以看到,对于 $\Delta\gg\gamma$,第二项的贡献很好地与拉曼线本身分开。因此,它能够被滤除掉,且对光子收集效率的影响较小。然后,只有式(4.134)中的第一项仍然存在,有

$$(1-F)_{\mathrm{filter}}\approx\frac{2\sigma^2}{\gamma_p^2\left(1+\frac{\beta}{\xi}\right)} \tag{4.142}$$

这样,在大失谐与外部光谱滤波器结合的情况下,改善二能级情况下不可分辨性的唯一要求是 $\beta \gg \xi$。换句话说,光子必须在与噪声源的波动时间尺度相比较长的时间尺度上发射。图 4.5 中的虚线显示了基于式(4.142)的滤波拉曼方案的理论光子不可分辨性,再次使用参数 $g_0 = 50, \kappa = 1000, \gamma = 1, \Omega = 10, \Delta = 100, \sigma = 1$。

腔本身可以充当一个光谱滤波器。如果我们不能将 κ 近似成一个很大的量,式(4.141)中的全部三个极点都有贡献。在 $\omega = \Delta$ 处对应于自发辐射噪声的第二项,由于腔的滤波现在以因子 $\kappa^2/(\kappa^2 + 4\Delta^2)$ 被抑制。第三项物理上对应于由腔引起的噪声谐振增强,即使对于大的 Δ,它仍有相当大的贡献。图 4.5 中的点划线展示了腔滤波的例子,使用参数 $g_0 = 5, \kappa = 10, \gamma = 1, \Omega = 10, \Delta = 100, \sigma = 1$。仅使用腔滤波的结果不比使用外部光谱滤波器的结果好,但是也比不使用腔滤波却有大的改进。

本节中呈现的分析结果包含了很多近似。但是,如同文献[122]中所描述的那样,我们已发现它们与基于初始公式(4.121)—式(4.123)的蒙特卡罗模拟的结果很好地吻合,至少对于非常小的 σ 值。

在应用上,大失谐量带来的益处依赖于噪声源的波动速率。对于长相关时间尺度的光谱扩散过程,对有效光子发射速率,我们预计改善很小。但是对像亚纳秒相干时间尺度的声子退相过程,噪声过程的大的改善是可能实现的。主要的权衡在于,改善不可分辨性必定会减小光子发射速率 ξ。因此拖慢了计算速度。然而,对于最先进的微腔,我们预计不可分辨性的大的改善是可能实现的,只要保持发射光子长度在几个纳秒尺度即可。

上述公式给出的不可分辨性的劣化仅包含了激发态纯退相过程的影响。至少还有其他两个退相干过程起着重要的影响。首先,三能级拉曼方案没有提供任何保护来防止退相过程直接影响基态。在固态系统中,态 $|e\rangle$ 和态 $|g\rangle$ 可能处于单轨道状态的自旋亚能级,这种情况下我们必须考虑自旋退相过程,例如其他顺磁杂质的偶极耦合或核自旋的超精细耦合。基态退相对光子不可分辨性的影响可以用类似于式(4.78)的公式估计,有

$$1 - F' \approx 2\sigma'^2/(\xi(\xi + \beta')) \tag{4.143}$$

这里 σ' 和 β' 分别是基态的涨落幅度与速率。假设有效基态自旋相干时间 T_2^* 比光子发射衰变时间 $1/\xi$ 更长,对于给定的 T_2^*,劣化量可能高度依赖于涨落速率 β'。一种悲观的情况是,如果 β' 很快,那么对于纳秒的光子发射寿命,我

们需要 $T_2^* \approx \beta'/\sigma^2$ 达到 1 μs 量级甚至更长时间相对于这一过程,以使得其影响达到可忽略的程度。在负电荷的 InAs 量子点中,由于到核自旋的超精细耦合,典型的 T_2^* 比此更短。然而近来的正电荷量子点实验[123]表明,事实上在这样的系统中更长的 T_2^* 是可以实现的。这项实验也将在第 6.1.10 节中进行讨论。

其他过程必须考虑的是 $r \to e$ 自发辐射。如文献[99]所讨论的,这相当于是一个时间抖动的过程。只要是在 $t>0$ 发射出 e-r 光子的任何时间,系统都会重置到初始态。最后一个 e-r 光子发射后标志着 g-r 光子波包的开始。使用相当直接的量子跃迁方法计算,这一过程的不可分辨性劣化可以表示为

$$1-F'' = \frac{\xi_e}{\xi_e + \xi} \tag{4.144}$$

其中,ξ 是上面所定义的前向拉曼跃迁的速率,$\xi_e = \frac{|\Omega|^2}{4\Delta^2}\gamma_e$ 是 $r \to e$ 跃迁的光子发射速率,γ_e 等于自然的 $r \to e$ 的自发辐射速率。得到 $\xi_e \ll \xi$ 的一种可能的方式是用如上建议的高度非平衡 Λ 系统。对于像带电量子点或氮空位中心的系统,可以利用合适的电磁场产生特殊的激发态来实现,这样激发态就主要耦合到一个基态。然而这种方法有实际的受限,因为有其他激发态的存在和有限失谐的参与。如果 e-r 跃迁微弱并用强激励的激光器补偿,激励激光器可能也干扰 g-r 跃迁或导致态 $|e\rangle$ 到更高激发态的跃迁。获得 $\xi_e \ll \xi$ 的其他方式是,有一个 g-r 跃迁上很大的珀塞尔增强,但在 e-r 跃迁上没影响。对于实际上磁场能量可获得的各种 g-r 能量间隔,这可能需要一个 $Q>10000$ 的腔。

4.10 声子边带与展宽

在所关注的许多单光子产生的固态系统中,伴随着光谱中明显的声子边带的出现,电子-声子耦合相当强烈。这是在色心处有高度局域化波函数的特殊情况。这包括金刚石中许多光学有源杂质,如氮空位中心(见图 6.11)。为了理解这些特性,有必要超越我们在本章使用的半经典方法,从而去考虑晶格的量子特性。

4.10.1 Franck-Condon 图像

接下来,我们假设读者熟悉量子简谐振子。让我们考虑如下描述线性电子-声子耦合的哈密顿量:

$$H = \omega_0 \sigma_z + \varepsilon b^\dagger b + \frac{V}{2} \sigma_z (b + b^\dagger) \qquad (4.145)$$

其中,ω_0 是原始的电子跃迁频率,ε 是耦合到电子系统的单振动模式的频率,b 和 $b^\dagger$ 分别是该模式的声子湮灭和产生运算符,V 是电子-声子耦合系数。在这一图像中,假设振动模式很好地描述为一个简谐振子,它可以表示为核位置的抛物线势能。这个抛物线势能包含在振动能项 $\varepsilon b^\dagger b$ 中。$(b + b^\dagger)$ 项表示线性核位置算符。这样,取决于电子状态抛物线势能会向左或向右移动,如图 4.6(a) 所示。通过以下新算符的定义,声子算符中的所有线性项都可以忽略:

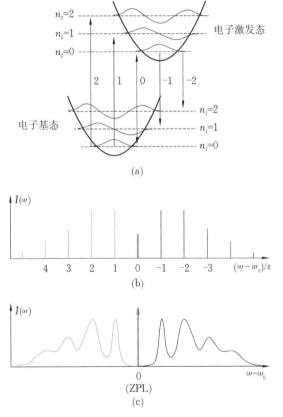

图 4.6 (a) Franck-Condon 图中关于基态与激发电子状态的电子振动子能级示意图。核位置限制在抛物线势能中,顶点的移动依赖于电子的状态。相关的振动子能级的核波函数也在图中呈现。垂直箭头表示在一对振动子能级间的光子跃迁,可以通过吸收(向上的箭头)和发射(向下的箭头)发生。(b) 在仅单声子模式情况下的相关的光发射光谱(黑色)以及吸收光谱(灰色)。这里,从左到右光频率递减,与本书之后的内容一致。(c) 连续声子模式的光发射光谱(黑色)以及吸收光谱(灰色)

$$b_1 = b + z/2 \tag{4.146}$$

$$b_2 = b - z/2 \tag{4.147}$$

这里 $z = V/\varepsilon$ 是无量纲的常量,表征相互作用强度。这些定义了新的作为替代的振动模式集,以及它们的厄米共轭 $b_1^\dagger$ 和 $b_2^\dagger$,服从玻色子对易关系

$$[b_1, b_1^\dagger] = [b_2, b_2^\dagger] = [b, b^\dagger] = 1 \tag{4.148}$$

使用这些新的算符,哈密顿量可以被改写为

$$H = \omega_0 \sigma_z - \frac{V^2}{4\varepsilon} + \varepsilon (\sigma_{11} b_1^\dagger b_1 + \sigma_{22} b_2^\dagger b_2) \tag{4.149}$$

其中,$\sigma_{ii} = |i\rangle\langle i|$。现在,我们看到晶格有一组取决于电子状态的不同本征态,尽管它们之间的能量间隔总是 ε。这些态已在图 4.6(a)中展示。

二重声子子能级间的光跃迁强度是由与电子基态以及激发态相对应的核本征态间的重叠决定的。对于这个简单的模型,跃迁强度很容易计算。首先,让我们考虑从电子激发态的最低振动子能级开始的向下跃迁(自发辐射)。然后,从 b_1 本征态开始,有

$$b_1 |i\rangle = 0 \tag{4.150}$$

使用前面定义的 $b_1 = b_2 + z$,继而我们有

$$b_2 |i\rangle = -z |i\rangle \tag{4.151}$$

因此,$|i\rangle$ 是在 b_2 基的相干态,有

$$|i\rangle = e^{-\frac{z^2}{2}} \sum_{m=0}^{\infty} \frac{(-z)^m}{\sqrt{m!}} |1, m(b_2)\rangle \tag{4.152}$$

这里 $|1, m(b_2)\rangle$ 表示在 b_2 基的有 m 个声子的电子激发态。我们之后可以计算到电子基态的任何振动子能级的光跃迁强度,$|f\rangle = |2, n(b_2)\rangle$:

$$|\langle f | e\hat{x} | i \rangle|^2 = \mu_{12}^2 \frac{z^{2n}}{n!} e^{-z^2} = \mu_{12}^2 \frac{S^n}{n!} e^{-s} \tag{4.153}$$

其中,μ_{12} 是没有声子耦合的光跃迁偶极矩,$S = z^2$ 是黄昆-里斯因子。这样,发射声子数服从平均声子数为 S 的泊松分布。$n = 0$ 的跃迁称为光致发光光谱中的零声子线(ZPL),且 $n \geq 1$ 的跃迁产生声子边带到 ZPL(斯托克斯辐射)的低能量侧。我们假设系统开始于电子激发态的最低振动子能级,因此不存在到 ZPL 高能侧的边带。然而,在有限温度下,该系统可以在高激发振动子能级中启动,在高能侧产生反斯托克斯辐射。

对于吸收,可以遵循类似的程序,从电子基态的最低振动子能级开始,其

满足 $b_2|i\rangle=0$。为了计算到电子激发态的各种振动子能级的跃迁强度,可以将其重新写成关于 b_1 的相干态。在吸收过程中,振动边带出现在高能侧。在低温下,吸收和发射共同的唯一的跃迁是零声子跃迁,如图 4.6(b) 所示。

如果 ε 较大,声子边带的相对权重也会受到光子性质的影响。对于发射,其包含了改变状态的光子密度(体材料中 $\propto \omega^2$)和每个光子场强的附加因子 ω。吸收不依赖于态的光子密度,但仍然存在单因子 ω。

4.10.2 声子模式连续体

晶体中的杂质通常与声子模式连续体耦合。在这种情况下,具有线性电子-声子耦合的哈密顿量变成

$$H = \omega_0 \sigma_z + \sum_q \varepsilon_q b_q^\dagger b_q + \sigma_z \sum_q \frac{V_q}{2}(b_q + b_q^\dagger) \qquad (4.154)$$

其中,b_q 是模式 q 的声子湮灭算符,V_q 是耦合常数。与在单模情况下一样,这个问题可以通过定义代替的声子算符来解决,即

$$b_{1,q} = b_q + z_q/2 \qquad (4.155)$$

$$b_{2,q} = b_q - z_q/2 \qquad (4.156)$$

这里 $z_q = V_q/\varepsilon_q$。继而无线性声子算符的哈密顿量可重写为

$$H = \omega_0 \sigma_z - \sum_q \frac{V_q^2}{4\varepsilon_q} + \sigma_{11} \sum_q \varepsilon_q b_{1,q}^\dagger b_{1,q} + \sigma_{22} \sum_q \varepsilon_q b_{2,q}^\dagger b_{2,q} \qquad (4.157)$$

在单模情况下,通过用最终电子态的声子模表示初始状态来找到允许的光跃迁。作为示例,让我们考虑来自于电子激发态的最低振动子能级的自发辐射

$$|i\rangle = |1,0(b_{1,q})\rangle \qquad (4.158)$$

对于每个声子模式 q,我们改为 $b_{2,q}$ 基。将状态分解为电子部分和对应于每个振动自由度的部分,有

$$|i\rangle = |1\rangle \prod_q e^{-z_q^2/2} \sum_{m_q=0}^\infty \frac{(-z_q)^{m_q}}{\sqrt{m_q!}} |m_q(b_{2,q})\rangle \qquad (4.159)$$

其中,$|m_q(b_{2,q})\rangle$ 表示含有 m_q 个声子的声子模式 q 的状态。对于零声子跃迁,最终状态为

$$|f\rangle = |2\rangle \prod_q |0(b_{2,q})\rangle \qquad (4.160)$$

其中,在基 $b_{2,q}$ 中不包含声子。零声子线的光学跃迁强度(仅考虑偶极矩阵元)为

$$|\langle f|e\hat{x}|i\rangle|^2 = \mu_{12}^2 e^{-S} \qquad (4.161)$$

这里 $S = \sum_q z_q^2$ 是连续情况下的黄昆-里斯因子。对于单声子跃迁,我们有一个由发射声子的动量 q 标记的最终的连续体。对于给定的最终状态,发射光子的频率降低到 $\omega = \omega_0 - \varepsilon_q$。这会产生一个在零声子线的低能侧的光子发射的连续带(图 4.6(c)),伴随着由归一化耦合强度 z_q^2 加权的从 0 到晶体中的最大声子频率的能量转移 ε_q。以光谱密度来描述声子边带发射的跃迁强度是最有用的。对于零声子线,光谱密度为

$$I_0(\omega = \omega_0 - \varepsilon) = C(\omega)\mu_{12}^2 e^{-S}\delta(\varepsilon) \qquad (4.162)$$

其中,$C(\omega)$ 考虑了光子态密度和每个光子的电场强度。对于体材料(无微腔),如前一节所讨论的,$C(\omega) \propto \omega^3$。在上面的表达式中,因为我们还没有包括动力学中的辐射衰减速率或纯退相过程,零声子线呈现出无限窄的现象。对于单声子边带,跃迁谱密度为

$$I_1(\omega = \omega_0 - \varepsilon) = C(\omega)\mu_{12}^2 e^{-S}f(\varepsilon) \qquad (4.163)$$

其中,$f(\varepsilon) = \sum_q z_q^2 \delta(\varepsilon - \varepsilon_q)$ 是一个描述线性电子-声子耦合谱密度函数。对于双声子边带的谱密度,我们必须考虑所有可能方式,使得两个声子能 ε_q 和 $\varepsilon_{q'}$ 总计可以达到总频移 $\varepsilon = \omega_0 - \omega$。这导致了 f 与自身的卷积积分,即

$$I_2(\omega = \omega_0 - \varepsilon) = C(\omega)\mu_{12}^2 \frac{e^{-S}}{2}\mathrm{conv}(f(\varepsilon), f(\varepsilon)) \qquad (4.164)$$

类似地,第 n 个声子边带是通过将 f 与自身卷积 n 次得到的[124]

$$I_n(\omega = \omega_0 - \varepsilon) = C(\omega)\mu_{12}^2 \frac{e^{-S}}{n!}\mathrm{conv}^n f(\varepsilon) \qquad (4.165)$$

使用傅里叶变换,零声子线可以与所有的边带结合成对 $I(\omega)$ 的单个简洁的表达式,即

$$I(\omega = \omega_0 - \varepsilon) = C(\omega)\mu_{12}^2 \mathrm{IFT}[\exp(-S + \mathrm{FT}[f(\varepsilon)])] \qquad (4.166)$$

其中,FT 表示关于 ε 的傅里叶变换,IFT 表示傅里叶逆变换。在这种形式下,也可以方便地添加一项 $\nu(\varepsilon)$ 来表示展宽。如果我们测量一个杂质的集合,表示展宽的这一项就可以包括辐射衰减速率、纯退相机理,或非均匀加宽,有

$$I(\omega = \omega_0 - \varepsilon) = C(\omega)\mu_{12}^2 \mathrm{IFT}[\mathrm{FT}[\nu(\varepsilon)]\exp(-S + \mathrm{FT}[f(\varepsilon)])]$$

$$(4.167)$$

如果我们从测量中得到 $I(\omega)$,则式(4.166)可以变换提取出 $f(\varepsilon)$,即

$$f(c) = \mathrm{IFT}[S + \ln(\mathrm{FT}[I(\omega_0 - c)/C(\omega_0 - c)])] \tag{4.168}$$

上述模型适用于许多杂质中心,如金刚石中的氮空位中心,这些杂质中心在它们的辐射光谱或吸收光谱中具有明显的声子边带。然而,应该指出,实际上杂质和声子之间的耦合是一个丰富的主题,上述模型只处理最简单的可能情况。例如,如果两个或多个简并电子态耦合到不同极化的声子模式,静态或动态的扬-特勒效应可能完全改变能级结构[125]。此外,我们还没有讨论如何预测耦合系数 V_q 的形式。这将涉及首先在无微扰晶格中进行声子结构建模,然后处理杂质对声子模式的影响,最后考虑所关注的电子状态与这些修正的声子模式有怎样的相互作用。关于这些考虑的详细论述可以在文献[126]中找到。最后,我们只考虑了线性电子-声子耦合,尽管如此,如果我们的讨论仅限于声子边带的形状[127],这将是一个合理的近似。

4.10.3　声子边带对应用的影响

正如我们已经看到的,线性电子-声子相互作用吸收了跃迁的初始振子的强度,并在一个零声子线和一些宽的声子边带之间重新分布。忽略因子 $C(\omega)$,n 声子边带的相对强度为 $e^{-S}S^n/n!$,这里 S 是黄昆-里斯因子。在像金刚石氮空位中心的系统中,$S \approx 3.6$,大多数自发辐射进入到声子边带中,这对基于腔 QED 的应用有影响。

当耦合光跃迁到高 Q 微腔中,根据珀塞尔公式,为实现完全地增强,光跃迁必须比腔线宽要窄。典型地,声子边带相当宽,所以只有零声子线可以使用。对于零声子线,单光子拉比频率 g_0 以因子 $\sqrt{e^{-S}} = e^{-S/2}$ 减小,即

$$g_{ZPL} = g_0 e^{-S/2} \tag{4.169}$$

然而,由于所有的声子边带对衰减都有贡献,激发态衰减速率不会下降。因此,协同参数 $\dfrac{4g_{ZPL}^2}{\kappa\gamma}$ 以因子 e^{-S} 减少。必须要仔细地分辨清楚协同参数(例如,关于激发态的寿命修正和总光子收集效率)与通常的珀塞尔因子 $F_p = \dfrac{4g_{ZPL}^2}{\kappa\gamma_{ZPL}}$。后者的数值仅依赖于腔的特性,并且只测量同没有腔的发射速率相比,ZPL 发射速率的增强。

在诸如等离子体腔等低 Q 器件中,声子边带的实质部分可能适合腔共振。在这种情况下,以上所述可能不适用。

虽然声子边带主要是腔 QED 应用的一个不利因素,但它们仍有用途。在

金刚石中氮空位中心的情况下,可以检测出边带发射来监测激发态的粒子数或读出电子自旋态。由于声子边带与零声子线之间的频移较大,即使零声子线在共振时被激发,散射激光也不是主要问题。

声子边带的另一个应用是受激辐射损耗(STED)亚波长成像。最近使用氮空位中心进行的演示获得了低于 20 nm 的成像分辨率[128]。这种技术的基本思想是在零声子跃迁以下的频率应用一个强泵浦光束,这样如果杂质处于电子激发态,它将很快下降到电子基态的振动连续体。泵浦光束具有"甜甜圈"轮廓,其强度在中间降为零。只有在泵浦光束中心的一个很小的区域内,该区域泵浦强度接近于零,探测光才能将杂质激发到它的激发态,并且激发态通过光子的自发辐射衰减,这是可以检测到的。

4.10.4 声子展宽和弛豫

基于以上的讨论,零声子线只应通过激发态的自发辐射衰减速率来加宽。线性电子-声子耦合将部分振子强度重新分布到宽声子边带,但零声子线仍然很尖锐。然而,在有限温度下,其他声子相互作用能使零声子线展宽。这主要是通过双声子过程产生,在这个过程中,入射声子被散射成新的动量和能量。对于纯退相过程,初始的和最终的电子态是相同的,但声子库的状态随电子态的变化而变化。进而电子态最终与声子库纠缠在一起。

二次电子-声子耦合增加了哈密顿量的形式项

$$V = \sigma_z \sum_{q,q'} V_{q,q'} (b_q + b_q^\dagger)(b_{q'} + b_{q'}^\dagger) \tag{4.170}$$

在文献[127]中有这一相互作用的详细处理方法,其使用了一种累积展开法。对 $V_{q,q'}$ 的形式采用了标准假设,这导致了在低温极限下,线宽与 T^7 温度的依赖性。

在二阶微扰理论中,线性电子-声子耦合也会引起 T^7 温度依赖性。要使这个过程发生,哈密顿量必须包括通过电子跃迁产生或湮灭声子的项。式(4.154)中的哈密顿量不提供这样的相互作用,但电子-声子耦合哈密顿量会有非对角电子算符。

这些退相过程不能精确地与第 4.3.1 节中提出的半经典噪声模型关联,是因为存在相关函数

$$\rho(\tau) = \langle V(0)V(\tau) \rangle \tag{4.171}$$

其中,$V(\tau) = e^{iH_0\tau} V e^{-iH_0 t}$,它不具有双边指数时间依赖性。在频域中,相关的

噪声相关函数(与功率谱密度成比例)的傅里叶变换不会具有长尾的洛伦兹形状,而是具有更快的衰减速度,正如玻色-爱因斯坦统计所确定的声子模式占用那样。然而,在某些情况下,前面提出的噪声模型对声子退相的建模可能是合理的。声子退相的相对涨落速率在 $kT/\hbar$ 量级。如果这比问题中关注的其他速率要大,则可以将退相过程建模为 δ 相关噪声,就像大多数量子光学计算中的做法一样。在这种情况下,第 4.3.1 节中的噪声过程可在极限值 $\beta \to \infty$ 下使用,并以 σ^2/β 保持恒定。

电子能级间的布居数弛豫也可通过不同的声子过程发生。这些过程对涉及量子点非共振激发的单光子产生方案极其重要,举例来说,如果两种状态之间的能量间隔为几个毫电子伏或更多,即使在低温下,也可能通过单个声子的自发辐射而发生快速的向下弛豫,正如第 4.6 节所述的那样。随着温度的升高,向上跃迁的速率也随着温度的升高而线性增加。

对于两个简并或接近简并的轨道状态,原理上可以允许一个声子跃迁,但由于处于可与跃迁频率共振的能量的声子态的密度很小,故跃迁速率会很慢。在这种情况下,温度有限时双声子过程可能会占主导。正如上文所述的纯退相过程,作为电子跃迁的一部分,入射声子可能散射到新的动量和能量。这种涉及线性电子-声子耦合的过程可以用二阶微扰理论来处理。如果中间电子态的能量远离 kT,那么这个过程的速率会有 T^7 量级。如果中间电子态与初始或最终电子态相同,则速率拥有 T^5 的量级[129,130]。

第 5 章
实 验 技 术

在本章中,我们将描述一些用于固态单光子器件测试和表征的实验技术。在设计一个实验装置时,人们将面临许多选择和权衡,包括成本、性能和便利性。下面的讨论仅仅是为了向这个领域的新一代实验人员提供一些想法。关于实验方法的更多细节,将在第 6 章讨论特定的固态系统时介绍。

5.1 显微荧光装置

基本的显微荧光装置包括将激发激光聚焦到样品上一个小点的部分、有效收集发射光的部分,以及对收集到的光进行基本光谱分析的部分。图 5.1 显示了这种装置的示意图,其中包括低温恒温器、共焦激光激励、用于空间滤波的针孔,以及扫描测量位置的方法。

5.1.1 低温恒温器

大多数固态单光子器件必须冷却至低温,这包括大多数半导体量子点系统,以及像砷化镓半导体中的浅施主和受主。在其他如金刚石色心或氮化物半导体中的量子点系统中,单光子发射可能会达到室温,但光谱特性会退化。在这些系统中,为了研究随着温度的变化,有必要对样品进行冷却。

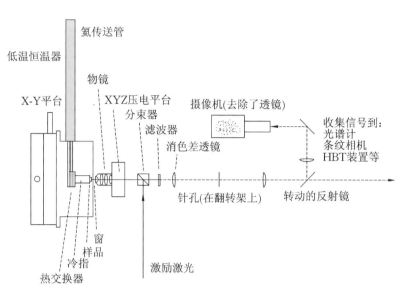

图 5.1 用共聚焦激发和压电扫描显微镜物镜的显微荧光装置示意图

为了达到很低的温度,人们通常需要一个消耗液态氮或氦的低温恒温器来冷却样品。液氮相对便宜,但只能冷却到 77 K。液氦连续流动或低温浴允许通过泵送废气以达到~4 K 或更低的温度。使用液氦的稀释冰箱可以冷却到很低的温度(50 mK),但操作起来要复杂得多。对于这样的低温恒温器,必须购买 60 L 或者 100 L 的液氦,一两年后,氦气的总成本可能会超过低温恒温器的原价。除非实验室建筑配备了回收系统,否则氦气将被排放到大气中。氦最终将会从地球上层大气逃逸到太空中。可以购买闭式循环冰箱,它不排放氦气,并且可以达到几乎同样低的温度。尽管最近已经引入了隔振系统,大多数显微镜闭式循环系统的主要困难仍然是机械振动。

图 5.1 所示的低温恒温器是一种连续流动的低温恒温器,其中液体通过真空绝缘的传输臂进入,通过缠绕在冷指上的换热线圈,然后通过排气口离开。样品安装在冷指的末端。这是一种最简单的低温恒温器,尽管在氦气使用方面可能不是最有效的,但它最适合于短期实验。由于样品处于真空状态,因此需要与样品架保持良好的热接触。这可以通过使用诸如钢、银漆或特殊真空润滑脂(为在低温下具有导热性必须特别设计)等材料来实现。所有这些方法都会在样品的背面施加少量的应力。对于极脆弱的系统,如砷化镓中的浅施主,最好使用浴式低温恒温器,使样品浸泡在其中的氦气中。

在购买显微镜用的冷冻装置时，一些重要的技术指标包括漂移率（应小于 1 μm/h）、振动、氦消耗（最好小于 1 L/h）和重量，对于粗定位，需要将低温恒温器放置在 X-Y 平移台上，如图 5.1 所示。在为显微镜设计的连续流动低温恒温器中，样品和窗之间的距离可以小于 1 mm，窗也可以相当薄。窗的厚度限制主要是使其能支撑外部的大气压力。对于直径为 13 mm 的窗，其典型厚度为 1 mm。它足够薄，可以让标准的商用显微镜物镜从窗外成像。重要的是，显微镜物镜有一个可调节的校正环，以允许消除窗产生的球差。目前，能购买的符合这一要求的显微镜物镜的数值孔径高达 0.6 或 0.7。

如果需要更高的数值孔径，最大可能的成像分辨率或大磁场（需要大的浴式低温恒温器），则可能需要在低温恒温器内放置一个显微镜物镜。许多研究小组都成功地完成了这样的装置，但也给实验带来了更高的难度。

5.1.2 激励方法

如图 5.1 所示的装置采用共焦激励，即激发激光通过与用于收集发射光相同的显微镜物镜聚焦到样品上。共聚焦激发允许光斑尺寸低于 1 μm，由显微镜物镜的衍射极限决定。当共焦激发与收集光的空间滤波相结合时（如图 5.1 中的针孔所示），来自焦平面外深度的光致发光可以被阻挡。这一特性对研究分布在整个晶体体积中的单个杂质是至关重要的。由于样品表面的强烈背向反射，在通过光致发光信号时，必须使用一个强滤波器来抑制激光。只要激发和收集光波长不太接近，就可以购买高效率（90% 或更高）和高消光（10^6 或更多）的滤波器。在光路中，还可以选择注入激光的位置。在图 5.1 中，这是使用紧接着显微镜物镜后面的分束器完成的。这是最灵活的安排，因为可以选择替换激发和收集点，这在一些涉及光学结构的实验中是有用的。另一方面，可以通过在针孔后面注入激发激光来确保激发和收集点始终重叠。

在少数情况下，从围绕显微镜物镜外部的陡峭角度发送激发光束反而是有利的。有了这种安排，很难或不可能获得一个小的斑点（典型值 20 μm）。这种方法的主要优点是，大多数从样品反射的光不是通过显微镜方法收集的。只有从粗糙的表面或任何刻蚀结构上散射产生的较弱信号才会被收集。在相同或接近相同的波长尝试激励或者收集的情况中，边上激励也许是最好的选择。

5.1.3 扫描方法

在共聚焦设置中，可以通过扫描 X、Y 和 Z 中的激发/收集位置来使光致发光被成像。扫描可以通过各种方式实现。如图 5.1 所示,一种方法是利用一个压电平台来扫描显微镜物镜。压电平台应为闭环(包括位置传感器和反馈)以避免迟滞和漂移问题。扫描显微镜物镜的优点包括高精度、稳定性和扫描三个轴的能力。一个好的压电平台的典型扫描范围是～80 μm。主要缺点是,由于显微镜的质量,扫描速度将受到限制。

作为另一种选择,使用显微镜物镜后面的振镜可以实现只进行 X 和 Y 扫描。镜倾斜角 $\Delta\theta$ 的变化将以 $\Delta x = f\Delta\theta$ 移动样品的激发/采集位置,其中 f 为显微镜物镜的有效焦距。这种方法的主要优点是更高的速度(高达 1 kHz)。如果设计的装置使显微镜入口处的光束位置不会随着振镜的旋转而移动,也可以获得较大的扫描范围。这要求振镜必须非常靠近显微镜物镜的背面,否则必须在它们之间放置带有消色差透镜的成像系统。振镜的一些缺点包括振动、漂移和装置复杂性的增加。

第三种扫描方式是移动低温恒温器本身,但由于低温恒温器相当重,扫描速度将会被极大限制。图 5.1 所示的 X-Y 平台只用于粗糙的定位。

随着扫描的实现,采集的信号必须用具有合理时间分辨率的某种光子计数器检测。通常情况下,采用硅雪崩光电二极管(APD)。

5.1.4 调整

对于围绕样品调整(以及检查光学对准情况),装置需要包括一些基本的视频图像功能。如图 5.1 所示,将一面镜子安装在翻盖铰链式支架上是很有用的,可以将镜子插入支架中,将光线聚焦到摄像机上。一般来说,人们需要高放大率,这意味着使用一个长焦距的消色差透镜成像到一个裸露的 CCD 芯片上。为了使这一切有用,用于空间过滤的针孔也必须装在翻转架上。人们还需要一种方法从白光源来注入一些光线,例如使用分束器注入到光路中(用于亮场成像)或在显微镜物镜周围(暗场成像)。

可以使用各种各样的照相机来实现这一目的,包括廉价的仅显示样品反射的光的相机,更昂贵的相机(仍低于 1000 美元)因其高灵敏度足以看到从单量子点中产生的光致发光,以及能对极其微弱的信号进行成像的高端相机。值得注意的是,对于三维均匀分布的杂质样品,只有共焦成像技术才能给出所需的深度分辨率。如果感兴趣的物体被限制在一个极薄的薄片内,则阵列探测器只对光致发光成像有用。

5.1.5 分光计

对光致发光信号的分析通常从基本的光谱分析开始。最通用的工具是基于光栅单色仪和某种阵列探测器组合的分光计系统。尽管光栅单色仪的光谱分辨率不如其他技术高,但它允许用一个仪器覆盖很宽的频率范围,阵列探测器允许并行测量多个波长通道,这在采集时间上是一个巨大的优势。使用二维探测器阵列和"成像"单色仪,还可以测量样品上的多个平行位置。最方便的分光计系统包括一个单色仪、安装在电动转塔上的多个光栅、一个探测器阵列,以及控制整个系统和获取数据的软件。然而,这种系统可能相当昂贵(高达 4 万美元)。

理论上,光栅单色仪提供的分辨率应为 $\Delta\lambda = \lambda/N$,其中 N 是被照明的槽的数量。然而,在实际中,分辨率似乎总是受到光学系统中的像差或探测器像素大小的限制。大型仪器($f = 750$ mm)的典型分辨率为 ~ 0.02 nm。在选择探测器阵列时,硅基探测器在暗计数方面提供了迄今为止最好的性能,但其在 950 nm 以上效率下降。对于较长的波长,InGaAs 阵列中可以使用高达 1.6 μm 的波长,尽管暗电流要高得多。

5.1.6 寿命测量

最强大的可见波长寿命测量工具是条纹相机,这是一种与光电倍增管(PMT)相关的专用设备。一个入射光子首先轰击光电阴极,在那里它以某种效率转换成真空管内的自由电子。然后电子被施加在光电阴极和栅极之间的高电压加速。电子在垂直方向上被一个时变电场偏转,该电场与用于激发的超快激光同步。在条纹管的远端,电子撞击多通道板,造成雪崩。这些电子被荧光屏转换回光子,光子被 CCD 阵列成像。时间分辨率可以降低到几皮秒。通常,单色器被放置在条纹相机的前面,这样不同波长的光子就可以在不同的水平位置撞击光电阴极。这样,就可以得到一个二维图像,其中水平轴对应波长,垂直轴对应时间。单色仪的波长分辨率(由光栅槽密度决定)必须谨慎选择,因为系统的光谱和时间分辨率必然是反相关的。

条纹相机的主要缺点是成本高,以及在较长波长下效率低。因此,我们可以选择使用与电子元件相结合的光子计数器。这类似于下面将要描述的光子相关测量,但电子设备的一个输入(通常是"停止"输入,以避免死区问题),则使用来自激励源的触发信号。与条纹相机相比,这种方式的时间分辨率更低。

原则上,使用光子计数阵列仍可以有多个波长通道,但最常见的方法是使用单通道探测器。

5.2 光子相关测量

为了测试设备发出的光子的"单"度,测量光子数统计是非常必要的。理想情况下,为了达到这个目的,我们将使用一个高效的光子数分辨探测器,并记录每个脉冲中测量到的光子数。更妙的是,我们可以想象使用这种具有极高时间分辨率(没有死区时间)的探测器来记录每个光子的准确探测时间。从这些数据中,我们就可以知道关于光子数统计的一切可能。的确,存在光子数分辨探测器。例如,"VLPC"[131]和超导跃迁边缘探测器[132,133]都具有光子数分辨能力。而且,获取如此大量数据所需的高性能电子学正变得越来越可用。然而,直接测量光子数统计所需的硬件还没有广泛应用,仍然是工程领域的课题。

这里,我们重点研究了以 Hanbury Brown 和 Twiss[134] 命名的著名且广泛使用的光子相关装置(由于一些历史原因,这被称为 Hanbury Brown 和 Twiss 或者 HBT 装置,而不是 Brown-Twiss 装置)。虽然这个装置不能提供完整的光子数统计,但它允许人们在多光子产生率上设置一个上限。作为研究单光子发射量子系统物理的工具,这个装置更加有用。

5.2.1 实验问题

HBT 装置的典型现代实现如图 5.2 所示。如果要测量非偏振信号,第一个分束器应该是非偏振的,它将收集到的光分为两路,每一路都通向一个光子计数器。对于近红外波长,光子计数器通常是硅雪崩光电二极管(APD),因为这些雪崩光电二极管具有足够高效率(在最佳波长下可达 70%)并伴有低暗计数(低达 10 s^{-1})。在较短的波长处,人们可能不得不使用具有良好暗计数但在较长波长下效率较低的光电倍增管。在更长的波长处,人们可能必须使用具有良好效率但非常高暗计数的 InGaAs APD。在最初的 HBT 实验中,探测器信号是采用模拟电子学处理。大多数现代的 HBT 装置使用带有数字输出的光子计数器,每次检测到一个光子时产生一个电脉冲,这些信号被发送到同步的计数电子设备。

使用两个检测器而不是一个检测器的原因是大多数检测器在检测到第一个光子之后都有死区时间,之后一段时间内不能探测第二光子。对于最常用

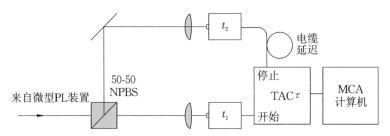

图 5.2 光子相关测量的典型 Hanbury Brown 和 Twiss 装置示意图。NPBS:非偏振分束器。标记 t_1 和 t_2 的盒子代表光子计数器,它根据检测到的光子产生电脉冲。然后将电信号发送到时间-振幅转换器(TAC),该转换器产生一个脉冲,其高度与时间延迟 $\tau = t_2 - t_1$ 成比例(加上由电缆延迟确定的一些偏移量)。然后用多通道分析仪(MCA)记录 TAC 输出的柱状图

的主动式淬灭硅 APD,这个死区时间是～50 ns。利用这样的探测器,就不可能在典型的固态单光子发射器的自发辐射寿命内测量多光子事件,这两个探测器的配置还避免了其他人为影响,例如脉冲后的问题。

击穿闪光是一个有时会困扰基于硅 APD 的 HBT 装置的问题[135]。这是探测器探测到光子后发出的一种强烈的宽带光闪光。如果这些光中的一部分到达另一个探测器,它会在相关直方图中产生假峰值。这种人为影响与众不同,很容易辨认。它可以通过良好的杂散光屏蔽或在每个探测器前面使用窄带滤波器来消除。

在计数器 1 和 2 的光子检测事件之间,对应的电子应该生成时间间隔 $\tau = t_1 - t_2$ 的柱状图。在最好的结果中,电子器件的时间分辨率应该远远超过探测器本身的时间分辨率。对于 APD,时间分辨率可以在 40～300 ps 变化,具体取决于型号。为了获得最佳的时间分辨率,有时将光聚焦在探测器上的一小块区域中。另一个重要的要求是,与光子探测("开始")事件之间的预期间隔相比,电子设备的死区时间较短。理想情况下,这段死区时间应该为 1 μs 量级或者更少。现在有许多满足这些要求的电子设备可供选择。其中包括具有"开始"和"停止"输入的计算机卡,这些输入卡可以执行所有必需的操作。图 5.2 所示的装置更为原始。它首先使用时间-振幅转换器(TAC),它产生一个输出脉冲,其高度与"开始"和"停止"脉冲之间的时间延迟成比例(如果"停止"脉冲从未在指定的时间间隔内到达,则没有输出)。然后,这些脉冲被发送到多通道分析仪(MCA),该分析仪构建时间间隔的柱状图。也可以购买计算

机卡的形式的 MCA,其包括数据采集软件。

大多数电子设备只记录与第一次"停止"脉冲相对应的时间间隔,随后的"停止"脉冲被忽略。因此,在计数率过高的情况下,产生的柱状图相对于真实的光子相关函数有一定的失真。对于一个假定为平直的相关函数,测量的直方图相对于 τ 将呈指数下降。这种失真是可预测的,如果需要的话可以校正。

HBT 测量的一个困难是在弱信号限制下,数据收集率与光子产生、收集和过滤效率的平方成正比。因此,有强烈的动机使光学装置尽可能高效。实际上讲,当计数率低于 10^5 s^{-1} 时,光子相关测量开始变得困难;当计数率低于 10^4 s^{-1} 时,光子相关测量变得相当费时。然而,人们必须更加关心装置中的长期漂移,这是处理低温技术时的一个重要问题。对于每台探测器每秒几千次或更少的计数率,最终会积分几个小时,这可能需要反馈稳定技术。

5.2.2 理论

光子数统计可用根据 Glauber[2] 引入的二阶相干函数 $G^{(2)}$ 来描述。通常情况下,这个函数测量四个不同时间的量子场算符之间的相关性,但对于光子数统计(强度相关性),只有 t_1 和 t_2 两个时间。$G^{(2)}(t_1,t_2)$ 的测量回答了以下问题:给定一个光源在时间 t_1 发射一个光子,则它在时间 t_2 发射另一个光子的概率是多少?

光子相关函数 $G^{(2)}(t_1,t_2)$ 正式定义为

$$G^{(2)}(t_1,t_2)=\langle a^\dagger(t_1)a^\dagger(t_2)a(t_1)a(t_2)\rangle \tag{5.1}$$

其中,$a^\dagger(t)$ 和 $a(t)$ 分别是单个光通道时间 t 光子生成和湮灭运算符。如果来自单个通道的光被一个分束器分割并发送到两个探测器,如图 5.2 所示。可以看出

$$G^{(2)}(t_1,t_2)=4\langle c^\dagger(t_1)c(t_1)d^\dagger(t_2)d(t_2)\rangle \tag{5.2}$$

$$=4\langle n_c(t_1)n_d(t_2)\rangle \tag{5.3}$$

其中,c 和 d 是两个分束器输出的光子湮灭算符,n_c 和 n_d 是光子数算符。这是上述 HBT 测量的理论基础。为了证明式(5.3)的右边等于式(5.1)的右边,可以从理想的分束器关系 $c=(a+b)/\sqrt{2}$ 和 $d=(a-b)/\sqrt{2}$ 开始,其中 b 是未使用的分束器输入端的光子湮灭算符。如果假设未使用的输入端具有真空状态(零光子),则包含 b 或 $b^\dagger$ 的所有项都为零。如果分束器比率不是 50∶50,则 $G^{(2)}(t_1,t_2)$ 仍然与等式(5.3)的右侧成比例,只是比例因子不同。如果线性损耗出现在任意一个臂或者在分束器之前,仍然维持相同。这种对光学缺陷的

鲁棒性是 HBT 测量的最佳特征之一。

如上文所述,在大多数 HBT 测量中,我们不测量作为两个时间 t_1 和 t_2 函数的符合率,而是测量作为光子之间相对延迟($\tau = t_2 - t_1$)的函数的符合率。在这种情况下,我们测量平均相关函数,即

$$\overline{G}^{(2)}(\tau) = \frac{1}{T} \int_0^T \mathrm{d}t_1 G^{(2)}(t_1, t_1 + \tau) \tag{5.4}$$

其中,$T \gg \tau$ 是测量的积分时间。只有在静态光子发射过程中,统计数据不受时间轴移动的影响,那么 $\overline{G}^{(2)}(\tau) = G^{(2)}(0, \tau)$。这对于单光子器件在连续波(CW)激励下是正确的。在这种情况下,$\tau = 0$ 附近的下降表明了光子反聚束,这是一种纯粹的非经典现象。对于这样一个静态过程,也可以定义一个归一化的光子相关函数

$$g^{(2)}(\tau) = \frac{\langle n_c(0) n_d(\tau) \rangle}{\langle n_c(0) \rangle \langle n_d(0) \rangle} \tag{5.5}$$

对于光源的泊松统计值为 $g^{(2)}(0) = 1$,而 $g^{(2)}(0) < 1$ 和 $g^{(2)}(0) > 1$ 的情况分别对应于光子反聚束和聚束。

对于在脉冲激励下的单光子器件,$\overline{G}^{(2)}(\tau)$ 由一系列峰组成(以图 6.7 为例)。如果峰被很好地分开,那么就可以明确地确定峰的面积。然后,就可以在离散时间内定义归一化光子相关函数,如下[3,30]:

$$g^{(2)}[j] = \frac{\langle n_c[0] n_d[j] \rangle}{\langle n_c[0] \rangle \langle n_d[0] \rangle} \tag{5.6}$$

其中,$n_k[i]$ 是探测器 k 探测到脉冲 i 中的总光子数。这里,$g^{(2)}[j]$ 对应于光子相关函数 $\overline{G}^{(2)}(\tau)$ 中远离 $\tau = 0$ 点的第 j 个峰。数量 $g^{(2)}[0]$,是 $\tau = 0$ 时中心峰的标准化面积,给出了单个脉冲的光子数统计信息。它可以用分束器之前的原始输入来表示,即

$$g^{(2)}[0] = \frac{\langle n(n-1) \rangle}{\langle n \rangle^2} \tag{5.7}$$

其中,n 是一个脉冲中光子的总数。由此可知,对于多光子概率为零的源,$g^{(2)}[0] = 0$。从实际的 $g^{(2)}[0]$,我们可以得到多光子发射概率的上限,即

$$\mathrm{Prob}(n \geq 2) \leq \frac{1}{2} \langle n \rangle^2 g^{(2)}[0] \tag{5.8}$$

其中,$\langle n \rangle$ 是每个脉冲的平均光子数。这直接从式(5.7)得出。这个界限对于确保 BB84 量子密码协议中的安全传输非常有用[3]。

通常,通过测量 $g^{(2)}(0)$ 或者 $g^{(2)}[0]$,我们可以知道光源是否是成束的、类泊松的或反成束的。让我们简要地总结一下这些情况。

5.2.2.1 $g^{(2)}(0)>1$

光源是成束的。假设检测到一个光子,与先验的例子相比较,紧接着探测到第二个光子的条件概率是增加的。聚束光子的来源包括热源,如白炽灯,其中单模中的光子数遵循几何分布。要观察聚束,必须在检测器中具有良好的时间分辨率或者具有窄带宽光源,这是因为 $g^{(2)}(\tau)$ 的峰宽近似为 $\Delta\tau\approx1/\Delta\omega$,其中 $\Delta\omega$ 是光源带宽。如果光源不稳定,也会聚集起来。例如,如果它以 $\tau_{\rm b}$ 为周期开和关,将会在 $g^{(2)}(\tau)$ 中的 $\tau=0$ 附近有宽度为 $\tau_{\rm b}$ 的峰。这个峰值的高度取决于光源在"关闭"状态下与"打开"状态相比所花费的时间。如果通常是"关闭",则中心峰值振幅将较大。

5.2.2.2 $g^{(2)}(0)=1$

光源为类泊松的。光子数实际上可能遵循泊松分布,但仅测量 $g^{(2)}(\tau)$ 并不能证明这一点。对于真正的泊松过程,光子是独立到达的。理想情况下,激光发射相干态,因为光子数遵循泊松分布。对于大多数大带宽、不闪烁的热光源,测量的 $g^{(2)}(0)$ 将接近 1,因为探测器太慢,无法解决聚束效应。

5.2.2.3 $g^{(2)}(0)<1$

光源是反聚束的。如果检测到一个光子,那么不久之后测量第二个光子的概率会比先前的概率低。这种现象是在单个量子物体的光中观察到的。这种源通常称为"非经典源"。因为在经典电磁理论中,强度的自相关必须在 $\tau=0$ 时达到最大值。对反聚束光源来说,情况并非如此,因为对于任何具有有限相关时间尺度的稳定过程,当 $\tau\to\infty$ 时有 $g^{(2)}(\tau)\to1$。

5.3 测量相干特性

研究单光子器件发射光相干特性的最常见方法是测量频谱。除非自发发光寿命极短,否则通常需要比光栅分光计提供的分辨率更高的装置。其他选择包括迈克耳孙型干涉仪或法布里-珀罗腔。对于此类测量,通常需要串联某种低分辨率滤波器,以确保仅在感兴趣的光谱线上进行测量。另一种选择是激光光谱(也称为光致发光激励,或者 PLE 光谱)。作为一种吸收光谱,PLE 实际上并不测量发射光子的性质,因此我们必须假设吸收和发射的线宽是相同的。

如果我们发现光谱线形状和假设无相位波动的基于时间分辨荧光衰减测量完全一样,则绝对具有不可分辨光子的"变换限制"源。然而,如果光谱变宽,我们只能说光子脉冲具有随时间变化的相位。我们仍然不能说这个相位是随机的(每个脉冲的相位不同)还是确定的(每个脉冲的相位相同)。为了回答这个问题,我们期望进行第 6.1.8.3 节所述的双光子干涉实验。在这样一个实验中,我们可以研究同一个装置发出的光子在时间上的量子不可分辨性,或者可以研究两个不同器件发射的光子的量子不可分辨性。

在一阶光子数统计中(一种强度测量方法),光子只与自身发生干涉(正如狄拉克所声称的)。然而,在二阶光子统计(双光子共存或光子数方差测量)中,两个分开的光子可以发生干涉。在 Hong-Ou-Mandel 实验[24]中,两个光子从对侧入射到分束器上。如果它们是量子力学可分辨的,它们必须总是以相同的方向从分束器中输出。在数学上,对于一个分束器,这可以用以下输入端口湮灭算符 a 和 b 以及输出算符 c 和 d 来表示:

$$|\psi\rangle = a^{\dagger} b^{\dagger} |0\rangle \tag{5.9}$$

$$= \frac{c^{\dagger} + d^{\dagger}}{\sqrt{2}} \frac{c^{\dagger} - d^{\dagger}}{\sqrt{2}} |0\rangle \tag{5.10}$$

$$= \frac{1}{2} (c^{\dagger} c^{\dagger} - d^{\dagger} d^{\dagger}) |0\rangle \tag{5.11}$$

$$= \frac{1}{\sqrt{2}} (|2_c, 0_d\rangle - |0_c, 2_d\rangle) \tag{5.12}$$

然而,这个简单的推导假设只有一个时域或频域模式,因此光子是完全相同的。如果光子处于两个正交模式,它们将完全不会干涉,并且每个光子都会在独立的随机方向上离开合束器。这样,双光子干涉实验是检验两个光子是否真的相同的,测量的量与许多提出的量子信息应用直接相关。

实验上,建立一个迈克耳孙型干涉仪是一种方便的方法,可以用来测量线宽或者不可分辨性。从长度相等(零相对延迟)的两个臂开始测量线宽,确定任意强度输出的干涉条纹对比度,作为路径长度差的函数。这种测量不涉及二阶光子数统计,即使对弱信号也可以相对快速地进行。通过在一个臂上引入长延迟来测量不可分辨性,这样两个随后发射的光子有时会在分束器上"碰撞"。然后测量两个干涉仪输出的符合率,作为两个被探测光子之间的时间延迟的函数。在同样的装置中,人们也可以通过阻塞干涉仪的一个臂来执行 HBT 测量。

第6章
固体中用于单光子
产生的类原子系统

在第2—4章中我们考虑了理想系统中单光子产生的理论观点后,现在介绍一些固体中非常适合单光子产生的实际物理系统。如第1.4节所述,过去10年中,在许多系统中实现了按需单光子产生,包括原子、离子、分子、固态量子点、杂质、缺陷和超导电路。在这一章中,我们详细描述三个非常适合在光学频率产生单光子的固态系统(以及基于自旋的计算):InAs量子点、金刚石中的氮空位中心,以及GaAs和ZnSe中的浅施主。我们将介绍这些系统所进行的一些更重要的实验演示。在本章的最后,我们根据最近的实验结果,在表格中总结了这些系统的一些关键特性。

6.1　半导体量子点

6.1.1　引言

量子点是半导体中一个纳米尺度的区域,在这一区域中,导带电子、价带空穴或两者都可以在所有三维空间中被严格限制,从而可以观察到能量量子化。这种产生了一种离散的、类原子态密度的完全三维限制将量子点与量子阱(一维限制)和量子线(二维限制)区分开来。能量量子化可以通过两种机制实现。第一个是量子限制对单粒子波函数的影响。由薛定谔方程的驻波解确定了约束粒子的束缚态。通常,不管限制势的具体形状如何,由于限制,最低量子化能级之间的间距变化为 $1/R^2$,其中 R 是量子点的半径。能量量化的第二个主要机制是粒子之间的静电(库仑)相互作用。这种相互作用的强度变化仅为 $1/R$。因此,对于非常大的量子点,静电相互作用可以支配能级结构。

在文献中,"量子点"一词可以指各种各样的能级结构。一种类型是通过在二维电子气(2DEG)[136]上方形成亚微米大小的电极而形成的。2DEG 是一种两层异质结,其中导带电子聚集在界面上。例如,如果一个 AlGaAs/GaAs 异质结在靠近界面的 AlGaAs 结一侧大量掺杂电子施主,则在 GaAs 侧形成一个势阱,电子积聚就会聚集在那里。通过在 2DEG 上制作金属电极图案,可以局部移动导带势能并形成亚微米大小的电子受限区域。然而,这样的结构排斥空穴,因此不期望用它作为一个光发射器。另一种类型的"量子点"是化学合成的半导体纳米晶体[137]。这些量子点可以相当小,尺寸甚至小于 5 nm。它们相对容易合成,并且具有可以放置在任何表面上的优势。这样,它们可以放置在诸如二氧化硅[138]或聚合物[139]微球等结构中腔模式的消逝场中。然而,单纳米晶量子点由于受到光谱扩散、闪烁和漂白的影响,在光激发下通常不稳定。另一个问题是辐射衰减率可能很慢。这是由于纳米晶体的尺寸很小,产生了激发态精细结构,"暗激子"态的能量远低于"亮激子"态。第三种类型,我们称之为"外延生长"量子点,由嵌入在较大带隙半导体中的较小带隙半导体孤岛组成。它们具有很强的光学跃迁,并且在低温下具有稳定的性质。

下面我们将集中讨论外延生长的量子点。这些已经被证实在低温工作环境下是非常好的单光子源。当带电荷时,外延量子点还可以提供一种基于电子自旋的物质量子位,该量子位与强光学跃迁耦合。因此该系统非常适合需要长寿命物质量子比特的光子量子网络应用。

6.1.2 生长与隔离

现代晶体生长技术允许在一维(量子阱)、二维(量子线)和三维(量子点)限制中制备异质结构。外延生长量子点由带隙较小的半导体的微小区域组成,周围环绕着带隙较大的半导体。要成为一个有效的光发射器,量子点应同时限制电子和空穴。这就要求两种半导体材料之间存在"Ⅰ型"或"跨接"带隙不连续性。一些能产生光学有源量子点的半导体对包括 InAs/GaAs、InP/GaInP、GaN/AlGaN(Ⅲ-Ⅴ)和 CdSe/ZnS(Ⅱ-Ⅵ)。本章将重点介绍最常用于量子光学实验的系统,即 GaAs 中的自组装 InAs 量子点。

自组装量子点可以通过分子束外延(MBE)或化学气相沉积(CVD)生长。在 MBE 中,衬底在超高真空(UHV)室中加热。纯元素源被加热,致使少量的原子流蒸发并向衬底输送。在化学气相沉积(CVD)中,衬底在气体流(前体)中加热,气体流通过化学反应将原子输送到衬底。

自组装量子点可以通过 Stranski-Krastanov 生长模式获得[140,141]。基本步骤如图 6.1(a)—(c)所示。当 InAs 在 GaAs 上方生长时,由于 InAs 的自然晶格尺寸比 GaAs 大 7% 左右,因此会产生应变。InAs 的第一个或两个单层与下面的 GaAs 一致,形成一个平滑的"湿润层"。在一个临界厚度(通常小于 2 个单层)之后,它对 InAs 层形成"岛屿"变得非常有利。根据生长参数的不同,它们的厚度可以是 4~7 nm,直径可以是 20~40 nm。岛的密度取决于生长温度和沉积的铟量,但可以从远小于 1 μm^{-2} 到 500 μm^{-2} 不等。图 6.1(d)显示了未覆盖的 InAs 岛的原子力显微镜(AFM)图像。最后在顶部生长了一个 GaAs 覆盖层来完成整个结构。

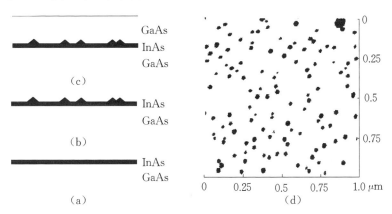

图 6.1 自组装量子点的生长:(a)在 GaAs 顶部生长一薄层 InAs;(b)薄层达到临界厚度后,形成量子点以减轻机械应变;(c)然后用砷化镓量子点覆盖;(d)覆盖前,量子点可用原子力显微镜进行观察

量子点的光学性质在很大程度上依赖于制造它们的特殊生长过程。光发射波长和带内能级间距取决于尺寸和组分(将多少 GaAs 混合到 InAs 岛中)。由于每个量子点的大小和形状不同,在量子点系综中观察到了宽分布的光发射波长(大的非均匀展宽),如图 6.2(a)所示。另一个依赖于生长参数的参数是电子自旋亚能级的精细结构,它与量子点形状或应变场的不对称性有关。

最后,生长的清洁度和杂质的意外引入可能影响量子点主要存在于中性或带电状态。

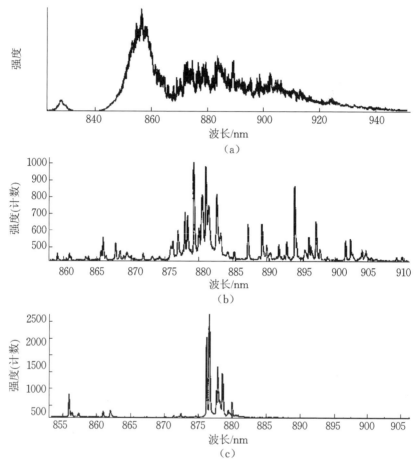

图 6.2　带上激励下量子点的光致发光:(a)大范围量子点;(b)直径为 $0.8~\mu m$ 的刻蚀台面中的量子点;(c)直径为 $0.4~\mu m$ 的刻蚀台面中的量子点

在典型条件下,量子点以相当高的密度($\sim 100~\mu m^{-2}$)生长,为了研究单个量子点,需要使用一种隔离方法。利用共焦显微镜,我们可以将激发激光聚焦到亚微米光斑上,这样可以将这种样品中探测到的量子点数量减少到几十个。特殊的生长技术也可以用来降低量子点密度。在极端情况下,获得了密度低于 $1~\mu m^{-2}$ 的稀疏量子点[142]。这也可以通过在生长过程中停止衬底旋转来实现,从而使沉积在晶圆上的 InAs 量不均匀。如果能找到一个 InAs 沉积量几乎不足以形成岛屿的区域,则可能会发现极低的量子点密度。另一项技术是利用电子束光刻技术制作约 100 nm 尺寸的台面结构,以去除除少数量子点以外的所有量子点。一种相关的技术是在金属掩模中打小光圈,但如果光圈过小,收集效率会受到影响。通过这些技术中的一种或多种,可以获得单个量子点的光致发光光谱[143,144]。图 6.2(b)—(c)显示了从大台面和小台面获得的两个示例光谱。图 6.2(c)中所示的峰簇来自单个量子点。单个峰对应各种多粒子状态,如上所述。

上述简单的生长方法生长出来的量子点位置是随机的,由于尺寸波动,光发射波长有着大的变化。制造基于量子点的量子光学器件的最常见方法是将中等数量的量子点合并到每个器件中,这样其中一个量子点就有很大的机会发射出接近所需波长的光。然后,搜索大量的器件,并确定在实验中使用的最佳器件。虽然这种方法对基础物理实验是有利的,但显然,在以合理的成本制造这些设备之前,需要更具确定性的方法。的确,人们已经做了大量的工作来确定在受控位置生长单个量子点的方法[145-150]。在这种方法中,发射波长的不确定性仍然很大。因此,需要生长后退火[151-153]来获得对量子点位置和波长的完全控制。另一种可选择的方法(尽管也很费劲)是通过共聚焦显微镜定位量子点,然后在其周围形成腔结构[154]。

6.1.3 单电子能级

虽然单个量子点可能包含 $\sim 10^4$—10^5 个原子,但实验表明,在许多方面,量子点的行为类似于单个原子。在这里,我们简单地讨论价带和导带能级,它们在决定光学性质中极为重要。由于量子点的结构随生长配方的不同而不同,即使对于特定的生长配方,生长的单个量子点的大小和形状也会有所不同,因此我们不能给出适用于所有量子点的详细的定量能级结构。目前已经有尝试通过包括实际形状和应变效应的数值模型来计算量子点的能级[155-157],但这些模型的结果必然取决于假定结构的参数。然而,许多研究小组对单个量子点进行的实验研究发现,在我们可以描述的能级结构中,存在着本质上相似的特征。

由于量子点中的电子和空穴波函数分布在许多晶格位置上,因此最好使用有效质量近似来理解它们。考虑周期性半导体导带中的单个电子,此时,让我们忽略自旋。然后我们假设一个有直接带隙的半导体,在导带的 Γ 点上有单个能量最小值。对于动量为 k 的平面波,我们可以将其波函数写成

$$\psi_e(r) = e^{ik \cdot r} u_{e,k}(r) \tag{6.1}$$

其中，$u_{e,k}(\boldsymbol{r})$ 是周期性的：$u_{e,k}(\boldsymbol{r}+\boldsymbol{R})=u_{e,k}(\boldsymbol{r})$，其中，$\boldsymbol{R}$ 为任意晶格矢量。在有效质量近似下，势能缓慢变化的电子的波函数近似为

$$\psi_e(\boldsymbol{r})=f(\boldsymbol{r})u_{e,0}(\boldsymbol{r}) \tag{6.2}$$

其中，$f(\boldsymbol{r})$ 是包络函数，满足薛定谔方程

$$\left[-\frac{\hbar^2}{2m^*}\nabla^2+V(\boldsymbol{r})\right]f(\boldsymbol{r})=Ef(\boldsymbol{r}) \tag{6.3}$$

其中，m^* 是与 $\boldsymbol{k}=0$ 时导带曲率有关的有效质量，$V(\boldsymbol{r})$ 是有效势，E 是状态能量。

自组装的 InAs 量子点在 z 方向被展平，并且它的能级间隔可以相当恒定，已有这方面的报道。因此，可用于表示量子点的简单且似乎合理的势在 x 和 y 维度是抛物线的，在 z 方向是无限的方阱[158]，有

$$V(\boldsymbol{r})=\begin{cases}\dfrac{1}{2}m^*\omega_0^2(x^2+y^2); & |z|<L/2 \\ +\infty; & |z|>L/2\end{cases} \tag{6.4}$$

其中，L 为量子点的高度，ω_0 为能级间距。由势能导致的能级是

$$E=(n_x+n_y+1)\hbar\omega_0+\left(\frac{\pi^2\hbar^2}{2m^*L^2}\right)n_z^2 \tag{6.5}$$

其中，n_x 和 n_y 是大于等于 0 的整数，n_z 是大于等于 1 的整数。对于 InAs 量子点，最低两个电子能级之间的间隔 $\hbar\omega_0$ 通常在 $30\sim80$ meV 范围内。如果我们只考虑 $n_z=1$ 时的状态（适用于量子点高度平坦的情况），则满足等式(6.3)的相应波函数为

$$f(\boldsymbol{r})\propto H_{n_x}\left(\sqrt{m^*\omega_0/\hbar}x\right)H_{n_y}\left(\sqrt{m^*\omega_0/\hbar}y\right)e^{-\frac{1}{2}\frac{m^*\omega_0}{\hbar}(x^2+y^2)}\cos(\pi z/L)$$

$$\tag{6.6}$$

其中，H_n 是厄米多项式。

在直接带隙 III - V 半导体中，对于靠近 Γ 点的导带中的电子，原子轨道波函数具有 s 对称性，只有一个自旋简并导带。对于价带中的空穴，原子轨道波函数具有 p 对称性，情况变得更加复杂。由于自旋轨道耦合，在体材料中有三个清晰的带：重空穴 $(j=3/2,m_j=\pm3/2)$、轻空穴 $(j=3/2,m_j=\pm1/2)$ 和分裂型 $(j=1/2)$。这里，j 是指总的角动量（轨道角动量加上自旋角动量），m_j 是沿着 $\boldsymbol{k}$ 的角动量投影，$\boldsymbol{k}$ 为平面波的动量。如果忽略了分裂带，仍然是异质结构中的一个能量本征态，一般会同时包含重空穴和轻空穴分量。对于具有高

度平坦几何形状的量子点,最高能量价带态具有重空穴特性,其沿生长(z)轴的角动量为 $\pm 3/2$。重空穴状态的周期分量可以写成 $\left| m_j = \dfrac{3}{2} \right\rangle = | m = 1, \uparrow \rangle$ 和 $\left| m_j = -\dfrac{3}{2} \right\rangle = | m = -1, \downarrow \rangle$,其中 m 和 m_j 分别是轨道角动量和总角动量的 z 轴投影。

量子点的导带、价带和束缚能级的示意图如图 6.3(a)所示。该图还显示了各种光激发路径和通过光激发产生的电子和空穴的弛豫路径。对于单光子的产生,我们最感兴趣的是最低能量的导带态和最高能量的价带态。虽然电子和空穴最初可能被激发到其他能级,但观察到带内弛豫到最低能态的速度很快(可能是通过声子发射),其时间尺度为皮秒或更低[159-161]。当电子在传导带内达到基态时,唯一剩下的衰变路径是到价带的带间跃迁。由于泡利不相容原理,只有当价带有一个空位态(空穴)时,这种跃迁才会发生。在质量较好的量子点中,这种跃迁主要是辐射性的,其寿命约为 1 ns。因为这个时间尺度比带内跃迁的时间尺度要长得多,在弱光激发下,导带电子的大多数粒子处于最低能态,价带空穴的大多数粒子处于最高价带能级,如图 6.3(a)所示。然而,如果光激发速率比辐射复合速率快,量子点就会开始充满电子和空穴。在这种条件下,可以观察到量子点中涉及高能量态的电子-空穴复合。

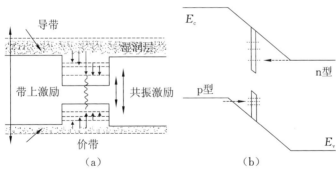

图 6.3 (a)量子点的单电子能级示意图,展示了各种光激发和弛豫路径;(b)p-i-n 结构中量子点的能带结构,显示了通过共振隧穿的电载流子注入

6.1.4 激励方法

量子点的光激发可以用图 6.3(a)所示的几种方式进行。在带上激发中,激发频率高于围绕量子点的材料的带隙(对于 GaAs,约为 1.52 eV,在低温下对应于 817 nm 的波长),这在围绕量子点的区域中产生电子和空穴。这些粒

子中的一些部分被湿润层(表现为一个很薄的量子阱)捕获,落入量子点的高激发态,然后迅速弛豫到电子和空穴基态,再重新复合以发射光子。对于弱激发,量子点内主导的带内弛豫机制被认为是声子发射,尽管已经测量的皮秒弛豫速率比理论预测的要快[159-161]。当载流子密度较高时,俄歇过程(多载流子散射)也可能有贡献。另一种激发方法是在湿润层连续介质内,将激光调谐到周围半导体的带隙以下。这种激发仍然是非共振的(不高度依赖于所使用的特定波长),但可能会减少粒子在导带和价带内弛豫所需的时间。

对于共振光激发,实验上最容易的方法是将激光与量子点的高激发态共振。对基态发射进行光谱滤波以去除散射的激光并不困难,激发态由于具有快速的弛豫特性,通常具有较宽的线宽;与带上激励相比,由于单个量子点吸收截面小,因此可能需要较大的激光功率。要找到这些共振,必须在测量基态光致发光强度的同时,通过扫描激光频率获得"光致发光激发"(PLE)光谱。在这种PLE测量中,可以看到从湿润层向下延伸的背景吸收尾,并且在激发态吸收线附近仍然是很大的[159]。有时候,当激发这种共振时,可以观察到重阻尼拉比振荡[162,163]。在这种共振激励下,对单个激子基态的弛豫可以很快地达到几皮秒级。

在过去的几年里,人们利用基态跃迁的共振激发进行了实验。这些实验的结果在本质上是完全不同的,因为这些跃迁比激发态跃迁要窄100倍或更多。最初,这些实验涉及测量光电流[164]或通过单量子点在探测激光上引起的传输变化[165,166]。最近,单量子点的共振荧光已经被观察到。这是通过使用强光谱滤波[167](这允许观察到Mollow三重谱边带)或通过工程结构实现的,工程结构可以通过波导从侧面激发,由于粗糙度使激光散射最小[121]。在后一种情况下,甚至可以观察到Mollow三重谱的中心[168]。

如果量子点在p-i-n结内生长,也可以进行量子点的电激发。最初,人们认为需要共振隧穿来调节单个电子和空穴注入量子点[169],如图6.3(b)所示。然而,迄今为止最成功的实验使用了非共振的电注入[39],其中一个短的电脉冲被施加到结上,电压足够大,电子和空穴可以穿过势垒的顶部。与非共振光激发一样,以这种方式注入的电子和空穴的数量没有得到很好的调节,对于单光子产生,脉冲应该比电子-空穴复合寿命短。

6.1.5 多粒子态

即使当单个量子点被孤立时,在光致发光中也会观察到几条谱线。图6.4

显示了从四个不同台面获得的单量子点光谱,展示了即使在同一样品中也可能会有变化。不同的谱线对应于不同的多粒子态[170-175],包含不同数量的电子和空穴。能量转移是由于粒子之间的库仑(静电)相互作用引起的。

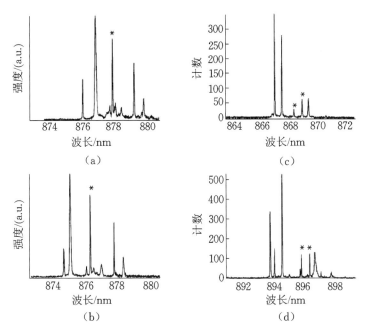

图 6.4 单量子点在带上激发下的光谱。对于(a)、(c)和(d)中的点,台面直径为 $0.2~\mu m$,对于(b)中的点,台面直径为 $0.4~\mu m$。标有星号(∗)的线条具有明显的非线性激励功率依赖性

从理论上预测对应于不同多粒子态的谱线能级转移是可能的,但这涉及很多问题[176,177]。其中的困难在于初始状态和最终状态都有相同的总电荷,而且平均场近似将预测零能量偏移。要预测能量转移,必须通过解决多体问题来考虑电子和空穴的相关运动。结果将取决于尺寸、形状和量子点中存在的任何压电场。因此,使用单量子点的首要问题之一是如何识别与图 6.4 所示的各种发射线相对应的初始和最终状态。即使我们将讨论限制在总电荷为 0、+1或−1电子的状态,也有许多这样的状态和相关的跃迁,特别是当我们的讨论包括自旋时。图 6.5 给出了具有许多可能跃迁的示意图。

这里,我们使用以下的符号:0 代表空量子点,e、h 分别代表单电子、单空穴态,X 代表单激子态(一个电子-空穴对),X^- 代表"带电激子"或"三重子",包含两个电子和一个空穴,X^+ 代表的是一个包含一个电子和两个空穴的三重

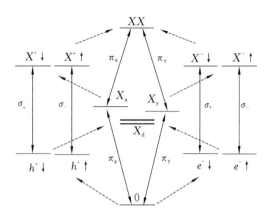

图 6.5　量子点的众多多粒子态的能级、光学跃迁(实心箭头)和电荷注入路径(虚线箭头)。基态为 0(空量子点)、e(单个电子)和 h(单个空穴)。用 X(带各种电荷和自旋)表示激发"单激子态",并用(XX)表示双激子态

子,XX 代表带两个电子和两个空穴的双激子态。

　　最简单的实验是测量光致发光光谱的激发功率依赖性,它提供了有关多粒子态的有用信息。例如,图 6.6(a)显示了当激发功率从 2 μW 增加到 600 μW 时,台面结构中特定量子点的发射样式是如何演变的。三条线,标记为 1、1′和 1″,在弱激励状态下明显;而其他线,特别是线条 2,随着激励功率的增加,呈非线性增长。在图 6.6(b)中,绘制了连续波激励下线条 1 和 2 的强度与抽运(激励)功率的关系。

　　未饱和时,线条 1 与线性激励功率相关,而线条 2 与二次激励功率相关。未显示的是线条 1′和线条 1″,它们也具有近似线性的功率依赖关系。仅基于这样的单独测量,我们就可以推断线条 1、1′和 1″对应于单个激子复合($X \rightarrow 0$)或三重子复合($X^- \rightarrow e^-$ 或 $X^+ \rightarrow h^+$),而线条 2 可能起源于双激子复合的第一阶段($XX \rightarrow X$)。利用一个简单的连续波激励模型,可以定性地理解线条 1 和线条 2 的线性和二次激励功率依赖关系。我们只考虑量子点的中性态,并设想电子-空穴对独立复合速率为 γ,注入速率 r,有

$$\frac{\mathrm{d}P_n}{\mathrm{d}t} = \gamma(n+1)P_{n+1} - (\gamma n + r)P_n + rP_{n-1} \tag{6.7}$$

式中,P_n 是在量子点中找到 n 个激子的概率。对于连续波激励,我们令 $\mathrm{d}/\mathrm{d}t = 0$,其解是泊松分布:$P_n = \mu^n \exp(-\mu)/n!$,其中平均的激子数为 $\mu = r/\gamma$。线条 n 的发射率为 $I_n = nP_n$。该模型中预测的线条 1 和线条 2 的曲线如图 6.6(c)

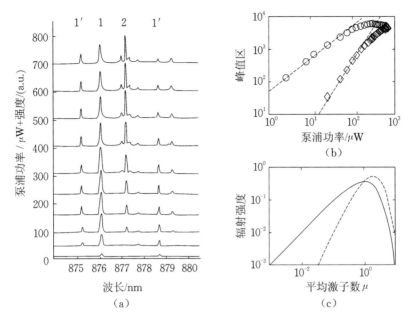

图 6.6 (a)对于上能带,连续波激发的单量子点光致发光光谱随抽运功率的增加而变化,
单个激子标记为线条 1,双激子标记为线条 2,线条 1′ 和 1″ 对应于带电状态;(b)线
条 1(圆形)和线条 2(菱形)的总强度随激励功率的变化而变化;(c)独立激子注入和
复合(文中描述的模型)的简单情况下的理论上单激子(固体)和双激子(虚线)发射
强度

所示,并在定性上与图 6.6(b)中的测量曲线相似。唯一的区别是,当平均激子数
大于 1 时,该模型预测两条线的强度应急剧下降至零。这不能通过实验来测量,
因为对于如此大的功率,宽带发射组件在频谱中占主导地位,覆盖了在弱功率下
看到锐线的整个范围。

基于这样的测量,我们可以确定线条 2 对应于一个双激子态(或者带两个
电子-空穴对的一个带电双激子加上一个附加的电子或空穴)。为了区分不同
的电荷状态,需要进行额外的测量。区分带偶数和奇数电荷的状态的一种方
法是寻找自旋非简并性。中性激子有四种可能的自旋态。其中两个"亮激子"
态允许光学跃迁到基态(空量子点)。由于量子点不对称,亮激子态通常在能
量上分裂,下文会分析到。另一方面,由于 Kramers 定理(或时间反转对称
性),三重子(单电荷激子)的两个允许自旋态必须在零磁场下退化。通常,在
使用典型光谱仪的光致发光光谱中,亮激子线的精细结构分裂很小且很难分
辨,但可以通过以下几种方式观察到:①针对不同的极化寻找线的非常小的位

移;②使用高分辨率离子检测方法,如迈克耳孙干涉仪或法布里-珀罗腔;③激光光谱学。区分电荷状态的另一个非常好的方法是观察 PL 光谱的磁场依赖性[178]。另一种方法是观察在激子线和双激子线之间进行的光子互相关测量中的非对称下降特征[179]。最后,据报道,在时间分辨测量中,当量子点最初被短脉冲激发时,自发辐射中性激子态和三重态的衰变曲线是不同的。三重态是简单的指数衰减,而中性激子衰变由于存在长寿命的暗激子态而具有多个时间常数[42,180]。

利用这种方法,图 6.6 中标记为 1 和 2 的线条分别对应于中性单激子和双激子态,从这些线条的位置我们可以看出,如果量子点以双电子和双空穴的双激子态开始,通过第一电子-空穴对复合发射的光子比剩余电子-空穴对复合时所发射的第二光子具有更低的能量。在这种情况下,这两个光子之间的能量转移,称为"双激子束缚能",认为是正的。实验上,在 InAs 量子点中,E_b 大小典型值为 $\sim$1-4 meV[172],其符号通常为正,因此 $E_{xx} < 2E_x$,参见文献[170,171]。然而,情况并非总是如此,它可能有一个负号[152,181]。对于具有大的内置压电场的 GaN 量子点,符号是负的。解释 E_b 符号的一个直观论点是:对于沿 z 轴和在 x-y 平面合理对称的量子点,未受扰动的电子和空穴在 x-y 平面上具有类似 s 形对称性形状的包络函数。对于一阶项,两个电子和两个空穴的总静电能之和为零。这种微小的负能量转移是由于通过静电扰动混合了 p 型包络函数而产生的;电子和空穴会轻微地重新排列成一种相互关联的状态,在这种状态下,一个电子平均比另一个电子更接近一个空穴,从而降低了静电能。另一方面,如果我们有一个量子点,其大的电场沿某个方向(最可能沿 z 轴),那么最低能量的电子和空穴波函数在空间上彼此分离。结果之一是,在氮化镓量子点中观察到激子的辐射衰减率大大降低。另一个结果是,对于一个双激子,如果我们把两个电子和两个空穴放进它们的最低能量单粒子态,那么平均来说电子比两个空穴更接近另一个电子。因此,总静电能为正,E_b 为负。

图 6.4 和 6.6 中出现的多重电荷状态不适合单光子的产生等应用,因为它表明量子点的电荷随时间涨落。这些光谱是在上述能带激发下获得的,在这里电子和空穴可以被分开注入,所以这种行为并不令人惊讶。在共振激励下,带电激子线可以消失。这并不一定意味着不同的电荷状态不会发生,但只有当其他电荷状态发生时,它们才不会被光学激发。一些实验结果表明,即使在共振激励下,电荷也会涨落,只是时间尺度要长得多[182]。这种行为显然是样

品依赖性的,因为在许多报告中,人们发现即使在带上激励下,也主要是单个激子发射,并且没有电荷涨落的证据。量子点的一个重要进展是电子背门的结合,允许控制和调谐量子点的电荷[183]。在这种结构中,背门的费米能级可以相对于量子点能级进行调整,量子点的电荷由背门和量子点之间的电子隧道调节。

6.1.6 激子精细结构

再一次,让我们定义 z 轴为沿着量子点的生长方向,并且作为角动量的量子化轴。中性激子包括一个具有自旋投影 $m_e = \pm\frac{1}{2}$ 的电子和一个具有总角动量投影 $m_h = \pm\frac{3}{2}$ 的重空穴,因此具有四种可能的自旋状态。其中的两个,总角动量投影 $m_j = \pm 1$,允许光学跃迁,被称为"亮激子"态。另两个是角动量投影 $m_j = \pm 2$,不允许光学跃迁,称为"暗激子"态。对于一个有关 z 轴四重旋转对称的量子点,两个亮激子态退化。然而,如果对称性降低到只有两重旋转或更低,光致发光光谱中的单个激子线可以分裂成正交的线性极化成分,实际上这是典型的实验情况[178,184,185]。即使没有对称性的减少,亮、暗激子态之间的能量分裂也会发生。

这一课题已由几位作者进行了理论研究[186-188]。精细结构的分裂主要被认为是由于电子-空穴库仑交换作用。让我们考虑由电子和空穴角动量沿 z 轴投射 m_e 和 m_h 标记的四种状态:两个亮激子态 $\left|\frac{1}{2}, -\frac{3}{2}\right\rangle$ 和 $\left|-\frac{1}{2}, \frac{3}{2}\right\rangle$,两个暗激子态 $\left|\frac{1}{2}, \frac{3}{2}\right\rangle$ 和 $\left|-\frac{1}{2}, -\frac{3}{2}\right\rangle$。在此基础上,直接库仑相互作用由以下公式给出:

$$H^{\mathrm{dir}}_{m_e m_h, m'_e m'_h} = \delta_{m_e, m'_e} \delta_{m_h, m'_h} \int \mathrm{d}^3\boldsymbol{r} \int \mathrm{d}^3\boldsymbol{s} \mid \psi_e(\boldsymbol{r}) \mid^2 \frac{-e^2}{\epsilon \mid \boldsymbol{r} - \boldsymbol{s} \mid} \mid \psi_h(\boldsymbol{s}) \mid^2$$

$$(6.8)$$

其中,ϵ 是介电常数,$\psi_e(\boldsymbol{r})$ 和 $\psi_h(\boldsymbol{s})$ 分别是电子和空穴的波函数。这里,我们假设总的电子-空穴波函数是可分离的,只有在量子点的大小比自然激子玻尔半径小的情况下才是合理的近似值。直接库仑相互作用不会引起分裂,但会产生一个激子"结合能",$\Delta E_{1X} \approx -20$ meV。

库仑相互作用的交换部分是

$$H^{\mathrm{ex}}_{m_\mathrm{e}m_\mathrm{h},m'_\mathrm{e}m'_\mathrm{h}}=\delta_{m_\mathrm{e},m'_\mathrm{h}/3}\delta_{m'_\mathrm{e},m_\mathrm{h}/3}$$

$$\times\int\mathrm{d}^3r\int\mathrm{d}^3s\psi_\mathrm{e}^*(r)\psi_\mathrm{h}(r)\frac{e^2}{\epsilon\mid r-s\mid}\psi_\mathrm{e}(s)\psi_\mathrm{h}^*(s) \quad (6.9)$$

这种有效的相互作用是来自于对费米子总波函数在粒子数标签交换下必须是反对称的要求。我们把总的波函数写成包络和原子轨道波函数的乘积，即 $\psi_\mathrm{e}(r)=f(r)u_\mathrm{e}(r)$ 和 $\psi_\mathrm{h}(r)=g(r)u_\mathrm{h}(r)$。在晶格位置上展开，假设包络函数 $f(r)$ 和 $g(r)$ 在单个点上变化很小，这就变成了

$$H^{\mathrm{ex}}_{m_\mathrm{e}m_\mathrm{h},m'_\mathrm{e}m'_\mathrm{h}}=\delta_{m_\mathrm{e},m'_\mathrm{h}/3}\delta_{m'_\mathrm{e},m_\mathrm{h}/3}\int\mathrm{d}^3r\int\mathrm{d}^3sf^*(r)g(r)f(s)g^*(s)$$

$$\frac{1}{\Omega^2}\int_\Omega\mathrm{d}^3r'\int_\Omega\mathrm{d}^3s'\frac{u_\mathrm{e}^*(r+r')u_\mathrm{h}(r+r')e^2u_\mathrm{e}(s+s')u_\mathrm{h}^*(s+s')}{\epsilon\mid r+r'-s-s'\mid}$$

$$(6.10)$$

其中，$\int_\Omega$ 表示在单个单位原胞 Ω 内的积分。如文献[188]所述，第二行的积分可以分解为两个相互作用，即短程相互作用 $(r=s)$ 和长程相互作用 $(r\neq s)$。长程相互作用导致亮激子态的分裂。原子轨道函数对导带是 s 形的，对价带是 p 形的，对远大于原包尺寸的 $\mid r-s\mid$，积分在数学上与 r 和 s 位置处的两个偶极子 $\boldsymbol{\mu}_{cv,m_1}$ 和 $\boldsymbol{\mu}_{cv,m'_1}$ 之间的势能相同，其中，对 $m_\mathrm{h}=\pm\dfrac{3}{2}$ 而言，$\boldsymbol{\mu}_{cv,m_1}=\mu_{cv}(\hat{\boldsymbol{x}}+im\,\hat{\boldsymbol{y}})/\sqrt{2}$，$m_1=\pm1$。$\mu_{cv}$ 是半导体材料参数。然后，我们可以写为

$$H^{\mathrm{ex}}_{m_\mathrm{e}m_\mathrm{h},m'_\mathrm{e}m'_\mathrm{h}}=\delta_{m_\mathrm{e},m'_\mathrm{h}/3}\delta_{m'_\mathrm{e},m_\mathrm{h}/3}\int\mathrm{d}^3r\int\mathrm{d}^3sf^*(r)g(r)f(s)g^*(s)$$

$$\times\frac{\boldsymbol{\mu}_{cv,m_1}\cdot\boldsymbol{\mu}_{cv,m'_1}^*-3(\hat{n}\cdot\boldsymbol{\mu}_{cv,m_1})(\hat{n}\cdot\boldsymbol{\mu}_{cv,m'_1}^*)}{\epsilon\mid r-s\mid^3} \quad (6.11)$$

其中，$\hat{n}=(r-s)/\mid x-s\mid$ 是从 s 指向 r 的单位矢量。

对于按顺序的基态，$\mid m_\mathrm{e},m_j\rangle=\{\mid+1/2,+3/2\rangle,\mid-1/2,-3/2\rangle,\mid+1/2,-3/2\rangle,\mid-1/2,+3/2\rangle\}$ 库仑交换哈密顿量的矩阵形式为

$$H^{\mathrm{ex}}=\begin{bmatrix} A & 0 & 0 & 0 \\ 0 & A & 0 & 0 \\ 0 & 0 & 0 & B \\ 0 & 0 & B & 0 \end{bmatrix} \quad (6.12)$$

其中，A 和 B 是常数，可使用式(6.11)确定特定电子和空穴包络函数。这样，

暗激子和亮激子态不相互混合,而是由能量 A 分开。亮激子被 $2B$ 的能量差分为偶数和奇数线性叠加:$|+1/2,-3/2\rangle \pm |-1/2,+3/2\rangle$。它们分别与水平极化光子和垂直极化光子耦合,这种情况如图 6.5 所示。

作为这些分裂的一个数量级估计,让我们考虑一个不具有四重旋转对称性的人工简单的试验波函数。假设电子和空穴包络函数是相同的,粒子在 $\pm a\hat{x}$ 和 $\pm b\hat{y}$ 处被定位到 x-y 平面的四个点上。这里,a 代表量子点的特征尺寸,$b = a(1+\eta)$,其中 η 是不对称度。当把它插入式(6.11)中时,我们得到六个项(去掉相同的站点的相互作用)。在 η 中展开到最低阶,我们发现 $A = \frac{1}{16}(-0.832 + 1.248\eta)\left(\frac{\mu_{cv}^2}{a^3}\right)$ 和 $B = \frac{1}{16}(1.559\eta)\left(\frac{\mu_{cv}^2}{a^3}\right)$。一个重要的特征是精细结构分裂对量子点半径的 $1/R^3$ 依赖性。

只有很小的不对称性,才能使亮激子线分裂超过辐射线宽。这对某些应用,特别是产生偏振纠缠光子对,具有重要的意义,如下讨论。

6.1.7 辐射衰减速率

体材料中偶极跃迁的辐射衰减速率已由众所周知的公式给出,即

$$\gamma = \frac{n\omega^3 \mu^2}{3\pi\epsilon_0 \hbar c^3} \qquad (6.13)$$

其中,n 是折射率,ω 是跃迁角频率,μ 是偶极矩。在一个非常小的量子点的情况下,量子限制能量占电子-空穴库仑相互作用的主导地位,0-X 亮激子跃迁的偶极矩可以通过假设描述单个激子态的电子-空穴波函数是可分离的来估计,即

$$\boldsymbol{\mu}_X = \int \mathrm{d}^3 r \psi_e^*(\boldsymbol{r}) er \psi_h(\boldsymbol{r}) \qquad (6.14)$$

其中,$\psi_e(\boldsymbol{r})$ 和 $\psi_h(\boldsymbol{r})$ 分别是电子和空穴的总的波函数。将式(6.2)及其价带对应公式插入式(6.14)中并在晶格点上扩展,有

$$\boldsymbol{\mu}_X = \int \mathrm{d}^3 r f^*(\boldsymbol{r}) g(\boldsymbol{r}) \frac{1}{\Omega} \int_{\Omega} \mathrm{d}^3 r' u_{c,0}^*(\boldsymbol{r}') er' u_{h,0}(\boldsymbol{r}')$$

$$= \mu_{cv} \hat{\boldsymbol{\epsilon}} \int \mathrm{d}^3 r f^*(\boldsymbol{r}) g(\boldsymbol{r}) \qquad (6.15)$$

其中,Ω 是一个单位原胞的体积,$f(\boldsymbol{r})$ 和 $g(\boldsymbol{r})$ 是有效质量近似中的电子和空穴包络函数。在第二行中 $\hat{\boldsymbol{\epsilon}}$ 是描述激子态极化的单位矢量,例如 $\hat{\boldsymbol{\epsilon}} = \{\hat{x}, \hat{y}\}$,如果由于不对称性亮激子态转变为线性极化。单个晶格点上的积分被材料参数

μ_{cv} 所取代,该参数约为 $e \times 1$ nm,可以用 $\mu_{cv}/e = \sqrt{\hbar^2 E_p / 2m_0 E_g^2}$ 来估计。其中,E_g 是带隙,$E_p \approx 24$ eV 是凯恩模型中的参数。

这样,自发辐射速率与偶极矩 $\boldsymbol{\mu}_X$ 的平方成正比,这取决于材料参数 μ_{cv} 以及电子和空穴包络函数之间的重叠。从这点来看,我们期望在一个小量子点中自发辐射寿命为 $1/\Gamma > 0.3$ ns。我们在自组装的 InAs 量子点中实际观察到的自发辐射速率典型值为 0.5 ns 或更长,但是对于大量子点,静电相互作用使得电子和空穴变得相关。然后,它们必须由联合双粒子包络函数 $h(\boldsymbol{r}, \boldsymbol{s})$ 来描述。式(6.15)中的重叠积分随后替换为 $\int d^3 r h(\boldsymbol{r}, \boldsymbol{r})$。当量子点半径 a 远远超过自然激子玻尔半径 a_B^* 时,电子空穴重叠项可大于 1,在三维情况下可缩放为 $(a/a_B^*)^{3/2}$。因此,对于较大的量子点,自发辐射率会增强。这在实验上已经观察到[160,189]并且在窄 GaAs/AlGaAs 量子阱中界面波动形成的量子阱孤岛态中效果最为显著,其中自发辐射寿命可以短至 20 ps[190]。最后,当点阵尺寸与晶体中光的波长相当时,自发辐射率不会进一步增加,而是定向发射。在量子阱结构中,激子的质心角动量被转移到发射光子的动量中。

6.1.8 量子点的单光子产生

如果单激子和双激子光谱线彼此很好分离,就可以从单个量子点获得具有亚泊松统计的光子源。人们只需快速激发量子点,然后用光谱滤波器收集发射到单激子线的光子,就可以抑制其他线。即使激发脉冲将多个电子-空穴对注入量子点,单个激子线的光谱选择也能确保只收集随后辐射级联中发射的最后一个光子。文献[191]首次提出使用微腔来执行这种过滤功能,但第一个实验演示[34-36]使用外部滤波。事实上,任何发射线,如果单独收集,都可以作为单个光子源[192]。选择激励技术的目标是:①将量子点从单个激子线发射第一个光子,然后再被激励以相同频率发射第二个光子的可能性降到最小;②减小在伴随着从初始的不管什么状态激励到单激子基态的有限弛豫速率的发射光子前沿的时间抖动;③如果可能,注入亚泊松统计的电子-空穴对。对于上述三个目标,带上激励产生最差的性能和在尽可能接近单个激子基态能量的频率下共振激励最好。理想情况下,人们可以直接激励单个激子基态,但这是一个挑战,因为不必要的激光散射可能污染或完全压倒量子点发射。

6.1.8.1 光子相关测量

图 6.7(a)显示了在柱状微腔中量子点发出的 919.5 nm 单谱线上进行的

光子相关测量的示例(有关光子相关测量的解释,请参见第 5.2 节)。腔耦合是
这样的:当量子点和微腔处于共振状态时,自发辐射寿命降低了 5~174 ps,正
如使用条纹相机测量的那样[193]。对于图 6.7 中的测量,共振激发是使用一个
钛蓝宝石锁模激光器进行的,其约 2 ps 脉冲调谐至 905 nm 的激发共振。光子
相关测量中最重要的特征是,如果我们将中心峰面积与最近的侧峰面积进行比
较,则在 $\tau=0$ 时几乎完全抑制中心峰,其中,$g^{(2)}[0]=0.023$,或 $g^*=0.009$。另
一个有趣的特征是,$\tau\neq0$ 处的其他峰在面积上不是恒定的,而是靠近 $\tau=0$ 的
峰更大。这也可以在图 6.7(b) 中看到,其中绘制了峰面积。这表明,如果量子
点在先前的激励循环中发射光子,它更有可能发射光子。这种行为代表了一
种"闪烁"效应,其时间尺度从纳秒到皮秒不等,具体取决于激发功率[182]。峰
面积可以用一个双边指数加上一个常数偏移量来拟合,正如图中所示,这表明
是一个二态马尔可夫过程。闪烁效应的物理起源很可能是量子点的电荷涨
落,尽管另一种可能的解释涉及暗激子。在这种情况下,适合的时间刻度是
$\tau_b=51$ ns。

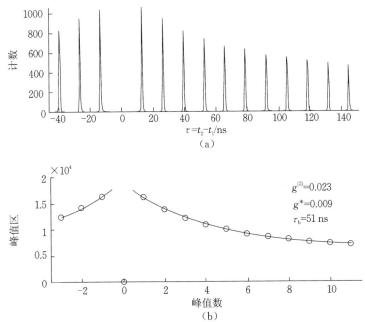

图 6.7 (a)在谐振激励远低于饱和的情况下,从柱状微腔中的单个量子点测量的光子相关
直方图[193];(b)峰面积(在 4 ns 窗口上积分)与峰数关系图。曲线表示一个拟合使用
一个双边指数加上一个常数偏移的模型。右上角的参数是通过这种拟合得到的

6.1.8.2　量子效率

图 6.7 中使用的设备的第一个收集透镜后的外部量子效率估计不超过几个百分点。在本实验中,我们已经证明了外部收集效率高达 8%(在第一个透镜之后)的类似柱状微腔[41]。在文献[41]中,根据从该装置逸出的光的理论发散角,如果收集透镜有足够的数值孔径,那么收集效率可能高达 37%。尽管如此,这仍低于理论上可能的水平:对于自发辐射增强系数为～5 的情况,预计将收集总自发辐射的～5/6。

除了几何结构外,许多因素都会降低收集效率,包括电荷状态涨落(或上述闪烁效应等其他原因)、通过底部 DBR(分布式布拉格反射镜)的光逃逸或 DBR 中的散射或吸收。最近,在实验测量的光子提取效率高达 38%[42]的情况下,证明了通过氧化 AlAs 层而形成的具有侧向限制的柱状微腔结构。预计随着进一步的工程设计,这些值将继续提高。

6.1.8.3　不可辨性

大多数要求单光子源的量子信息应用需要光子在一定的量子状态下被制备。换句话说,所有单独发射的光子都需要具有相同的波包,这样的光子就可以在分束器上相互干涉,并显示出所需的双光子干涉。对于微腔中的 InAs 量子点,同一器件中连续发射的两个光子在相当高的程度上是不可区分的,重叠率约为 80%。在某些应用中,达到大约 99%的重叠仍然是正在进行的研究课题。另一个重要的问题是如何从两个不同的量子点中获得不可分辨的光子,因为大多数量子点系统中都存在较大的非均匀展宽。在这本书完成的时候,在这个方向上的重大进展刚刚被报道:对于嵌入量子阱的量子点,可以在数十毫电子伏特上进行斯塔克偏移调谐,这样就可以将最初具有广泛分离的光学跃迁频率的两个点调谐到相互共振[46]。

如果我们仅考虑由同一量子点发射的连续光子,光子的不可分辨性的劣化至少有三个因素。第一,如果激励过程不是瞬时的,或者涉及激发到一个更高的激发状态,必须弛豫到最低能量的单个激子状态,那么在发射光子波包的前沿有一个有效的时间抖动。第二,量子点与声子相互作用可能会造成发射光子的光谱展宽。第三,例如,与电荷陷阱涨落相关的光谱扩散可能导致谱线在较慢的时间尺度上漂移。我们在第 4 章中讨论了如何从理论上处理这些过程,以及如何估计结果中光子不可分辨性的减少。我们发现,使用微腔来增加自发辐射速率可以降低纯退相过程的影响,但会增加定时抖动的影响。

实验上,通过比较自发辐射寿命和光谱带宽,可以估计光子的不可分辨性。许多出版物都阐述了量子点发射线宽[190,194-198]和声子展宽[199]的问题。在量子点中观察到的线宽在很大的范围内变化,这取决于生长和制造方法以及光激励条件。在某些情况下,线宽能接近傅里叶变换极限。对于具有洛伦兹线形的光子,由同一源发射的两个光子的光子不可分辨性 F 必须至少为 $F \geqslant (\tau_s \Delta\omega)^{-1}$,其中,$\tau_s$ 是自发辐射寿命,$\Delta\omega$ 是谱线宽度。这也可以表示为 $F \geqslant (2\tau_s/\tau_c)^{-1}$,其中,$\tau_c$ 是在迈克耳孙干涉仪中测量的光子相干长度。在时间平均谱中测量到的一些展宽可能是由于"谱扩散"类型过程,即线中心随时间缓慢漂移。在这种情况下,近距离发射的两个光子在时间上的平均不可分辨性可能高于这些估计值。

为了直接测试光子的不可分辨性,我们可以使用 Hong Ou 和 Mandel[24]首先观察到的双光子干涉效应,对由参量下转换产生的高度相关光子进行检测。在这种应用于单光子源的实验中,该器件被时间间隔远长于自发辐射寿命的激光脉冲激发两次。然后,发射的光子被收集并通过一个干涉仪装置发送,这种装置的布置使得有时单独发射的光子同时从相反方向到达一个分束器(它们在分束器上"碰撞")。如果光子完全不可区分,它们将始终以相同的方向离开分束器("聚束")。在完全可分辨光子的相反极限,它们可能以 50％的概率从相反的方向离开。两个光子反向离开的概率 $P_{opp} = (1-F)/2$,其中,F 是由下式给出的光子不可分辨性:

$$F = \frac{\left\langle \left| \int d\omega f_1(\omega) f_2^*(\omega) \right|^2 \right\rangle}{\left(\int d\omega \langle | f(\omega) |^2 \rangle \right)^2} \tag{6.16}$$

其中,$f_i(\omega)$ 是两个单光子的光谱包络函数(可能取决于随机变量),并且〈〉表示 $f_i(\omega)$ 上的系综平均值。图 6.8(a)显示了一种可能的实验安排,在该装置中,如果第一个光子走长路径,第二个光子走短路径,最初时间上相隔 2 ns 的两个光子可能同时到达最终的分束器。或者,如果它们各自采用相同的路径,则它们可能时间上相隔 2 ns;如果第一个光子采用短路径,而第二个光子采用长路径,则它们可能时间上相隔 4 ns。然后,每个光子随机进入两个探测器中的一个,当每个探测器检测到光子时,记录下两个检测事件之间的时间间隔。时间间隔可以是(-4、-2、0、+2、+4) ns,对于完全可分辨的单光子,事件的频率

遵循比率 $1:2:2:2:1$；而对于完全不可分辨的单光子，事件的频率遵循比率 $1:2:0:2:1$。这样，对于不可区分的光子，中心峰完全消失，因为同时到达分束器的两个光子永远不会从相反的方向退出。对于图 6.8(b) 中的实验结果，中心峰减小，但并非完全不存在，表明光子重叠 $F \approx 0.81$。像原创性 Hong-Ou-Mandel 实验，通过调整两个光子之间的延迟也可以减少重叠，如图 6.8(c) 所示。从三个具有不同自发辐射寿命的器件获得的结果显示：89 ps（菱形）、166 ps（圆形）和 351 ps（正方形）。图 6.8(c) 中的凹陷宽度与这些自发辐射寿命一致。

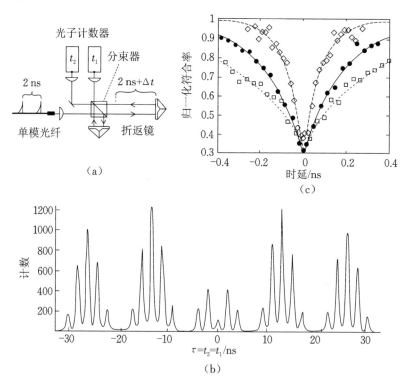

图 6.8　(a) 用于测试同一装置发射的一对或单个光子之间的双光子干扰的实验装置；(b) 从准共振激发的柱状微腔中的量子点获得的原始光子相关数据；(c) 归一化符合率是干涉仪两个臂中时间延迟的函数，证明了三种不同器件的双光子干涉效应。另见文献[6]

其他实验已经证实，对于非相干激发的微腔中的量子点，可以获得约等于 0.8 的光子不可分辨性[43,44]，但改进是有限的。对于要用量子点实现较高的光子不可分辨性值，可能需要基于两级系统的真正共振激发或三级系统中的拉曼跃迁（见第 3 章和第 4 章第 4.9 节）的相干光子产生方案。最近在这两个方面都取得了实验进展。最近的一项实验[200]证明了在连续波激光器的共振作用下,单个量子点通过共振荧光发射的光子是不可分辨的。目前,三级系统方案在试验中还没有探测到单光子的产生,但是最近有报道证明了在单量子点的可调谐拉曼散射[56]的基础上有可能探测到。

6.1.8.4　辐射波长

许多早期的单光子产生实验使用的都是发射波长在 850~950 nm 之间的量子点。当发生合金化时,InAs/GaAs 系统产生如此短的波长是可能的。这种系统可以通过最初生长 InGaAs、在与周围 GaAs 发生混合的温度下生长 InAs 或通过生长后退火获得[151]。波长低于 950 nm 是量子光学实验想要的光波长,因为在这些波长下可以使用低噪声硅基雪崩光电二极管(APD)进行有效的光子探测。然而,这并不是长距离通信的最佳波长范围。在光纤中,最小损耗发生在 1.3 μm 和 1.55 μm 处。对于自由空间通信,较短的波长更适合避免水吸收。

使用量子点的单光子源现已在许多其他波长上得到证实。在短波长光谱端,GaN/AlN 量子点可以在 275~425 nm 的紫外波长发射[201-204],而 InGaN/AlGaN 量子点可以在 375~550 nm 的波长发射[205,206]。尽管迄今为止获得的效率和光谱特性与 InAs 量子点相比较差,但已经实现了基于 GaN 和 InGaN 量子点的触发单光子源[207-209]。进一步深入到可见光波段,已经证明在 510~520 nm 处用 CdSe/ZnSe 量子点[210,211]可以触发单光子的产生,在 685 nm 处可用 InP/GaInP 量子点[211,212]产生单光子。在光纤通信波长下,单光子源已经证明可以使用 InAs/InP[213]或 InAs/GaAs[214,215]量子点在 1.3 μm 处发射,使用 InAs/InP 量子点在 1.55 μm[216,217]处发射。

这些实验中的一个困难是,商用探测器不如硅 APD 好,量子效率低或暗计数高。在非常短的波长下,市面上最好的探测器是光电倍增管,它具有较低的暗计数,但效率相对较低。在长波长时,可以使用 InGaAs APD,尽管它们有很高的暗计数率。一种可以改善这种状况的新技术是过渡边缘超导体探测器。该探测器结合了高效、低暗计数和近红外光子数分辨能力[132,133]。

6.1.8.5　电驱动器件

在第一次报道光驱动器件之后不久,又报道了首个具有测量亚泊松统计的电驱动单光子器件[39]。这种装置颇具吸引力,因为它消除了对大型昂贵的激励激光器的需求。由于载流子注入速率受限（增加了多光子事件）以及难以融入高 Q 腔结构，电驱动器件的性能比最佳光学驱动器件稍有滞后。然而，在最近的腔耦合[218]和具有良好光谱纯度[45]的光子的演示之后，这仍然是一个有前途的研究领域。

6.1.8.6 温度相关性

为了在 InAs 量子点中产生不可分辨的单光子，温度可能需要保持低于 $10\sim20$ K，以避免声子展宽。对于诸如 BB84 量子密码术的应用，谱线宽度并不重要，可以使用更高的温度。然而，到约 70 K 时，效率会受到影响，因为电子和空穴开始占据更高的能级，如果限制势太浅，甚至可能从量子点逃逸。此外，在这种温度下，由于声子而引起的光谱展宽可能会增加到激子线和双激子线不能很好地分辨的程度，在这种情况下，双光子抑制受到影响。然而，在宽带隙半导体中，更高的温度是可以容忍的。例如，在 CdSe[210] 和 GaN[208] 量子点中报道了在高达 200 K 的温度下产生单光子。

6.1.9 光子对源

如图 6.5 所示，双激子态可以通过两个亮激子态中的任何一个衰变为一个最终状态，即晶体基态（空量子点）。在一条路径中，发射两个 π_x 偏振光子，在另一条路径中，发射两个 π_y 偏振光子。因此，如果量子点可以被初始化为双激子态，那么就有一个确定的光子对源，它在由量子点不对称性决定的特定线性极化基中是极化相关的。如果这一辐射级联中的两条路径是不可区分的（除了发射光子的偏振），那么理论上，光子应该是偏振纠缠的[219]。这种纠缠首先是在钙原子的辐射级联中观察到的[21]，并被用来测试 EPR 悖论和证明其违反了 Bell 不等式[23]。

至少有两个问题会阻止发射的光子的纠缠。首先，亮激子的自旋态可能在第二光子被发射之前受到晶体环境的扰动。如果这是一个自旋翻转过程，这将降低偏振纠缠和偏振相关的首选线性极化基础；如果是纯退相过程，仅仅会影响纠缠。其次，如果亮激子能级的精细结构分裂比辐射线宽的大，则发射光子的频率将依赖于衰变路径。在这种情况下，我们可以观察到偏振相关而不是纠缠。

在第一个实验中，通过双激子衰变寻找光子对的偏振相关性，发现了偏振相关性，但没有纠缠[220-222]。由于大多数量子点中都存在激子精细结构分裂，因此没有纠缠。为了证明中间态之间的这种能量分裂是纠缠的一个问题,让我们分析一个辐射级联产生的双光子态。对于只有一条路径的简单级联,双光子态是[7]

$$|\phi\rangle = \sum_{kq} \frac{-g_{a,k}g_{b,q}}{[\mathrm{i}(\nu_k + \nu_q - \omega_{ac}) - \Gamma_a/2][\mathrm{i}(\nu_q - \omega_{bc}) - \Gamma_b/2]} a_k^{\dagger} a_q^{\dagger} |0\rangle$$

(6.17)

其中,ω_{ac} 是初始状态和最终状态之间的频率差,ω_{bc} 是中间状态和最终状态之间的频率差,$g_{a,k}$ 和 $g_{b,q}$ 是第一和第二光学跃迁的耦合系数,k 和 q 是光子波矢量,ν_k 和 ν_q 是相应的光子频率,$a_k^{\dagger}$ 和 $a_q^{\dagger}$ 分别是模式 k 和 q 的光子产生算符,Γ_a 和 Γ_b 分别是初始和中间状态 $|a\rangle$ 和 $|b\rangle$ 的辐射衰减率。

在量子点中,我们有两个导致相同的最终态的中间态。相反,我们有

$$|\psi\rangle \propto \sum_{\nu_1,\nu_2} \frac{1}{\mathrm{i}(\nu_1 + \nu_2 - \omega_{XX}) - \Gamma_{XX}/2}$$
$$\times \left(\frac{\pi_{x,\nu_1}^{\dagger} \pi_{x,\nu_2}^{\dagger}}{\mathrm{i}(\nu_2 - \omega_H) - \Gamma_X/2} + \frac{\pi_{y,\nu_1}^{\dagger} \pi_{y,\nu_2}^{\dagger}}{\mathrm{i}(\nu_2 - \omega_V) - \Gamma_X/2} \right) |0\rangle \quad (6.18)$$

式中,ω_{XX} 是双激子频率,ω_H 和 ω_V 是线性极化亮激子态的频率,Γ_{XX} 是双激子态的衰变速率,Γ_X 是亮激子态的衰变速率(这里假设相等)。在这里,我们选择了在矢量球谐函数基础上而不是在平面波基础上使用光子产生算符。算符 $\pi_{x,\nu}^{\dagger}$ 产生频率为 ν 的光子,其具有 x 极化偶极辐射图案,$\pi_{y,\nu}^{\dagger}$ 产生具有垂直极化偶极辐射图案的光子。当沿着 z 轴测量时,这些偶极辐射模式产生水平和垂直极化。

当测量这些光子的偏振时,假设我们收集了所有的光子频率。然后,通过采用初始双光子密度矩阵 $\rho_{\mathrm{tot}} = |\psi\rangle\langle\psi|$,跟踪两个光子的频率来描述测量结果,以获得减小的极化密度矩阵。用式(6.18)表示 $|\psi\rangle$,得到 ν_1 和 ν_2 上的积分,可通过分析计算得出。结果是

$$\rho_{\mathrm{pol}} = \frac{1}{2} [|HH\rangle\langle HH| + |VV\rangle\langle VV| + \chi |HH\rangle\langle VV| + \chi^* |VV\rangle\langle HH|]$$

(6.19)

式中,$|HH\rangle$ 和 $|VV\rangle$ 是无限能量的双光子态,其中两个光子分别处于水平或垂直极化的偶极辐射模式中,参数 χ 决定纠缠程度,由下式给出:

$$\chi = \frac{1}{1 + \mathrm{i}\left(\dfrac{\omega_H - \omega_V}{\Gamma_X}\right)}$$

(6.20)

当没有分裂时，$\chi=1$，并且 ρ_{pol} 最大程度地被纠缠；当分裂速率比单个激子态的辐射衰减速率大得多时，$\chi\to 0$，ρ_{pol} 看起来像是 $|HH\rangle$ 和 $|VV\rangle$ 的统计混合物。这一机制将降低纠缠，即使存在光谱扩散，扩大单个激子线远远超出精细结构分裂。重要的比较总是在分裂速率和辐射衰减速率之间。

在过去的几年里，激子自旋非简并性问题已经通过多种途径得到了解决，而具有相当纠缠度的光子对最终是由双激子复合产生的。一种方法是简单地对收集到的光子进行光谱过滤，这样，在检测带宽内，两个衰减路径是不可区分的。这一原理已经过实验验证，并且成功地观察到了纠缠现象[223]。然而，这种方法在光子对收集率和纠缠保真度之间存在不可避免的权衡。这种权衡可以通过使用最近开发的消除精细结构分裂的技术来避免。这些技术包括应用横向磁场使亮激子态简并[224]，并找到特殊的生长或退火条件，以便在不均匀分布的某些部分中大大减少精细结构分裂[152]。以这种方式，有文献报道了没有光谱滤波权衡的双激子级联的偏振纠缠[225]。最近，研究表明，利用非共振激光通过交流斯塔克效应改变其中一个能级可以消除精细结构分裂，这样，纠缠也得到了证实[226]。

6.1.10 旋转量子比特的量子点

长期以来，半导体量子点被认为是潜在的自旋量子比特[227]，而在这个方向，许多工作都是在二维电子气体中基于电门区的量子点[228]上完成的。对于光学有源量子点中的自旋，有可能远距离电子自旋可以通过光腔或波导联系在一起，从而实现可拓展的计算[229,230]。在过去的几年里，在这个方向上取得了一些令人兴奋的进展。

对于作为长寿命自旋量子比特的量子点，几乎肯定需要带电的（尽管已经提出了基于短寿命激子态的方案[231]并对其进行了测试[166]）。图 6.5 显示了在没有磁场的情况下，带负电的单量子点的光学跃迁。如果我们选择沿 z 轴的自旋量子化，两个基态自旋子级中的每一个都有一个允许的光学跃迁到相应的三重态，并且有圆极化选择规则。基态和激发态是由于 Kramer 定理在没有磁场的情况下发生的能量退化。如果沿着 z 轴施加磁场（法拉第几何），基态和激发态将有 Zeeman 分裂，但极化选择规则和平行跃迁仍然维持如图 6.9(a)所示。Zeeman 分裂的大小依赖于量子点的 g 张量。这种 g 张量不仅依赖于 InAs（应变 InAs 为～－6）和 GaAs（－0.44）的体 g 因子，还依赖于量子限制，甚至对小量子点可以为正[232,233]。图 6.9(a)中的平行循环“跃迁”是自旋读数的理想选择,因为在自旋翻转发生之前,可以发射许多包含初始状态信息的光子。如果我们沿着 x 轴施加磁场(Voigt 几何),就会出现一种非常不同的情况[230]。在这种情况下,基态是沿着 x 轴的自旋 $\pm 1/2$ 本征态,而激发态仍然是由三重态的线性组合形成的,这些三重态涉及沿 z 轴量化的重空穴,因为量子点在那个方向是平坦的。结果是,每个激发态都耦合到两个基态,形成一个双 Λ 系统。图 6.9(b)显示了这种情况。对于一个带正电的量子点,情况是相似的,但能级是颠倒的。

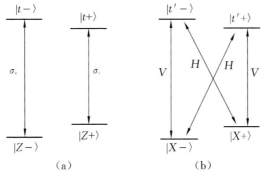

图 6.9 (a)法拉第几何($B \parallel \hat{z}$);(b)Voigt 几何($B \perp \hat{z}$)磁场中带电量子点的能级、光学跃迁和极化选择规则

近年来,许多有趣的实验已经被用来演示带电量子点中的光学自旋操纵。例如,在带负电荷的量子点中已经证明了高保真度的光学自旋极化[53,234]、光学产生的自旋相干[235]和相干粒子捕获[236]。图 6.10 显示了最近实验的结果,该实验证明了电荷量子点中电子自旋状态的完全光学控制[55]。在这个实验中,施加在一个单电荷量子点上的共振下失谐的超快光脉冲,驱动了两个基态之间的拉曼跃迁。这有效地使布洛赫球体上的自旋状态围绕 x-y 平面上的任何轴旋转,这取决于脉冲的延迟。

由 Ⅲ-Ⅴ 材料制成的量子点中自旋量子比特的另一个余留问题是,即使在低温下,电子自旋相干寿命也比其他一些固态系统要短。这主要是量子点内 $10^4 \sim 10^5$ 个晶格点的电子自旋和核自旋之间的超精细相互作用的结果。这将非均匀自旋退相寿命 T_2^* 限制为 $1 \sim 10$ ns,而均匀自旋相干寿命 T_2 限制为 $1 \sim 10$ μs[228,237,238]。这比自旋翻转(T_1)时间(毫秒或更长)短得多[239]。由于不存在核自旋为零的同位素,因此在 Ⅲ-Ⅴ 半导体中不能避免出现核自旋浴。这种同位素确实存在于 Ⅱ-Ⅵ 半导体中,但在这些材料中也没有证明其电子自旋相

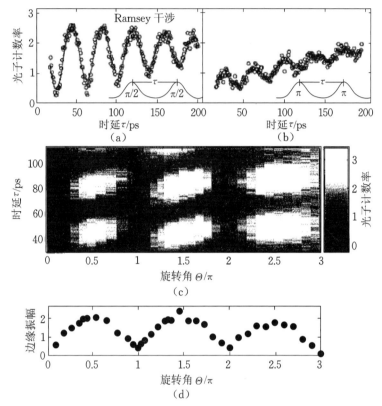

图6.10 最近一次实验的结果,演示了使用适用于拉曼跃迁的皮秒脉冲对量子点自旋量子
比特进行光学控制。(a)具有 $\pi/2$ 脉冲的 Ramsey 干涉法;(b)具有 π 脉冲的残余
振荡;(c)自旋转移与旋转角以及两个脉冲之间的时延;(d)干涉对比与旋转角。
(摘自 D.Press,T.D.Ladd,B.Zhang and Y.Yamamoto,*Nature*,456,218-221(2008).)

干寿命长。

已经提出的一种解决方案是使用空穴而不是电子作为自旋量子比特[240]。
其思想是,由于原子轨道波函数是 p 型的,因此接触超精细相互作用被减少或
消除。将空穴用作自旋量子比特一开始似乎是个坏主意,因为在体材料的半
导体中,空穴的自旋寿命由于光子散射而非常短。然而,在量子点中,重空穴
和轻空穴状态之间的大能量分裂可以抑制这种弛豫。最近,进行了一项实验,
用空穴自旋[123]证明了相干布居数捕获,显示了 $T_2^* \gg 100$ ns,比电子自旋观测
到的时间要长得多。

在图 6.9 所示的能级结构中,必须在具有非常适合读取(法拉第几何)或操
作(Voigt 几何)的系统之间进行选择。另一项最新进展是证明耦合量子点可

以同时实现循环和非自旋守恒光学跃迁[241]。

最后,我们还提到了少数关于带电量子点真正共振激发的其他结果。在文献[167]中,一个带电荷的量子点在共振处被激发,并观察到一个具有 Mollow 三重态的共振荧光光谱。卫星峰的位置可以提供另一种探测自旋状态的方法。最后,在文献[56]中,成功地探测到了通过拉曼散射从单个量子点发射的光子。这必须被视为实现物质与"飞行"量子比特之间量子信息转换的重要一步,量子比特是量子网络中的关键元素。

量子点之间的光学发射波长的不均匀性及其随机空间位置一直是困扰量子点的最严重的问题之一。正如前面所讨论的,为了阐明这些问题已经付出了很多努力,然而,尚不清楚能否找到可靠的制造程序来生产功能齐全的器件。单个器件应包括耦合到高品质因子微腔的量子点和控制量子点电荷的电子背门。该器件还必须包含一种调整光学共振频率的方法(例如,通过施加电场通过直流斯塔克效应[242]移动频率),以便使多个器件能够相互共振。

6.1.11　集成微腔

自组装量子点的一个美妙的特点是,它们可以方便地包含在诸如波导和微腔等光学结构中。这涉及在量子点的上方或下方生长具有不同折射率的额外层,或者生长可选择性刻蚀的牺牲层。首次证明的珀塞尔增强自发辐射率的结构,其中分布式布拉格反射镜(每个反射镜由许多交替折射率的层组成)生长在量子点层的上方和下方,形成一个平面微腔。通过刻蚀结构形成微柱体,获得了三维光学限制[40,42,243-245]。制作了品质因子高达 8000 的柱状微腔,其中嵌入的量子点表现出强耦合[246,247]。

另一种适合于包含量子点的几何结构是微盘腔。这是通过在牺牲层的顶部生长一个含有量子点的层来制备的。然后在含有量子点的层中用光刻的方式来定义圆形圆盘,并且选择性地刻蚀下面的牺牲层以形成底切。这种结构支持在微盘周围传播回音壁模式。与柱状微腔相比,微盘具有更高的品质因数(大于 10^5),但模体积也较大。在这些结构中,珀塞尔增强得到了报道[34]。最近,量子点和微盘之间的强耦合也得到了报道,微盘和拉锥光纤之间可以进行有效的耦合[248]。

最近在二维光子晶体腔领域的量子点腔耦合已做了大量工作。这些由一个悬浮的介电膜(包含量子点层)组成,该膜被一个能通过干涉限制光的孔格刺穿。这些结构特别适合于片上集成,并且可以具有高的品质因子(>10000)

伴有小模体积。一些重要的结果包括珀塞尔增强[249,250]、强耦合[251]、单光子产生[43,252,253]和单光子能级非线性观测[254-256]。

6.1.12　总结

半导体量子点作为具有极强光学跃迁的单光子发射器尤其具有吸引力,这种跃迁可以通过方便地包含各种微腔几何结构而进一步增强。近年来,基于光学有源量子点实现自旋量子比特并将其纳入光网络已成为一个活跃的研究领域。剩下最严重的技术挑战似乎是:①如何延长电子或空穴自旋相干寿命;②如何可靠地制造可调谐量子点耦合到拥有良好控制的光发射波长的空腔的完整结构。

6.2　金刚石中的氮空位中心

6.2.1　引言

固体中有成千上万个光学有源缺陷,它们可以用于单光子的产生。仅在金刚石中,这样的缺陷就有数百个[80]。在本节中,我们将重点介绍一种特殊的金刚石缺陷,这种缺陷最近因其在量子信息中的潜在应用而备受关注。

掺杂杂质的碳和硅晶格是实现长寿命电子自旋相干很有希望的材料,因为它们主要由零核自旋同位素组成(^{12}C 的自然丰度为 98.9%,^{28}Si 的自然丰度为 92.2%)。同位素净化可以进一步提高自然丰度。这与 III-V 半导体形成了对比,因为 III-V 半导体不存在核自旋为零的同位素。另一方面,金刚石形态的碳和硅都有间接的带隙,这对发光器件是不利的。然而,在金刚石中,存在着光子发射能量远低于带隙能量的深中心点,具有很高的辐射效率。这是因为金刚石有一个大的带隙(5.5 eV),很多深中心点在可见光中发射,有些在近红外中发射。

氮空位(NV)中心是金刚石中研究最多的缺陷之一,可能是因为它比较常见。对于许多类型的天然和合成金刚石,在绿色光激发下,氮空位发射是光致发光光谱中观察到的主要特征。低温光致发光光谱如图 6.11 所示。其主要特征是中性氮空位中心(NV⁰)的零声子线(ZPL)和分别在 575 nm、637 nm 处带负电荷的氮空位中心(NV⁻),以及较长波长的声子边带。

在天然金刚石、用于表面处理和抛光的人造金刚石纳米晶体,以及高压高温(HPHT)或化学气相沉积(CVD)生长方法制备的人造单晶金刚石中,都可

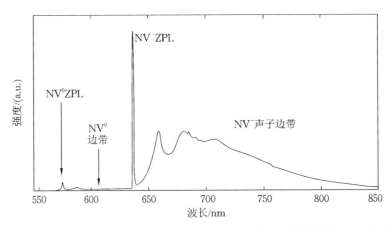

图 6.11 在温度 $T \approx 10$ K 下测量的氮空位中心密集系统的光致发光光谱。图中显示了中性态(NV^0)和负电荷态(NV^-)的零声子线,以及较长波长的声子边带。在这个样品中,氮空位中心主要处于负电荷状态(在 HP 实验室进行的测量)

以观察到氮空位光致发光。对于含氮量相当的高温高压和化学气相沉积制备的样品,化学气相沉积制备的金刚石中的氮空位密度往往较高。然而,在高纯度金刚石样品(无论是高温高压还是化学气相沉积制备)中,可以使氮空位中心的密度足够低,以便通过共焦显微镜单独分辨,如图 6.12 所示。

图 6.12 111 取向金刚石样品的偏振共焦显微镜图像,该样品含有编码成与激发极化相关的不同颜色的单个氮空位中心。出现白色斑点的是氮空位中心,其轴垂直于样品表面;氮空位中心的其他三个方向显示为红色、绿色和蓝色。有关详细解释,请参阅文献[319](在 HP 实验室进行的测量)

在 20 世纪 60 年代确立了对应于氮空位中心缺陷的物理性质,在 70 年代通过辐照和退火实验确定了化学性质,并结合光学光谱确定了其对称性[257]。氮空位中心由金刚石晶格中一个靠近缺失的碳原子(空位)并将其取代的氮原子组成。在过去的几十年里,人们进行了许多实验来揭示基态和激发态的结构以及相应的光学和微波频率跃迁。Loubser 和 Van Wyk[258]首次报道了来自于自旋三重态的电子自旋共振(ESR)信号;他们还提出了负电荷氮空位中心的六电子模型,该模型目前仍然被认为是正确的。后来,光学探测磁共振(ODMR)[259]和光谱烧孔[260]实验证实,自旋三重态是负电荷氮空位的基态,揭示了激发态结构的一些信息。进一步证明了电子自旋和^{14}N核自旋可以通过沿氮空位轴施加约 0.1 T 的磁场有效耦合,实现电子核自旋状态的相干控制[261]。

然而,最近一组在单个氮空位中心上所做的实验令人信服地证明了它们在量子信息应用中的潜力,从单一中心的第一次光学探测磁共振测量开始[262]。这项工作已经延伸出了一系列令人印象深刻的室温实验,包括单电子自旋与^{13}C和N核的耦合。正如下面讨论的,氮空位中心是一个优秀的自旋量子比特,结合了毫秒范围的电子自旋相干时间 T_2 的光学跃迁,允许初始化以及读出单个中心。虽然氮空位中心确实可以简单地用作单光子源,但能获得与长寿命自旋量子比特耦合的单光子源的潜力使该系统与众不同,并且在量子网络和计算应用等领域中有广阔的前景。

6.2.2　几何结构和单电子轨道

图 6.13 展示了从不同方向观察的金刚石晶格中氮空位中心的几何结构。连接取代态氮杂质到相邻碳空位的轴可以位于金刚石晶格的四个(111)结晶方向中的任意一个。由于氮或空位可以停留在一个特定的位置,所以总共允许 8 种构型,尽管还没有排除氮和空位可以在光激励下交换位置[257]。对于单个氮空位中心,基于光学或微波偏振依赖关系,或基于对直流磁场的响应,从实验上区分四个取向。

让我们考虑一个氮空位中心,氮-空位轴沿着[111]晶体轴。氮空位中心具有三角对称性,点阵在点群 C_{3v} 中的操作不变。该点群包括围绕[111]轴的三重旋转,这些旋转对应于循环置换 $\{x,y,z\} \to \{y,z,x\} \to \{z,x,y\}$,以及对应于置换 $\{x,y,z\} \to \{y,x,z\}$ 的三个反射面,等等。在氮空位中心的框架中定义一组新的坐标 X、Y 和 Z 如下:

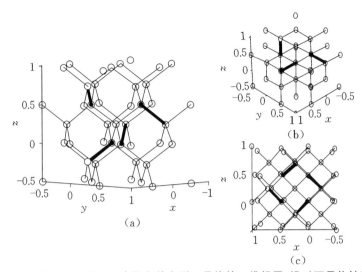

图 6.13 包含氮空位中心四个取向的金刚石晶格的三维视图,沿以下晶体轴所示:
(a)[110](轻微错位);(b)[111];(c)[001]

$$X = \frac{1}{\sqrt{6}}[-1,-1,2] \tag{6.21}$$

$$Y = \frac{1}{\sqrt{2}}[1,-1,0] \tag{6.22}$$

$$Z = \frac{1}{\sqrt{3}}[1,1,1] \tag{6.23}$$

这样 Z 沿三重旋转轴,X 在其中一个反射面上,如图 6.14 所示。

氮空位中心的电子态具有很强的局域性,不能用有效质量理论。最新的氮空位中心电子结构模型包括中性态(NV^0)的五个活跃电子和负电荷态(NV^-)的六个活跃电子。三个电子由离空位最近的碳原子的悬挂键提供,两个电子由氮原子提供,在负电荷态下,第六个电子从晶体

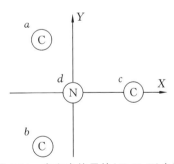

图 6.14 本文中使用的(X,Y,Z)坐标系示意图。Z轴点超出页面

的其他地方捕获。仅考虑三个碳原子和氮原子,就可以构造一组单电子轨道,这些轨道作为 C_{3v} 的不可约表示形式转换。根据 Lenef 和 Rand[263],这些轨道是

$$u = d - \lambda v \tag{6.24}$$

$$v = (a+b+c)/\sqrt{3+6S} \tag{6.25}$$

$$e_X = (2c-a-b)/\sqrt{6-6S} \tag{6.26}$$

$$e_Y = (a-b)/\sqrt{2-2S} \tag{6.27}$$

其中,a、b 和 c 表示三个碳原子的等效轨道,d 表示氮原子的轨道,S 和 λ 分别是 (ab) 和 (dv) 的重叠积分,组合轨道 u 和 v 根据 C_{3v} 的 A_1 表示进行转换,而 e_X 和 e_Y 作为 E 的转换。第一原则计算表明 u 是最低能量状态,并且 $\{e_x, e_Y\}$ 具有最高能量。

数值模拟可以研究基态和激发态轨道的实际形状,例如在文献[264]中可以找到它们的三维可视化模型。

6.2.3 负电荷氮空位的详细能级结构

几乎所有与量子信息和单光子产生有关的实验都涉及氮空位中心的负电荷状态。因此,从这里开始,我们将注意力集中在负电荷态氮空位(NV⁻)上。在目前的模型中,负电荷态氮空位包含六个电子。图 6.15 显示了两种结构。

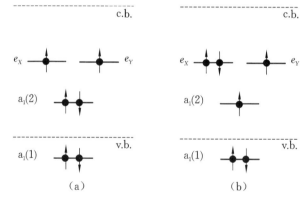

图6.15 单电子能级和占有率:(a)负电荷态氮空位的其中之一自旋三重态基态;(b)其中之一轨道双重态,可通过光学激发达到的自旋三重态。c.b.和 v.b.分别表示导带和价带的位置,如文献[264]所示

在基态(见图 6.15(a))中,单电子轨道根据洪德定则填充。u 和 v 轨道各自包含两个自旋相反的电子,而 e_X 和 e_Y 能级各自包含一个未配对的电子,两个未配对的电子形成自旋三重态。在激发态(见图 6.15(b))中,其中一个 v 电子被抽运到 $\{e_X, e_Y\}$ 能级。有六个这样的状态。这些激发态通过光学跃迁与基态相联系。

让我们首先考虑从实验中获知的基态,即使在室温下也具有长寿命的自旋

相干。根据 Lenef 和 Rand 在文献[263]中的定义,这些可以用单电子轨道写成

$$|S_X\rangle = \frac{-\mathrm{i}}{\sqrt{2}}(|u\bar{u}v\bar{v}e_Xe_Y\rangle + |u\bar{u}v\bar{v}\bar{e}_X\bar{e}_Y\rangle) \tag{6.28}$$

$$|S_Y\rangle = \frac{-1}{\sqrt{2}}(|u\bar{u}v\bar{v}e_Xe_Y\rangle - |u\bar{u}v\bar{v}\bar{e}_X\bar{e}_Y\rangle) \tag{6.29}$$

$$|S_Z\rangle = \frac{1}{\sqrt{2}}(|u\bar{u}v\bar{v}e_X\bar{e}_Y\rangle + |u\bar{u}v\bar{v}\bar{e}_Xe_Y\rangle) \tag{6.30}$$

其中,矢量代表适当反对称的多电子态,可从电子单独编号状态的斯莱特(Slater)行列式中获得。这些状态的一个重要特性是轨道符号可以交换序列,只要状态乘以 $(-1)^p$,其中 p 是交换次数。与每个轨道相连的电子自旋沿 Z 轴方向为 $+\frac{1}{2}$(无轨道符号)或 $-\frac{1}{2}$(有轨道符号)。S_Z 状态转换为 A_2,S_X 和 S_Y 一起转换为 E。因此,S_X 和 S_Y 在没有能降低 C_{3v} 对称性的场或应变的情况下形成退化的偶极子。

利用这些态,我们可以构造一个基态的电子自旋哈密顿量。包含自旋-自旋相互作用 $H_{g,ss} = D\left(S_{tot,z}^2 - \frac{2}{3}\right)$,将 S_Z 从 S_X 和 S_Y 中分离出来,再加上塞曼项 $H_{Zeeman} = g\mu_B \boldsymbol{B} \cdot \boldsymbol{S}$,则基 $\{S_X, S_Y, S_Z\}$ 中的哈密顿量为

$$H_g = \begin{pmatrix} \frac{1}{3}D & -\mathrm{i}b_Z & \mathrm{i}b_X \\ \mathrm{i}b_Z & \frac{1}{3}D & \mathrm{i}b_Y \\ -\mathrm{i}b_X & -\mathrm{i}b_Y & -\frac{2}{3}D \end{pmatrix} \tag{6.31}$$

其中,$b_i = g\mu_B B_i \approx (28\ \mathrm{GHz/T})B_i$,$D = 2\pi \times 2.876\ \mathrm{GHz}$。

从一些实验中可知,电子自旋与氮核自旋之间的超精细相互作用也很重要。通常氮是 $^{14}\mathrm{N}$(自旋 1),也可以是 $^{15}\mathrm{N}$(自旋 1/2)[265]。对于 $^{14}\mathrm{N}$,包括核项在内的对哈密顿量的额外贡献是[266]

$$H_n = A_{\parallel}S_zI_z + A_{\perp}(S_xI_x + S_yI_y) - (g_n\beta_n)\boldsymbol{B} \cdot \boldsymbol{I} + P\left(I_z^2 - \frac{1}{3}I^2\right) \tag{6.32}$$

其中,$A_{\parallel}$ 和 $A_{\perp}$ 为超精细耦合常数,P 为四重分裂,$g_n\beta_n$ 决定核塞曼位移。表 6.1 总结了这些常量。超精细耦合相当弱,因为单电子 e_X、e_Y 轨道与氮核几

单光子器件及应用

乎没有重叠。然而,如果三个最近邻的碳中有一个是[13]C,并且核自旋为 $1/2$,那么与这个碳原子核的超精细耦合就会强得多(见表 6.1)。

表 6.1　氮空位中心哈密顿量中使用的参数值列表

参数	值	参考文献
D	2.87 GHz	[258]
$g\mu_B$	28.03 GHz/T	"
$g_n\beta_n$	3.07 MHz/T	[266]
$A_\parallel(^{14}N)$	2.3 MHz	"
$A_\perp(^{14}N)$	2.1 MHz	"
$P(^{14}N)$	~5.04 MHz	"
$A_\parallel(^{13}C)$	205 MHz	[258]
$A_\perp(^{13}C)$	123 MHz	"
D_{es}	1.42 GHz	[268]
Δ	1.55 GHz	"
λ_Z	5.3 GHz	"
λ_{XY}	0.2 GHz	"
$|\mu_{XY}|,|\mu_Z|$	≈6 GHz/(MVm^{-1})	[272]
C_{A_1}	355 Hz/Pa	[257](原单位是 eV/Pa)
C_{A_2}	~930 Hz/Pa	"
C_B	251 Hz/Pa	"
C_C	409 Hz/Pa	"

接下来,让我们考虑激发态。又根据 Lenef 和 Rand[263],我们首先定义了以下状态基:

$$|XS_X\rangle = \frac{-i}{\sqrt{2}}(|u\bar{u}ve_Xe_Y\bar{e}_Y\rangle + |u\bar{u}\bar{v}e_Xe_Y\bar{e}_Y\rangle) \tag{6.33}$$

$$|XS_Y\rangle = \frac{-1}{\sqrt{2}}(|u\bar{u}ve_Xe_Y\bar{e}_Y\rangle - |u\bar{u}\bar{v}e_Xe_Y\bar{e}_Y\rangle) \tag{6.34}$$

$$|XS_Z\rangle = \frac{1}{\sqrt{2}}(|u\bar{u}v\bar{e}_Xe_Y\bar{e}_Y\rangle + |u\bar{u}\bar{v}e_Xe_Y\bar{e}_Y\rangle) \tag{6.35}$$

$$|YS_X\rangle = \frac{-i}{\sqrt{2}}(|u\bar{u}ve_Ye_X\bar{e}_X\rangle + |u\bar{u}\bar{v}e_Ye_X\bar{e}_X\rangle) \tag{6.36}$$

$$|YS_Y\rangle = \frac{-1}{\sqrt{2}}(|u\bar{u}ve_Ye_X\bar{e}_X\rangle - |u\bar{u}\bar{v}\bar{e}_Ye_X\bar{e}_X\rangle) \qquad (6.37)$$

$$|YS_Z\rangle = \frac{1}{\sqrt{2}}(|u\bar{u}v\bar{e}_Ye_X\bar{e}_X\rangle + |u\bar{u}\bar{v}e_Ye_X\bar{e}_X\rangle) \qquad (6.38)$$

激发态转换为 C_{3v} 的不可约表示形式是由这些基态的线性组合组成的,依据

$$|A_1(ex)\rangle = \frac{1}{\sqrt{2}}(|XS_X\rangle + |YS_Y\rangle) \qquad (6.39)$$

$$|A_2(ex)\rangle = \frac{1}{\sqrt{2}}(|XS_Y\rangle - |YS_X\rangle) \qquad (6.40)$$

$$|E_X(ex)\rangle = -|YS_Z\rangle \qquad (6.41)$$

$$|E_Y(ex)\rangle = |XS_Z\rangle \qquad (6.42)$$

$$|E'_X(ex)\rangle = \frac{1}{\sqrt{2}}(|XS_X\rangle - |YS_Y\rangle) \qquad (6.43)$$

$$|E'_Y(ex)\rangle = \frac{-1}{\sqrt{2}}(|XS_Y\rangle + |YS_X\rangle) \qquad (6.44)$$

这些状态是根据它们的转换属性来进行标记的。在 C_{3v} 对称下,必然有两个由 E 态和 E' 态形成的简并偶极子。因为这些状态是由轨道偶极子和自旋三重子形成的,所以,与自旋轨道相互作用并不重要的轨道单重基态相比,自旋轨道耦合对能级结构有着重要的影响。自旋轨道相互作用与 $\boldsymbol{L} \cdot \boldsymbol{S}$ 成正比,主要贡献来自于 $L_Z S_Z$,它对于上面定义的单电子基函数是非零的。然而,为了充分解释在应变或电场下观察到自旋亚能级混合的实验,还需要一项将 E_X 和 E'_X、E_Y 和 E'_Y 混合的附加项。有人认为,这是通过非轴向自旋轨道贡献发生的[267],$L_X S_X + L_Y S_Y$。这些项可以使用在 C_{3v} 下适当变换的单电子角动量算符来计算,即

$$L_Z \propto \begin{pmatrix} 0 & -\mathrm{i} \\ \mathrm{i} & 0 \end{pmatrix} \qquad (6.45)$$

$$\{L_X, L_Y\} \propto \left\{ \begin{pmatrix} 0 & 1 \\ 1 & 0 \end{pmatrix}, \begin{pmatrix} 1 & 0 \\ 0 & -1 \end{pmatrix} \right\} \qquad (6.46)$$

使用单电子自旋算符的泡利矩阵

$$S_X = \frac{1}{2} \begin{pmatrix} 0 & 1 \\ 1 & 0 \end{pmatrix} \qquad (6.47)$$

单光子器件及应用

$$S_Z = \frac{1}{2}\begin{pmatrix} 0 & -\mathrm{i} \\ \mathrm{i} & 0 \end{pmatrix} \tag{6.48}$$

$$S_Z = \frac{1}{2}\begin{pmatrix} 1 & 0 \\ 0 & -1 \end{pmatrix} \tag{6.49}$$

我们还将自旋-自旋相互作用包括了进去，$H_{\mathrm{e,ss}} = D_{\mathrm{es}}\left(S_{\mathrm{tot},z}^2 - \frac{2}{3}\right)$，以及 A_1 和 A_2 态之间的附加分裂 2Δ，参见文献[268]。在没有外加磁场或应变的情况下，产生的激发态哈密顿量是

$$H_{\mathrm{e}} = \begin{pmatrix} \frac{1}{3}D_{\mathrm{es}} + \Delta + \lambda_Z & 0 & 0 & 0 & 0 & 0 \\ 0 & \frac{1}{3}D_{\mathrm{es}} - \Delta + \lambda_Z & 0 & 0 & 0 & 0 \\ 0 & 0 & -\frac{2}{3}D_{\mathrm{es}} & 0 & \mathrm{i}\lambda_{XY} & 0 \\ 0 & 0 & 0 & -\frac{2}{3}D_{\mathrm{es}} & 0 & \mathrm{i}\lambda_{XY} \\ 0 & 0 & -\mathrm{i}\lambda_{XY} & 0 & \frac{1}{3}D_{\mathrm{es}} - \lambda_Z & 0 \\ 0 & 0 & 0 & -\mathrm{i}\lambda_{XY} & 0 & \frac{1}{3}D_{\mathrm{es}} - \lambda_Z \end{pmatrix} \tag{6.50}$$

其中，λ_Z 和 λ_{XY} 是自旋轨道参数，根据之前给出的基态（下面讨论了这些参数的一些可能值），排序是 $\{A_1, A_2, E_X, E_Y, E'_X, E'_Y\}$。

如果施加磁场，与电子自旋有关的激发态中的塞曼分裂应通过以下矩阵描述：

$$H_{\mathrm{e,Zeeman}} = \frac{1}{\sqrt{2}}\begin{pmatrix} 0 & -\mathrm{i}\sqrt{2}\,b_Z & -\mathrm{i}b_Y & \mathrm{i}b_X & 0 & 0 \\ \mathrm{i}\sqrt{2}\,b_Z & 0 & \mathrm{i}b_X & \mathrm{i}b_Y & 0 & 0 \\ \mathrm{i}b_Y & -\mathrm{i}b_X & 0 & 0 & -\mathrm{i}b_Y & -\mathrm{i}b_X \\ -\mathrm{i}b_X & -\mathrm{i}b_Y & 0 & 0 & -\mathrm{i}b_X & \mathrm{i}b_Y \\ 0 & 0 & \mathrm{i}b_Y & \mathrm{i}b_X & 0 & \mathrm{i}\sqrt{2}\,b_Z \\ 0 & 0 & \mathrm{i}b_X & -\mathrm{i}b_Y & -\mathrm{i}\sqrt{2}\,b_Z & 0 \end{pmatrix} \tag{6.51}$$

其中，$b_i=g'\mu_B B_i$，$g'\approx2$，与基态中一样[269]。对磁场的依赖一定有一个轨道贡献，其形式可以用式(6.45)和式(6.46)来预测，但这还有待实验研究。如果存在电场或应变，则通过以下矩阵描述相互作用：

$$H_{e,U}=\begin{pmatrix} u_Z & 0 & 0 & 0 & -u_X & -u_Y \\ 0 & u_Z & 0 & 0 & -u_Y & u_X \\ 0 & 0 & u_X+u_Z & -u_Y & 0 & 0 \\ 0 & 0 & -u_Y & -u_X+u_Z & 0 & 0 \\ -u_X & -u_Y & 0 & 0 & u_Z & 0 \\ -u_Y & u_X & 0 & 0 & 0 & u_Z \end{pmatrix} \quad (6.52)$$

对于电场 $\boldsymbol{E}$，$u_X=-\mu_{XY}E_X$，$u_Y=-\mu_{XY}E_Y$，$u_Z=-\mu_Z E_Z$。对于压力，我们发现

$$u_X=c(\sigma_{YY}-\sigma_{XX})+2d\sigma_{XZ} \quad (6.53)$$

$$u_Y=2c\sigma_{XY}+2d\sigma_{YZ} \quad (6.54)$$

$$u_Z=a(\sigma_{XX}+\sigma_{YY})+2b\sigma_{ZZ} \quad (6.55)$$

式中，σ_{ij} 是上述氮空位基定义的应力张量，而不是原始基中的应力张量。根据 $a=C_{A1}-C_{A2}$，$b=\frac{1}{2}C_{A1}+C_{A2}$，$c=C_B+C_C$，$d=\frac{1}{\sqrt{2}}(C_C-2C_B)$，这些参数可以与文献[257,270]中使用的参数 C_{A1}、C_{A2}、C_B 和 C_C 相关。

以上给出的磁场、电场和应变相互作用的形式主要由对称性决定。一个例外是，对于塞曼哈密顿量，我们使用了一个各向同性 g 张量，这在 C_{3v} 对称下是不需要的。自旋轨道和电场矩阵与文献[271]中给出的矩阵相同，除了符号和坐标标注上的一些差异。应注意，这些矩阵仅在简并扰动理论限制的范围内有效，因为我们没有把耦合项包括到其他多重态中，例如上文所述的三重基态，或者我们尚未讨论的单重态。

上述矩阵中出现的常数值如表 6.1 所示，由实验确定。激发态参数，特别是与电场有关的参数，目前还不十分确定，因此应根据当前的信息将最佳估计作为其值。应力参数由 Davies 和 Hamer[257]使用低温装置测量，建立零声子线的分裂与施加在样品上的应力的关系函数。直到最近才在单氮空位中心的斯塔克偏移实验中观察到电场依赖性[272]。

图 6.16(a)总结了无电场/磁场或应变时的能级结构。由于自旋-轨道和自旋-自旋相互作用，这六个激发态可以分裂成对称所允许的最大数目的非简

并态:两个 E 双重态、一个 A_1 态和一个 A_2 态。然而,轨道偶极子对应变和电场也非常敏感。在目前可用的金刚石样品中,即使是在单个氮空位中心,很少观察到图 6.16(a)中的结构,因为金刚石晶格中的缺陷和杂质会产生足够大的随机应变场,大到足以显著改变能级结构。在目前可用的最佳样品中,光学跃迁的非均匀展宽(在低温下)约为 10 GHz。沿 Z 轴方向的随机场分量不会降低对称性,只会影响基态和多重激发态之间的整体能量差。然而,沿 X 和 Y 方向的场分量将深刻地改变激发态结构。实验中,我们通过光致发光光谱绘制出许多单个氮空位中心的能级结构时,发现每个氮空位中心都是不同的[268]。

图 6.16(b)展示了电场或应变对激发态能级的影响,计算中用的参数 D_{es}、Δ、λ_Z 和 λ_{XY},由表 6.1 给出。

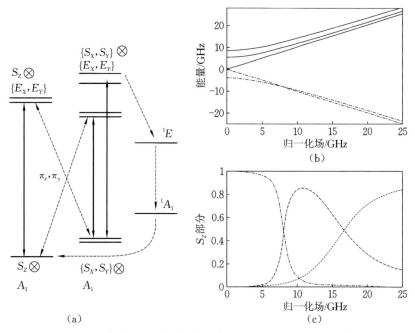

图 6.16 (a)无应变负电荷态氮空位的能级示意图,显示了 $m_s = 0(S_Z \otimes A_1)$ 和 $m_s = \pm 1$ ($\{S_X, S_Y\} \otimes A_1$)的自旋三重态基态、$m_s = 0(S_Z \otimes \{E_X, E_Y\})$ 和 $m_s = \pm 1(\{S_X, S_Y\} \otimes \{E_X, E_Y\})$的自旋三重态激发态、自旋单重态能级($^1A_1$ 和 ^1E)以及相关的光学跃迁和弛豫路径(箭头);(b)使用文中给出的参数,能级位置与电场/应变参数 u_Y 的变化关系。上轨道分支状态用实线表示,下轨道分支状态用各种点线表示;(c)三个较低分支状态的 $m_s = 0(S_Z)$ 分数与 u_Y 的变化关系。参见文献[273]

对于大的电场,两个轨道态的分裂主导着能级结构,直到激发态的每一个分支最终表现为一个轨道单线态。然而,当轨道分裂与自旋轨道相互作用相当时,激发态的下分支会发生有趣的行为。图 6.16(c)显示了六种状态(概率振幅平方)中每一种状态的 $m_s=0(S_z)$ 分数。对于上面三个激发态,这个分数总是非常接近 0 或 1,因此 $m_s=0$ 状态基本不变。然而,对于下面的三个激发态,自旋亚能级会发生高度混合[273]。这对于光学跃迁很重要,可以获得 Λ 型三能级系统[60,274],将在下面讨论。

还应该提到,理论上,激发轨道态应该受到晶格的扬-特勒畸变的影响[125]。在扬-特勒效应中,一对能量分裂态与晶格畸变呈线性关系,它们应该通过扭曲晶格,破坏原始 C_{3v} 对称性,找到一个新的、较低的能量最小值。如果与核运动的零点能量相比,扬-特勒能量较大,则会发生静态扬-特勒效应;其中,晶格可以弛豫到不同的势能极小值,每个势能极小值都有其相应的电子本征态。在相反的限制下,动态的扬-特勒效应仍然可能发生,在这种效应中电子和核状态变成相关的。由于最低能量的电子-核结合状态可能仍然具有 E 对称性,这种效应可能难以通过实验证明,一个可能的结果是减少了在自旋-轨道相互作用中出现的非对角轨道矩阵元素[275]。有人认为,动态扬-特勒效应可能对降低上文定义的自旋-轨道能量 λ_z 很重要[276]。

在室温下,零声子线的宽度增宽到几纳米,光谱不能单独观察到激发态的分裂。然而,在室温下已经可以观察到激发态的光学探测磁共振特征[269,277]。中心到中心的一些变化也被观察到,归因于偶尔存在的非常大的张力。然而,在室温下,氮空位中心变得更加均匀,激发态结构为仅有的三个自旋亚能级显示了证据。有人认为,在室温下,晶格振动有效地"平均"激发态,产生这种更简单的能级结构[271]。也有研究表明,随着温度的升高,两个轨道分支之间的布居数弛豫随着 T^5 依赖性的增加而增加,因此温度到 20 K 时,这种弛豫速率比到基态的辐射衰减速率更快[130]。

6.2.4 光学跃迁和声子边带

637 nm 处的零声子线(见图 6.11)对应于轨道单态、自旋三重基态和轨道双态、自旋三重激发态之间的光学跃迁,前一小节中详细描述了这些跃迁。跃迁偶极矩阵元只依赖于态的轨道部分,并且与 $\mu=\langle v|x|e_X\rangle=\langle v|y|e_Y\rangle$ 成正比。由于对称性,在基态和激发态之间的其他单电子偶极矩阵元为零。用 μ 来表示自旋轨道组合状态之间的偶极矩阵元,利用极化选择规则,计算变得很

直接。例如,状态 $|S_X\rangle$ 和 $|XS_X\rangle$ 之间的跃迁具有偶极矩 $\mu\hat{Y}$,状态 $|S_X\rangle$ 和 $|YS_X\rangle$ 之间的跃迁具有偶极矩 $\mu\hat{X}$。对于组合状态 $|A_1(ex)\rangle$,允许从 $|S_X\rangle$(偶极矩 $\mu\hat{Y}/\sqrt{2}$)和从 $|S_Y\rangle$(偶极矩 $\mu\hat{X}/\sqrt{2}$)跃迁。所有其他偶极矩和选择规则都可以类似地计算出来。当电场的作用使式(6.39)—式(6.44)不再是本征态时,光学跃迁可能会随对角或椭圆极化产生。由于偶极矩仅沿 X 和 Y 方向,对于自由空间光学实验而言,有一个垂直于样品表面的轴的氮空位中心是有利的,这样光学激发和收集轴就沿着氮空位中心的 Z 轴。然后就可以激发并有效地收集所有光学跃迁。

在室温下激发态的自发辐射寿命约为 12 ns。然而,几乎所有的自发辐射都是通过声子边带发生的,其中零声子线仅占总辐射的 3%。这种小的零声子线分支比,或 Debye-Waller 因子,在腔的 QED 计算中是重要的考虑因素,如下所讨论的。虽然声子边带对于高 Q 腔的耦合没有作用,但是它们对于电子自旋状态的读出是有用的,下面也解释了这一点。

声子边带在吸收时出现在零声子线的高能量侧,在发射时出现在低能量侧。对于发射,它们从零声子线延伸到大约 750 nm。当温度高达 300 K 时,它们的变化不大,除了在零声子线的高能量侧出现弱的反斯托克斯辐射。声子边带主要由线性电子-声子耦合产生。第 4.10 节已给出了声子边带理论。利用下面分段多项式函数近似的 $f(\varepsilon)$,图 6.11 光致发光光谱中的边带可以很好地与式(4.166)拟合。

$$f(\varepsilon) = \begin{cases} 0 & \varepsilon < 0 \\ p_{11}\varepsilon + p_{12}\varepsilon^2 + p_{13}\varepsilon^3 & 0 < \varepsilon < \varepsilon_1 \\ p_{21}(\varepsilon_2 - \varepsilon) + p_{22}(\varepsilon_2 - \varepsilon)^2 + p_{23}(\varepsilon_2 - \varepsilon)^3 & \\ \quad + p_{24}(\varepsilon_2 - \varepsilon)^4 & \varepsilon_1 < \varepsilon < \varepsilon_2 \\ 0 & \varepsilon > \varepsilon_2 \end{cases} \quad (6.56)$$

其中,$\varepsilon_1 = 0.0644$ eV,$\varepsilon_2 = 0.166$ eV,以 eV^{-m} 为单位的多项式系数为 $p_{11} = 142$、$p_{12} = -1320$、$p_{13} = 84500$、$p_{21} = 106$、$p_{22} = -2520$、$p_{23} = -8940$、$p_{24} = 481000$。该函数被归一化为积分面积为 1,并且在用于生成声子边带结构之前根据式(4.166)必须乘以 S。根据实验数据,我们估计 $S = 3.68$。

如果电子-声子耦合只涉及具有 A_1 对称性的模式,那么边带的光学偏振选择规则将与零声子线的偏振选择规则完全匹配。实验发现,声子边带的选择规则并不完善,并且随着能量分离的增加而明显恶化。这表明,一些能量耦合进了 E 对称的声子[130,257]。E 轨道双重态和 E 声子模式之间的耦合也会产生其他有趣的效应,包括动态的扬-特勒效应[125,130,275]。

人们对负电荷氮空位的激发态结构的认知,都是通过零声子线跃迁的激光光谱学得到的。第一个这样的实验是在氮空位中心的集合体上进行的。对于这种集合体,在迄今为止的所有报告中,光学跃迁的非均匀展宽都大于精细结构分裂。一种可以克服这个问题的技术是使用两个激光频率的光谱烧孔[260,274,278]。图 6.17 显示了此类测量的一个示例。最突出的特征是峰值凹陷,当两束激光彼此失谐时会出现这种现象,这样,对于某些氮空位粒子群,它们会相互合作,将所有基态激励到一些混合的激发态。在这种条件下,光泵浦受到抑制。否则,如果只有一个激光处于共振状态并发生跃迁,大多数粒子最终会被驱动到任何基态却不能被激发,从而导致荧光减弱。当然,这时假定光学跃迁不是完全保持自旋的。

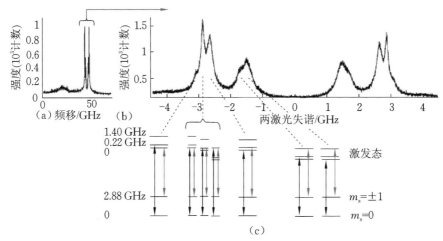

图 6.17 在氮空位中心集合体上进行的两个激光光谱烧孔测量,其中非均匀加宽的零声子线被应变分裂成两个相距约 30 GHz 的峰。(a)当一束激光固定在右(低能量)峰上时,第二束激光扫描两个零声子线峰,同时检测进入声子边带的光致发光强度。峰值凹陷集中在固定激光器的频率周围。在测量过程中还使用了 532 nm 再泵浦激光。(b)峰值凹陷结构的特写图。(c)对应于单个峰值的假设能级图。假设激发态之间的间隔保持不变,只有整个基态到激发态的频率差是非均匀的。(参考 C. Santori,D. Fattal,S. M. Spillane,*Optics Express*,14,7986-7994(2006).)

最近,人们从应用于单个氮空位中心的光致发光激发光谱(PLE)中学到了许多知识[268,272,273,279]。在一个光致发光激发的测量中,一束单一频率的激光扫描通过零声子线,在对激发态粒子数测量时检测到了进入声子边带的自发辐射,图6.18显示了这样一次测量的实例。在这些测量中,即使在大多数高质量的金刚石样品中,人们也能够看到光谱扩散和温度升高效应。如果只使用单一激光,典型地只有单一谱线能被观察到,对应于 $m_s=0$ 基态和激发态上分支对应态之间的跃迁。由于光泵浦,其他的跃迁没有能够看到(参见下面关于自旋初始化的讨论)。观察其他光学跃迁的一种方法是在进行激光扫描的同时,将微波激发应用在基态自旋跃迁的共振上。使用这种方法,可以观察到所有的跃迁[268,273]。另一种可以揭示其他跃迁的方法是在激光中添加调制边带,类似于上述的烧孔测量[60,273]。

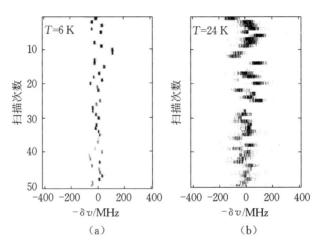

图6.18 在单个氮空位中心上进行的光致发光激发光谱(PLE)测量。在检测光致发光强度进入声子边带时,一束激光扫描了零声子线。在扫描间隔中使用 532 nm 再泵浦脉冲。黑色对应于较明亮的信号。(a)每次重复扫描时,$T=6$ K 处的光致发光激发测量显示了随机光谱扩散;(b)$T=24$ K 时的光致发光激发测量显示,单个扫描的光致发光激发共振展宽(测量在 HP 实验室进行)

应该指出的是,在大多数金刚石样品中,由于光学跃迁的光谱扩散非常剧烈,在单个氮空位中心上无法进行有效的光致发光激发测量。在氮空位中心附近产生的随时间随机变化的电场导致的电荷阱,令这种情况很有可能发生。当绿色激光施加到样品时,可以观察到光谱扩散速度加快;而在 637 nm 的共振激发下,光谱扩散速度较慢。幸运的是,高纯度合成金刚石样品现在可以在商业上获得(元素 6),其光谱扩散线宽低于 100 MHz。

对光致发光激发测量的另一个要求是负电荷态氮空位中心是稳定的。至于声子边带的非共振激发(例如在 532 nm 处),这取决于样品。仅在共振激发下,在大多数情况下,信号最终会由于光电离而消失[280]。这就需要在光致发光激发扫描之间使用波长较短(例如 532 nm)的重复泵浦激光器来逆转光电离。重复泵浦过程本身不具有确定性,可能导致氮空位中心从 NV[0] 转变为 NV[−] 或向另一个方向转变。而且,它还会引起光谱扩散。这样,寻找一种在低氮金刚石中实现 NV[−] 真正具有光子稳定性的方法是一个重要的突出问题。

在室温非共振激发下观察到的光学自旋极化以及在时间分辨实验中观察到的某些瞬态现象,只有在存在额外衰变通道的情况下才能解释。这种额外的衰变通道被广泛认为与图 6.16 所示的自旋单态 $^1A_1$ 和 ^1E 有关。近年来,在低温下的 $m_s = \pm 1$ 激发态观察到的衰变速度(7.8 ns)比 $m_s = 0$ 状态(12 ns)更快,这在一定程度上支持了主要是 $m_s = \pm 1$ 状态可以通过这个通道衰变[279]这一观点。在弛豫到 $m_s = 0$ 基态之前,粒子数被捕获在单重态长约 300 ns[267]。最近,在 1046 nm 处观察到一个新的 NV[−] 光学跃迁,可能是 $^1E \to {}^1A_1$ 的跃迁[281]。

在非常低的温度下,零声子线的线宽可以接近 13 MHz 的变换极限[272]。零声子线的温度展宽可以从大约 10 K 处开始观察到。温度高于 20 K 时,单个的光致发光激发共振会合并在一起,因此不可能进行相干粒子数捕获等实验。令人遗憾的是,虽然基态自旋量子比特保持了较长的相干时间直至室温,但用于物质到飞行量子比特转换方案的光学跃迁仍然需要液氦温度。

6.2.5 单光子产生实验

氮空位中心是最先展现出室温下单光子稳定发射的固态系统之一。最开始在连续波激发下的光子反聚束得到证实后[28,282],触发单光子源也得到了证实[38]。图 6.19 显示了利用该触发源进行的光子相关测量。

在这些室温演示中,收集了大部分光谱带宽,包括温度加宽的零声子线和声子边带,以便获得相当高的 20000 s[−1] 次脉冲操作计数率。因此,单光子的带宽约为 100 nm。尽管如此,利用这个源成功地进行了 BB84 量子密码协议的原理证明[283]。从那时起,除了氮空位中心外,通过研究其他杂质,取得了在室温下金刚石单光子产生的重要进展[81-84]。最近,发现了一种未知特性的中心,它可以发射出计数率为 1.6×10^6 s^{-1} 的单光子[85],该光子室温光谱带宽为 4 nm、中心波长为 734 nm。

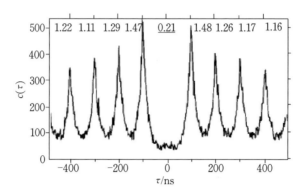

图 6.19 室温下金刚石纳米晶体的单个光子发射的光子相关直方图。(来自 A. Beveratos,S. Kuhn,R. Brouri, T. Gacoin, J. P. Poizat, and P. Grangier, "Room Temperature stable single-photon source", *The European Physical Journal D*, 18, 191-196 (2002).)

原理上,在液氦温度下,可以从体积大、纯度高的氮空位中心获得寿命有限的单光子源。然而,这需要保证只有零声子线(总发射的 3%),并且去除声子边带。利用一个典型的共焦显微镜装置,我们可以知道这样一个光源的连续波计数率应该在 1000 s^{-1} 左右,不过数值太低不值得关注。理论上,如果将单个氮空位中心耦合到一个高品质因数的光学微腔,通过珀塞尔效应选择性地增强零声子线,则可以获得更好的性能。这是一个目前很活跃的研究课题,但尚未实现。

6.2.6 电子自旋的光学初始化、读出和操作

使得至今为止所有的室温光学探测磁共振实验成为可能的氮空位中心的一个显著特点是能够通过非共振激发将电子自旋光极化为 $m_s = 0$ 状态。非共振激发包括通过声子边带吸收激励波长小于零声子线波长(<637 nm)的氮空位中心。为达到这一目的的一些公用的激发波长是 532 nm 和 514 nm。为了避免负电荷氮空位通过激励到传导带的有效电离[280,284],波长应在 480 nm 以上。非共振激发同时驱动了图 6.16 所示的所有光学跃迁。非共振激发不仅使电子自旋极化为 $m_s = 0$,而且如果电子自旋开始于 $m_s = 0$,非共振激发下的光致发光强度更高。这为光学自旋读出提供了一种方法。如上述所讨论的,相信这两种效应都是由于存在额外的自旋单线态"搁置"状态而产生的,如图 6.16 所示。时间分辨测量表明,这些搁置态的寿命约为 300 ns[267],远长于 $m_s = 0$ 激

发态的 12 ns 寿命。光泵浦效应可以解释为,如果只有 $m_s = \pm 1$ 激发态有时可通过单重态能级衰减,那么单重态能级有时可衰减到 $m_s = 0$ 基态。如果电子自旋开始于 $m_s = \pm 1$,单线态的搁置也能够解释观察到的弱光致发光。在这种情况下,布居数很快被单重态捕获,直到单重态弛豫到三重态之一才会有光致发光产生。在连续激励的条件下,当微波场与基态自旋跃迁共振时,基态自旋跃迁的功率足以使电子自旋去极化,这种行为会导致光致发光强度降低约 10%。对于脉冲实验,有时可以获得更高的对比度[279]。

在低温下,有一个光学激励和读出的其他选择。如上述所讨论的以及如图 6.16 所示,在确定的条件下,非自旋守恒的光学跃迁可能在激发态的下分支发生,例如,对应于轨道分支之间的 10～20 GHz 分裂的中等应力。一旦获得了 Λ 系统,通过频率选择激励的高效光泵浦就变成了可能。并且,使用 Λ 系统,可以实现任意单自旋门[55]。理论计算还表明,即使在中等应力下,在上分支,对于 $m_s = 0$ 态仍存在循环(自旋守恒)跃迁[273]。循环跃迁对于读出是理想的,因为在一次测量中可以发射很多光子。这样,在中等应变和低温下的氮空位中心同时适用于光学初始化、操作和读出。

作为低温下光学自旋操纵的简单演示,图 6.20 显示了在不施加任何磁场的情况下,在低温下对单个氮空位中心进行的相干布居数捕获实验的结果[60]。在这种实验中,将两个(或更多)基态连接到一个公共激发态的两个光学跃迁是由激光器同时驱动的,或者其中一个可以使用激光加上相位调制器产生的边带。暂时忽略退相和自发辐射,描述这种情况的半经典哈密顿量在旋转坐标系中可以写成

$$H = \begin{pmatrix} \delta_1 & 0 & \Omega_1^*/2 \\ 0 & \delta_2 & \Omega_2^*/2 \\ \Omega_1/2 & \Omega_2/2 & 0 \end{pmatrix} \qquad (6.57)$$

其中,Ω_1 和 Ω_2 是两种跃迁的拉比频率,δ_1 和 δ_2 是失谐量。如果满足双光子共振条件($\delta_1 = \delta_2$),则其中一个被称为"暗态"的本征态只在两个基态中存在布居数:$|\psi\rangle \propto \Omega_2 |1\rangle - \Omega_1 |2\rangle$。当我们包含来自于能级 $|3\rangle$ 的自发辐射,这将成为唯一的稳定状态。其他状态最终会通过光子的自发辐射而弛豫到暗态。

到达暗态后,系统不再发射更多光子,除非额外的退相干过程再次使系统脱离暗态。在图 6.20 中,荧光强度是通过相位调制器扫描其中一个激发频率来测量的,观察到的一个特征光谱形状由一个中间有骤降凹陷的更宽的峰组

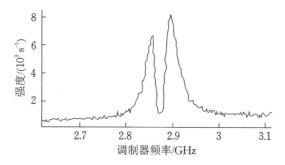

图 6.20 在单个氮空位中心进行相干布居数捕获实验,来自文献[60]。在这里,氮空位中心在两个光学频率下被激发,第一个频率固定在将激发态与 $m_s = 0$ 基态相连接的光学跃迁频率,而第二个频率跨越了将相同激发态与 $m_s = \pm 1$ 基态相关联的跃迁频率。在双光子共振时荧光强度急剧下降。(参考 C. Santori, P. Tamarat, P. Neumann, J. Wrachtrup, D. Fattal, R. G. Beausoleil, J. Rabeau, P. Olivero, A. D. Greentree, S. Prawer, F. Jelezko, and P. Hemmer, *Physical Review Letters*, 97, 247401(2006). 版权 2006, 美国物理学会。)

成。这个陡降的宽度大约是 $\sum_i \Omega_i^2 / \gamma_{ex}$,其中 γ_{ex} 是激发态的线宽。可能发生的最小宽度受基态的退相速率 $1/T_2^*$ 的限制。这种效应的产生与电磁诱导透明(EIT)机理相同,不同之处在于,在电磁诱导透明中,测量的是探测光束的传输而不是荧光。观察这两种效应中的任何一种,首先可以证明确实存在一个 Λ 型系统,而且有可能形成一个暗态,该暗态是基态自旋亚能级的相干叠加,而基态自旋亚能级具有通过直接激励激光振幅调节的概率振幅。同时也可以通过一组实验来确定在施加磁场或应变的特定条件下,特定的氮空位中心的相对跃迁强度,如文献[60]所述。

6.2.7 氮空位中心作为自旋量子比特

由于氮空位中心具有较长的电子自旋相干寿命和在室温下进行光学初始化和读出的能力,它已经成为一种有前途的光学可获取固态量子比特。1997年,首次报道了单个氮空位中心光学检测磁共振的实验[262]。2004 年,报道了微波激励下单个氮空位中心的拉比振荡[58],同年还报道了与氮空位中心联系的单个[13]C 核自旋的相干振荡[285]。从那时起,人们进行了大量的实验,研究了氮空位中心的电子自旋与其他杂质的电子自旋之间的偶极相互作用,例如氮[286-289],以及更遥远的[13]C 核自旋[59,290]。随着化学气相沉积制备金刚石技术的不断发展,测量到的自旋相干寿命也不断增加,目前的记录是同位素纯化金刚石在室温下测量的 1.8 ms[57]。

这些实验已经证实,在高纯度金刚石中的氮空位中心提供了一个室温电子自旋量子比特,该量子比特可以以光学方式初始化并读出,并且能可控地耦合到附近的几个核自旋上。下一步,就是找到某种方法使得两个距离遥远的氮空位中心实现相干地相互作用。基于单光子产生和擦除"哪条路径选择"信息,实现远距离氮空位中心相互作用的最有希望的途径之一可能是不断重复直到成功[16]。如果有一个 Λ 型系统,并制备了两个处于基态的氮空位中心。然后每个氮空位中心都被弱激励,以致于通过拉曼跃迁有时发射一个单光子。来自氮空位中心的两条光路在分束器处干扰,在一个分束器输出端上检测到一个光子预示着在两个氮空位中心之间产生了纠缠状态。在这种方法中,对于单向量子计算的图态[291]能被构造出来或量子中继器[88]就可以建立起来。每次方案失败,电子自旋信息就会丢失。然而,如果核自旋可用作主要的量子比特,而电子自旋仅用于"代理"纠缠[88,292],则该方案就可以容忍较大的光子损耗。由于在低温条件下具有接近变换极限的零声子线,因此氮空位中心是这种方案的一个很好的候选。单氮空位中心的斯塔克偏移调谐在几个吉赫兹上也得到了证实[272],如果两个氮空位中心发射的光子频率与这一方案所需的频率相同,斯塔克偏移调谐也是一个必需的工具。最主要的障碍是进入零声子线光子发射速率低,这可以通过耦合到微腔来改善零声子线发射速率。但是,在不降低零声子线线宽的情况下实现这一点是困难的,因为大多数腔体的设计要求将氮空位中心放置在靠近表面的位置。

另一个突出的问题是如何实现电子自旋的单次读出。在单次读出中,在复位之前我们希望高确信度地确定氮空位中心的自旋态。迄今为止,所有的光学探测磁共振实验都没有在这种条件下进行过,而且必须重复多次实验才能收集足够的光致发光信号来确定平均电子自旋状态。要实现单次读出,必须在将 $m_s = \pm 1$ 泵浦到 $m_s = 0$ 所需的时间之前检测到足够数量的光子。在低温下,$m_s = 0$ 的光学跃迁可以选择性地通过共振驱动,提高信号对比度,这更容易实现。单次读出所需的光子收集效率由循环跃迁的保真度决定。

6.2.8　自旋相干寿命

近几年来,随着材料质量的提高,氮空位中心的电子自旋相干寿命显著提高。自旋相干性受限于与高含氮量金刚石中的顺磁性氮杂质的耦合和与天然同位素丰度的低含氮量金刚石中的 ^{13}C 核的耦合。通过自旋回波脉冲序列测量的一些人造金刚石的代表性相位记忆(T_2)寿命,包括 2003 年的 58 μs[293],2006 年的 350 μs[288],2009 年同位素纯化金刚石的 1.8 ms[57]。在无自旋回波测量的条件下,同位素净化在去除 [13]C 核的同时也改善了退相寿命 T_2^*,其中包括了低频波动的影响。在文献[57]中,同位素净化将自由感应谱线宽从 210 kHz(自然丰度)改善到 55 kHz(99.7% [12]C)。

6.2.9 微腔耦合

目前,有几个小组正在研究如何将氮空位中心与光学结构耦合。与 III - V 族半导体不同,金刚石的一个主要困难是目前还没有找到一种在折射率较低的衬底(类似于绝缘体上硅(SOI))上获得高质量单晶金刚石薄层的好方法。在其他基质上生长金刚石是可能的,但其结果通常是纳米晶金刚石,光学性能较差,最有可能的是氮空位中心的性能较差。迄今为止,该方法获得的最佳结果包括微盘腔[64]和品质因数 Q 高达 585 的光子晶体腔[65]。高质量的氮空位中心与这种光学结构的耦合尚未得到证实。

如果从单晶金刚石开始,可以通过离子注入在表面下的某个深度生长一个牺牲层,并选择性地刻蚀掉最大的牺牲层区域,然后单晶金刚石膜就可以剥离并将其转移到另一衬底上[294,295]。这种方法的一个缺点是,单晶金刚石膜受到了强离子注入。虽然退火可以在一定程度上修复损伤,但这种方法制备的结构尚未显示出良好的光学性能。另一种相关的方法是利用离子注入和选择性刻蚀来获得底切,然后利用反应离子刻蚀或聚焦离子束刻蚀在金刚石中形成结构。在可见光波长下工作的波导结构就是以这种方式制备的[66]。

另一种方法是从金刚石纳米晶体开始,将其与其他材料制成的光学结构紧密地放在一起。例如,金刚石纳米颗粒被耦合到二氧化硅(SiO_2)微球[61,296,297]和微盘[69]谐振腔上。这种方法的主要优点是,它可以与现有的利用材料(如 SiO_2 和 SiN_x)制作的高品质因数微球、微盘或光子晶体腔的制造技术相结合。缺点是金刚石纳米颗粒中的氮空位中心的性能一般较差。这在一定程度上是由于在商用纳米颗粒中发现的杂质浓度较高。然而,在由高纯度金刚石制成的纳米颗粒中,表面性质对确定电荷稳定性和光谱扩散线宽非常重要。

最近报道的另一种混合的方法是将高台柱刻蚀到金刚石中,并将其与二氧化硅微球腔结合[70]。这种方法很有吸引力,因为它将现有的高品质因数谐振腔(尽管模体积很大)与单晶金刚石相结合,而单晶金刚石具有更好的控制氮空位特性的潜力。

一种更适合于许多器件的片上集成的混合方法是将高折射率层放置在金刚石表面,作为波导和腔的导波层。由于导波层的折射率必须比金刚石高($n>2.4$)并且必须在 637 nm 处透明,因此没有很多材料可用于这种方法。尽管如此,还是有一些很好的候选材料的。在文献[67]中,使用的材料是磷化镓,它具有高折射率($n=3.3$),透明窗口约为 550 nm。在这项工作中已证实,制作在一个金刚石表面波导与一个致密的氮空位中心层发生了耦合。最近,通过类似的技术,证实了品质因数大于 25000 的金刚石上的磷化镓微盘腔及其与靠近金刚石表面的氮空位中心薄层的耦合[71]。在这种磷化镓-金刚石混合方法中,具有较小模体积的高品质因子的光子晶体腔在理论上也是可能的[298]。

另一个显著的新进展是金刚石纳米颗粒与用作等离子体天线[299]的金纳米颗粒的耦合。在这项工作中,纳米颗粒中的氮空位中心的自发辐射速率被增大了 9 倍。

在估计与光学微腔耦合的氮空位的腔 QED 参数时,重要的是不要忘记声子边带。对于高品质因子腔,只有在 637 nm 处的窄零声子线(ZPL)才能有效耦合,而且只能在低温条件下。考虑到这一点的合适方法是将 $\gamma_{\mathrm{tot}} \approx 2\pi \times 13\,\mathrm{MHz}$ 中的所有激发态弛豫都包括进去,但在单光子拉比频率中仅包括了零声子线,有

$$g_{\mathrm{ZPL}}^2 = \frac{3}{16\pi^2} \frac{(\lambda_0/n)^3}{V} \frac{|E|^2}{|E_{\max}|^2} (\omega\gamma_{\mathrm{ZPL}}) \tag{6.58}$$

式中,λ_0 是跃迁的真空波长,ω 是跃迁的角频率,V 是腔模体积,E 是在氮空位中心位置平行于偶极矩的电场分量,$E_{\max}$ 是用于计算模式电压的腔中的最大场。因此,协同参数 $4g_{\mathrm{ZPL}}^2/\kappa\gamma_{\mathrm{tot}}$ 被 $\gamma_{\mathrm{ZPL}}/\gamma_{\mathrm{tot}} \approx 0.03$ 的因子所降低,这是一个相当大的损失。与半导体量子点等其他固态系统相比,这可能是氮空位中心的主要缺点。注意到,对于低品质因数的等离子体腔,零声子线和大部分声子边带可能都适合腔共振,因此上述损失可能仅部分适用或完全不适用。

6.2.10 氮空位制备与稳定性

氮空位中心可以在原始金刚石的生长过程中产生,也可以在离子注入或紧随退火后的辐射形成[257,300-304]。离子注入用于在金刚石晶格产生损害(碳空位),也可用于引入氮杂质[62,265,305]。注入离子的种类和加速电压决定了空位

的初始垂直分布。退火是在一定温度（通常为 600～1000 ℃）下进行的，此时空位变得可以移动，并且可以与氮杂质结合以形成氮空位中心。一个最简单的获得致密的氮空位中心群的方法是在高氮金刚石（10～100 ppm）开始，以注入或辐射来获得空位，然后退火。但是，这种方法获得的材料很可能具有较差的氮空位自旋相干性和光学线宽，因此可能不适用于 QIP。在高纯度金刚石中（氮含量＜1 ppm），必须通过注入氮来产生氮空位中心。最近已经证实，利用扫描尖端上的孔径，氮气可以实现高空间分辨率的注入[306]。剩下的问题是，如何在靠近金刚石表面的地方产生氮空位中心，使其具有与在初始生长的衬底中深埋的氮空位中心相同的低温光学性能。目前，只有深埋在高纯度金刚石衬底中的氮空位中心一贯地显示出低于 100 MHz 的光谱扩散，而这一光谱扩散是在包含单个氮空位中心的低温量子光学实验中所需要的。

要使氮空位中心以负电荷状态存在，就需要电子施主，而除氮空位以外的电子受主是有害的。取代的氮杂质通常是主要的电子施主，其能级约 1.7 eV，处于导带下面[307]；而对于负电荷氮空位，则在导带下约为 2.6 eV[284]。虽然氮杂质的电子结合能在室温下热激活太大，但是光激励能将电子提升到导带，使它们被氮空位中心捕获，形成负电荷氮空位。同时，光激励也可去除负电荷氮空位中的电子。这样，即使是在 532 nm 连续光激励下的单个氮空位中心，也可以同时观察到中性氮空位和负电荷氮空位电荷态，其比率取决于金刚石材料中施主和受主的相对浓度以及光激励功率。在低温的负电荷氮空位零声子线的共振激发下，情况有很大的不同：人们可以在几毫秒到几分钟的一段时间内观察到光致发光，这取决于所用的光功率和氮空位中心的稳定性，直到光致发光突然消失。在这种情况发生后，必须如上文所述使用较短波长的“重新泵浦”激光。对大型量子计算机来说，这种情况当然是不可接受的，在将氮空位中心视为有用的量子比特之前，解决电荷稳定性问题是至关重要的。在量子点中，这个问题可以用一个电子背门来解决，要实现氮空位中心的电荷稳定性也可能需要类似的东西。

6.2.11　总结

金刚石中的氮空位中心是一种具有毫秒电子自旋相干寿命和光学可寻址性的固态自旋量子比特。使用基于相干单光子产生的协议，人们希望这样一个大的量子比特阵列最终能够通过一个集成的光学网络连接在一起，该网络包括光学微腔、波导、开关和探测器，以创建一个适用于量子中继站或量子模拟引擎的量子处理器。然而,实现这种网络的工程挑战是无法估计的,目前的主要问题是氮空位中心的不均匀性、电荷涨落和光谱不稳定性。

6.3 半导体施主与受主

自生长量子点的一个主要缺陷是由于生长过程中会发生的尺寸变化而无法精确控制光学跃迁频率。在这里,我们考虑另一种较简单的半导体系统:浅施主和受主。原理上,它们提供了一个具有相同性质的类原子量子系统的集合。

在本节中,我们介绍了零和有限磁场下砷化镓和硒化锌中的中性施主和受主的基态和激发态。我们还展示了从该系统中获得的一些实验光谱,来说明能级结构的复杂性,并给出了关于非均匀线宽会多么窄的思想。最后,讨论了在该系统中如何获得 Λ 型系统,并给出了基于光泵浦的实验证据。

本节资料大部分取自斯坦福大学 Kaimei Fu 的博士论文[308],经作者许可在此使用。

6.3.1 浅层杂质的有效质量理论

对半导体中电离施主附近电子的完整描述不仅必须包括杂质原子和额外的电子,而且还必须包括所有晶格原子。然而,电子波函数在许多晶格点上是非局域的,有效质量理论(EMT)给这个问题提供了一个更好的近似值,甚至比量子点的情况更接近。

6.3.1.1 中性施主(D^0)基态

半导体中的电子施主可以通过取代杂质替换其中一个原子来产生,与被替换的原子相比,取代杂质的最外层通常有一个额外的电子。

例如,图 6.21 描述了一个这样的系统,在硒化锌中取代氟杂质。在室温下,浅施主往往会被电离,这是电子器件的一个很有用的特性。然而,在液氦温度下,电子仍然可以与杂质结合,这种复合物称为中性施主。

在文献[108]中可以找到在只有一个导带最小值的半导体中(如砷化镓和硒化锌),中性施主的包络波函数 $f(r)$ 的详细推导。与式(6.3)类似,位于原点的负电荷杂质附近的电子的有效质量哈密顿量为

$$\left(-\frac{\hbar^2}{2m^*}\nabla^2 - \frac{e^2}{4\pi\varepsilon r}\right)f(r) = Ef(r) \tag{6.59}$$

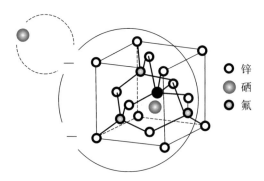

单光子器件及应用

图 6.21　硒化锌晶体中氟以施主为边界限制的激子。引自 Kaoru Sanaka

其中，m^* 是电子有效质量，ε 是半导体的介电常数。在砷化镓中，电子有效质量 $m^*=0.067m_e$，参见文献[109]，静态介电常数 $\varepsilon=12.56\varepsilon_0$，参见文献[101]。

这样，EMT 玻尔半径是 $a_B^*=0.53(\text{Å})\times\dfrac{m_e}{m^*}\times\dfrac{\varepsilon}{\varepsilon_0}=99$ Å，基态束缚能是 $E_B=$

$\dfrac{m^*}{m_e}\times\left(\dfrac{\varepsilon_0}{\varepsilon}\right)\times13.6$ (eV)$=5.8$ meV。由于大的介电常数和小的电子有效质量，EMT 理论非常适用于砷化镓，浅施主碲、硅、锡、硫和锗的束缚能实验值均在 EMT 值的 0.1 meV 范围内[309]。在硒化锌中，电子有效质量 $m^*=0.14m_e$，静态介电常数 $\varepsilon=7.51\varepsilon_0$。EMT 玻尔半径为 $a_B^*=28$ Å，基态束缚能为 29 meV。

由于电子的自旋，中性施主的 1 s 态是二重简并的。在磁场中，这个简并度会随着 $\Delta E=g_e\mu_B B$ 的能量分裂而升高，其中，g_e 是电子的 g 因子（这里假设为各向同性），μ_B 是玻尔磁控管，B 是外加磁场的大小。在砷化镓中，由于强的自旋轨道相互作用，束缚电子的 g 因子为 $g_e=-0.44\pm0.02$，参见文献[310]。然而，硒化锌中的 g 因子接近于真空中电子的 g 因子，其 $g_e\approx2.1$。

6.3.1.2　中性受主（A⁰）基态

中性受主与中性施主相类似，除了这种情况，价带空穴束缚在电子受主。EMT 也可以用来描述半导体中的浅受主能级，尽管这种情况在一定程度上由于价带结构的退化而变得复杂[108]。同施主相比，由于它们具有较大的束缚能，受主的光致发光很好地与自由激子发射在光谱上隔离，从而为 EMT 的有效性提供了显著证据。

通过上能带激励（见图 6.22(a)）以及共振激励（见图 6.22(b)），在光致发光光谱中观察到了从表示为 A⁰X 的"受主束缚激子"态到具有 1s-5s 类氢波函

数的中性受主 A^0 基态的跃迁。由图 6.22(c)可以看到,跃迁能与类氢 E_0+E_1/n^2 密切相关,其中 n 是径向量子数。由此拟合得到,砷化镓中中性碳杂质的电子束缚能为 (25.8 ± 1.3) meV,同时可获得 (3.8 ± 1.0) meV 的中心晶胞校正(1 s 状态下与 EMT 的偏差)。这种束缚能与红外吸收测量值 (26.3 ± 0.1) meV 相一致[311]。

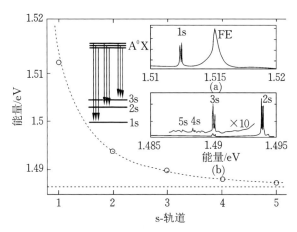

图 6.22　(a)上能带激励的 A^0X-$A^0$1s 光致发光光谱,同时也画出了自由激子(FE)跃迁;
(b)在共振 A^0X-$A^0$1s 激励下观察到的到 2s-5s A^0 态的弛豫;(c) A^0 2s-5s 线的 A^0X 跃迁能的类氢拟合。引自 Kai-Mei Fu

6.3.2　中性施主束缚激子(D^0X)态

中性施主复合体(D^0)由一个正离子和一个束缚电子组成,为激子(电子-空穴对)提供了一个吸引势。Lampert[312] 首先预测了这种由两个处于自旋单线态的电子、一个未配对的空穴和正离子组成的四体中性施主束缚激子(D^0X)的存在,然后 Haynes[313] 在硅中进行了实验观察。图 6.21 给出了硒化锌中氟施主束缚激子的示意图。

浅施主可以通过光激励从 D^0 激励到 D^0X,然后通过光子的自发辐射再弛豫回到 D^0。图 6.23 给出了 n 型砷化镓样品在零磁场下的光致发光(PL)光谱,并标记了激子跃迁。该光谱不仅包括中性施主束缚激子的跃迁,还包括电离受主束缚激子(杂质加上一个电子和一个空穴)和中性受主束缚激子的跃迁。虽然对能级结构还不完全了解,但人们相信,标记为 L=0—3 的不同峰值对应于未配对空穴的不同旋转状态[107,309]。图 6.24 显示了掺氟硒化锌外延层的光致发光光谱。这些特征在质量上与在砷化镓样品中观察到的相似。

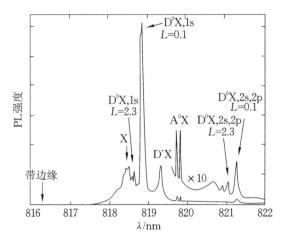

图 6.23 分子束外延(MBE)生长的高纯度砷化镓的光致发光光谱。分子束外延层厚度为 10 μm,背景杂质浓度为 $n \sim 5 \times 10^{13}$ cm^{-3}。样品在 815 nm 处被上能带激励。从自由激子跃迁(X)、中性受主束缚激子跃迁(A⁰X)、中性施主束缚激子跃迁(D⁰X) 到各种终态(1s、2s、2p)以及电离施主束缚激子(D⁺X)跃迁的光致发光均可观察到。样品温度为 2 K,仪器分辨率为 0.02 nm。样品由 M.C.Holland 和 C.Stanley (格拉斯哥大学)生长。引自 Kai-Mei Fu

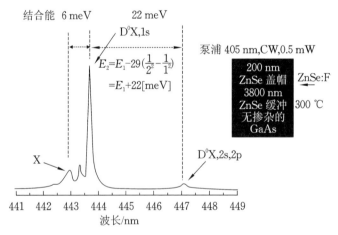

图 6.24 掺杂氟杂质的硒化锌外延层光致发光光谱。样品由 A.Pawles 和 K.Lishaka(帕德伯恩大学)生长。引自 Kaoru Sanaka

尽管 D⁰X 复合体主要弛豫到 1s D⁰态,但弛豫到激发态(2s、2p 等)D⁰的概率是有限的。这两个电子卫星跃迁(TES)也可在图 6.23 中观察到。如下文所述,当对主要的 D⁰X 跃迁进行共振激励时,电子卫星跃迁是监测激发态 D⁰X

的布局数的有价值的工具。

在磁场的作用下,每个 D^0X 能级分裂成四个由 $J = 3/2$ 束缚空穴的自旋决定的塞曼亚能级。这导致在强磁场下,光致发光光谱中出现一系列复杂的峰林。图 6.25 显示了浅施主在砷化镓中的光致发光光谱是如何随着磁场的增加而演变的。在磁光致发光(MPL)图像中,最亮的 D^0X 跃迁显示为红色。随着磁场的增加,首先是由于 D^0X EMT 波函数的扰动而产生了向更高能量的反磁位移。其次,有些宽泛的零场 $L = 0$、1 D^0X 跃迁分裂为许多狭窄的、离散的能级。这些是在 D^0X 复合体中从具有不同空穴自旋的塞曼亚能级到具有不同电子自旋亚子能级的跃迁。

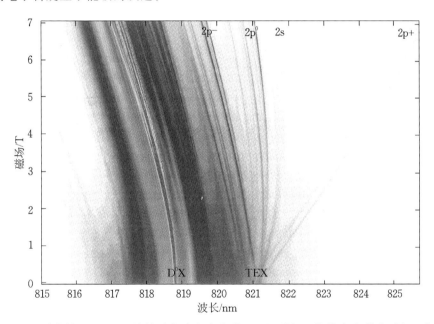

图 6.25 砷化镓 D^0-D^0X 系统的磁光致发光光谱。不同磁场下的单个光谱分别归一化。利用非线性颜色映射可以看到明亮和微弱的峰值,红色代表最强的激发,浅蓝色代表最弱的激发。此图像中主要的 D^0X 跃迁显示为红色。此外,还观察到了两个电子卫星跃迁(TES)峰,代表了从 D^0X 到激发态 $2s$、$2p$ D^0 的弛豫

Karasyuk 等人在砷化镓中对沿 ⟨100⟩ 方向磁场的磁光致发光的详细研究中发现了许多 D^0X 跃迁[309]。然而,由于 D^0X 复合体存在多个轨道角动量态,在强磁场下,难以识别所有的跃迁。光致发光激励光谱学对实现这一目的是一种非常有帮助的工具,因为它提供了更高的光谱分辨率。如图 6.26 所示,一束窄带激光在主要 D^0-D^0X 跃迁上扫描,同时监测两电子卫星发射到 $2s$、$2p$ D^0 最

单光子器件及应用

终态的激发。使用相干 899-29 钛∶蓝宝石激光进行这种测量的示例如图 6.27 所示。光谱显示的不同依赖于检测到的两电子卫星峰以及探测偏振。所有的光致发光激励的线宽都低于 5 GHz,从 $L=0$,"B"态的跃迁时的线宽窄至 1 GHz。这些线宽只比 D^0X 复合体的辐射弛豫速率大几倍[314]。

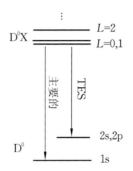

图 6.26 在光致发光激发(PLE)测量中,一束窄带激光在主要 D^0X 跃迁上扫描时检测到两电子卫星跃迁(TES)的光致发光(PL)信号。引自 Kai-Mei Fu

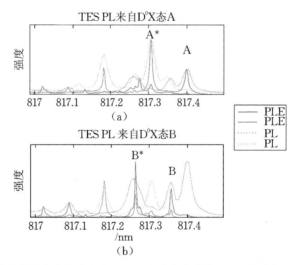

图 6.27 砷化镓中浅施主的光致发光(PL)和光致发光激发(PLE)光谱在 Voigt 几何中测量,在[110]方向施加了 7 T 的磁场,而光激励和收集都沿着[001]方向。红色和蓝色曲线分别对应于 σ 和 π 偏振检测。在两个图中,两电子卫星跃迁光致发光从(a)最低能量 D^0X 态"A,"和(b)最先激发 D^0X 态"B,"两个态中收集。引自 Kai-Mei Fu

6.3.3　D^0-D^0X Λ 型系统的光谱学

对于在 Voigt 几何条件下测量的砷化镓中的浅施主,磁场沿着[110]方向

· 164 ·

的晶体轴，光激励和收集都沿着[001]方向，可以找到这样一个 Λ 型系统，其中有两个 D^0 基态通过光学跃迁连接到同一个 D^0X 激发态。这种情况被用来证明相干布居数捕获[73]和使用光脉冲的超快速电子自旋旋转[74]。图 6.28 所示为该系统的示意图。

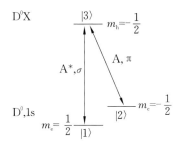

图 6.28　文中讨论的 D^0-D^0X Λ 型系统。这两个较低的态对应于束缚态 D^0 电子的自旋态。激发态为 $L=1, m_L=0, m_h=-1/2$ D^0X 态。Voigt 几何中 A 和 A^* 跃迁的极化分别为 π 和 σ。引自 Kai-Mei Fu

一个验证 Λ 型系统确实已经获得的简单方法是寻找共振光激发下电子自旋布居数的光泵浦。如图 6.29 所示，当只有一个基态 $\left(m_e=-\dfrac{1}{2}\right)$ 被激励时，系统最终会通过自发辐射弛豫到另一个基态 $\left(m_e=\dfrac{1}{2}\right)$，该基态不能再被激励。如果基态自旋寿命较长[315]，则大多数自旋布居数最终会聚集在另一基态，由于这种光泵浦效应，光致发光信号会变得比较弱。然而，如果有第二束激光与另一基态的 D^0-D^0X 跃迁发生共振，光泵浦效应将被破坏，并且光致发光信号通常是明亮的。在实验上，如果两个基态同时被激励，要么激励到相同的激发态要么激励到两个不同的激发态，然后光致发光信号发生大幅度的非线性增长。图 6.30 给出了显示这种非线性增长一些实验光谱。实际上，这些测量显示了第二个(二极管)激光器对图 6.28 中标记的 A 或 A^* 跃迁作用所获得的完整光致发光激发光谱。

如果这两束激光正好处于双光子共振上(它们的频率差与基态分裂相匹配)，那么我们就可以再次观察到光致发光信号的陡降，这是由第 6.2.6 节中讨论过的金刚石氮空位中心的相干布居数捕获效应导致的。在砷化镓的浅施主中也观察到了这种效应[73]，尽管由于该系统中电子自旋的 T_2^* 很短，对比度没有那么好。

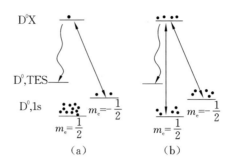

图 6.29　(a)如果只有一束激光在 $|m_e=-1/2\rangle - D^0X$ 跃迁上共振,电子将被泵浦进入 $|m_e=1/2\rangle$ 态,两电子卫星的光致发光将变弱;(b)如果第二束激光作用于 $|m_e=1/2\rangle - D^0X$ 跃迁,电子将被重新泵浦到 $|m_e=-1/2\rangle$ 态,两电子卫星光致发光将增强。引自 Kai-Mei Fu

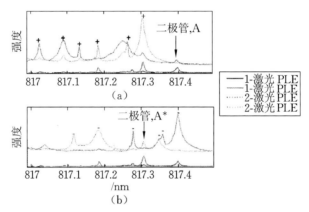

图 6.30　一束激光和两束激光的光致发光激发扫描。扫描激光要么是 π 极化,要么是 σ 极化。所有的光致发光极化都会被收集。(a)半导体激光被固定在 A 跃迁上,两束激光扫描中的增强线对应于到 $D^0,|m_e=+1/2\rangle$ 态的跃迁;(b)半导体激光固定在 A^* 跃迁上,两束激光扫描中的增强线对应于到 $D^0,|m_e=-1/2\rangle$ 态的跃迁。引自 Kai-Mei Fu

6.3.4　作为自旋量子比特的浅施主和受主

用砷化镓中浅施主和受主进行的初步实验产生了复杂的结果。如上所述,这些系统提供了一个非常理想的类原子系统,其非均匀展宽非常小,可以用于各种光学自旋操纵的测试方案。然而,在浅受主的情况下,基态自旋寿命明显太短,甚至无法观察到光泵浦的存在,更不用说光产生的自旋相干性了。浅施主表现则比较好,如前所述,可以观察到光泵浦并获得 Λ 型系统。而且,相干布居数捕获[73]和光学自旋操纵[74]在该系统中是可能的。在这两个实验中,结果都在很大程度上被较短的 T_2^* 降低了 $1\sim 2$ ns。然而,最近的一个全光学自旋回波实验表明,自旋回波自旋相干寿命 T_2 要长得多,有几微秒[316]。

未来的工作可能会集中在杂质束缚激子的束缚能较大的材料(从带边分离光学跃迁和防止载流子的热逃逸)以及用于去除核自旋的同位素净化材料上。掺氟硒化锌也是一种这样的系统。然而,理论上可能存在的长自旋相干寿命尚未得到证实。

6.3.5 浅施主和受主的单光子产生

虽然在砷化镓中用单个施主或受主产生单光子已经变得困难,但是在 2002 年,有研究人员在硒化锌(一种氮掺杂的硒化锌量子阱结构)中的浅受主系统中成功地证实了单光子的产生[72]。最近有报道称,在硒化锌中的两个独立的浅施主(氟杂质)可以产生单个不可区分的光子[75]。在硒化锌系统中,微腔耦合也是可能实现的。例如,最近已经证实了 DBR 微腔[317]以及从微盘结构发出的激光[318]。

6.4 总结和对照表

表 6.2 总结了上述三种固态系统中单光子产生和基于自旋计算的一些重要参数。从这个比较中可以看出,目前还没有找到一个理想的单原子固态形式的光学频率跃迁。铟砷量子点具有很好的光学跃迁特性,快的辐射衰减速率和可接近寿命极限的线宽,并且很少发射到声子边带上。而且,它们还可以自然地集成到微腔中。然而,它们的电子自旋相干寿命相当有限,主要是由于它们与原子核的相互作用(尽管最近对空穴自旋的实验表明这种情况可能有所改善)。金刚石中的氮空位中心是相反的情况:在室温下,同位素纯化材料中的自旋相干寿命 T_2 超过 1 ms,这一特征归因于零核自旋晶格。然而,其光学跃迁较弱,而且受声子边带主导,与微腔的耦合是目前主要的工程挑战。在像砷化镓和硒化锌这样的半导体中,浅施主提供了像量子点那样的强跃迁的可能性,但是没有大的非均匀展宽。在氟掺杂的硒化锌中,同位素纯化可能会消除由核自旋引起的退相问题。该系统中的腔耦合在很大程度上未经验证。在砷化镓中,由于系统对应变和电场高度敏感,隔离单个浅施主杂质和耦合到微腔变得困难。

表6.2 本文所述三种固态系统单光子产生和基于自旋量子计算的重要参数比较

参数	InAs 量子点	金刚石氮空位中心	ZnSe 或 GaAs 中的 $D^0 X$ 态
ZPL 波长	275~1550 nm	637 nm	444/819 nm
自发辐射速率			
γ	$(0.5 \sim 1 \text{ ns})^{-1}$	$(12 \text{ ns})^{-1}$	$> (1 \text{ ns})^{-1}$
γ_{ZPL}	$\approx \gamma$	0.03γ	$\approx \gamma$
光学线宽			
非均匀相干时间(单个)	$(1 \sim 1000)\gamma$	$(1 \sim 1000)\gamma$	1 GHz
非均匀相干时间(集合)	10^4 GHz	10 GHz	1~5 GHz
腔耦合	易	难	?
自旋相干			
包含低频			
去相干(T_2^*)	e^-:10 ns,h^+:>100 ns	1~3 μs	? /2 ns
采用自旋回波(T_2)	1~10 μs	1.8 ms	? /4 μs
♯核自旋耦合	$10^4 \sim 10^5$	$\geqslant 1$	$1/10^5$

第7章
微腔几何结构的评述

正如前几章希望阐明的那样,任何高性能固态单光子源的一个重要组成部分是光学微腔或波导,它允许发射的光子通过自由空间光学或片上波导有效地被收集。原则上,通过将量子发射体放置在抛物面反射镜的焦点上,可以获得高收集效率的准直自由空间光束[32]。实际上,这既不是低温下最简单的方法,也不提供任何其他好处。另一方面,微腔或波导结构不仅可以大大改善光子的收集效率,而且还可以通过珀塞尔效应提高自发辐射速率,从而改善发射光子的量子不可分辨性。

微腔的性能可以用三个参数来表征。这些已经在第 1 章和第 2 章中进行了广泛讨论。总而言之,它们是:模体积 V,它与单光子产生的最大电场强度有关;无量纲品质因子 $Q = \omega_{cav}/\kappa$,其中,ω_{cav} 是共振频率,κ 是能量衰减速率(损耗);最后由比率 κ_c/κ 确定腔耦合到所需外部通道的效率。

在这一章中,我们简要地描述了几种最成功的微腔几何结构:平面和柱状分布式布拉格反射腔、微盘腔和二维光子晶体腔。它们已经与固体中的量子发射器结合在一起。然而,我们必须注意到,还有其他类型的结构也可以提供大量的自发辐射增强。例如,一维光子晶体纳米线腔可以通过在脊状或悬浮波导中刻蚀可变间距的孔来获得[298,320]。这是一个有前景的结构，可提供高的品质因子、小的模体积和有效的片上收集。还有，尽管本章描述的所有结构仅使用低损耗电介质，但包含金属的结构（"等离子体"腔和波导）可以提供更小的模体积或模面积。这些结构的难点在于如何避免金属中过高的吸收损耗。然而，最近的理论设计[321]和实验演示[299]表明，等离子体结构实际上是一种非常有希望获得大的珀塞尔因子的方法，即使在具有宽发射光谱的量子发射器中也是如此。

7.1 平面分布式布拉格反射镜微腔

分布式布拉格反射镜（DBR）由交替的低折射率层和高折射率层组成，每层的厚度为四分之一波长。如果将两个 DBR 放置在一起，间距等于半波长的整数倍，则形成法布里-珀罗腔。为了增强进入腔谐振模式的自发辐射率，必须在驻波的波腹处放置一个有源介质（量子阱或量子点）。这种安排的一个例子是一个具有较低折射率的半波长光学腔层，夹在两个 DBR 之间，从一个高折射率的四分之一波长光腔层开始，在半波长光腔层的中心处存在腔谐振模式的反节点。图 7.1 显示了 AlAs/AlGaAs 平面 DBR 微腔的扫描电子显微镜（SEM）图像，该微腔具有 AlAs 半波长光腔层。这种结构是通过分子束外延（MBE）或相关技术生长的。腔 Q 值可以通过增加 DBR 对的数量来增加[322]，如图 7.2 所示。

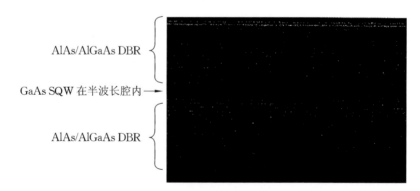

图 7.1 AlAs/AlGaAs 平面微腔，单量子阱嵌入半波长中央腔层。引自 A.Forchel、S.Reitzenstein 和 S.Hofling(乌兹堡大学)

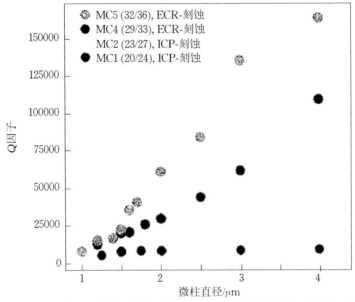

图 7.2 不同数量分布式布拉格反射镜对的腔 Q 值与微柱直径的关系,另见文献[322]。

引自 A.Forchel、S.Reitzenstein 和 S.Hofling(乌兹堡大学)

重要的是要了解,尽管腔平面(横向)均匀且各向同性,但平面 DBR 微腔将产生具有有限横向扩展的离散空间模式[323-325]。所有这些模式都具有圆形对称性,模式半径可表示为[325]

$$r_m = \sqrt{\frac{\lambda_0 L_{cav}(R_1 R_2)^{\frac{1}{4}}}{\pi n_{cav}(1-(R_1 R_2)^{\frac{1}{2}})}} \tag{7.1}$$

其中,λ_0 是真空中的谐振波长,L_{cav} 是考虑进入分布式布拉格反射镜的穿透深度的有效腔长,R_1 和 R_2 是镜的反射率,n_{cav} 是有效腔折射率。

由于模式区域是有限且定义明确的,因此模远场波瓣角 $\Delta\theta_{FWHM}$ 也是有限的。它可以用空腔参数表示为

$$\Delta\theta_{FWHM} = \sqrt{\frac{2\lambda_0 n_{cav}}{\pi L_{cav}} \cdot \frac{1-\sqrt{R_1 R_2}}{(R_1 R_2)^{\frac{1}{4}}}} \tag{7.2}$$

对于具有高反射镜的半波长腔,式(7.1)和式(7.2)简化为

$$r_m = \frac{\lambda_0}{n_{cav}\sqrt{2\pi(1-R)}} \tag{7.3}$$

$$\Delta\theta_{FWHM} = 2n_{cav}\sqrt{\frac{1-R}{\pi}} \tag{7.4}$$

因此,可以从测得的远场波瓣角估算模式半径 r_m 为

$$r_m = \frac{\sqrt{2}\lambda_0}{\pi\Delta\theta_{FWHM}} \qquad (7.5)$$

实际上,这是估算模式半径最有用的方程,因为基于传递矩阵法理论估算的反射率 R_1 和 R_2 通常比实际获得的反射率高,其原因是生长结构中存在各种缺陷。

冷腔 Q 值也根据同样的腔参数给出:

$$Q \equiv \frac{\lambda_0}{\Delta\lambda_{FWHM}} = \frac{2\pi L_{cav} n_{cav}}{\lambda_0} \cdot \frac{(R_1 R_2)^{\frac{1}{4}}}{1 - \sqrt{R_1 R_2}} \qquad (7.6)$$

也可以根据测得的远场波瓣角估算冷腔 Q 值,即

$$Q = \frac{4 n_{cav}^2}{\Delta\theta_{FWHM}^2} \qquad (7.7)$$

对于典型的冷腔,$Q = 10^4$、10^5、10^6,对于 AlGaAs/AlAs 平面 DBR 腔,对应的模半径分别为 $6.3~\mu m$,$20~\mu m$ 和 $63~\mu m$。

平面 DBR 微腔的一个特征是这种系统可以在一个芯片上提供大量均匀的微腔,该特征在任何三维约束的空腔中都会缺失。例如,对于尺寸为 $6.3~cm^2$ 且 $Q = 10^4$ 的平面 DBR 微腔晶片,可以支持具有相同谐振波长的约 10^8 个独立微腔。这意味着,如果我们能统一布置空间间距为 $6.3~\mu m$ 的相同的量子发射器,那么我们在一个芯片上就有 10^8 个独立且相同的单光子源。

平面 DBR 微腔的弱点也可以从上述论点中清楚地看到。模体积 V 随模式腔 Q 值的增大而增大。事实上,Q 与 V 的比值与镜面反射率无关,有

$$\frac{Q\lambda_0^3}{n_{cav}^3 V} = \frac{2\pi\lambda_0}{n_{cav} L_{cav}} \qquad (7.8)$$

这就是为什么单个量子发射器的系统嵌入在平面微腔中的原因,它很难实现强耦合。

7.2 柱状微腔

上面描述的平面 DBR 微腔可以被刻蚀,以获得三维光学约束的结构。横向约束是通过沿腐蚀侧壁的全内反射来实现的。该结构的示例如图 7.3 所示。

即使在理论上,柱状 DBR 微腔也不包含真正的束缚模式,而是品质因子受限于来自于漏模的"辐射损耗"。一般来说,在这些结构中,品质因子和模体积之间有一个权衡。然而,对于一个适当设计的结构,Q/V 可以做得相当

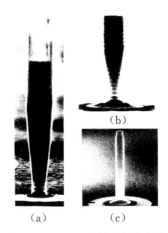

(b)

(a)   (c)

图 7.3 柱状 DBR 微腔结构示例。(a)用于证实量子点中自发辐射率增强的结构(经许可转载自 J.M.Gérard,B.Sermage,B.Gayral,B.Legrand,E.Costard,and V.Thierry Mieg,*Phys.Rev.Lett.*,81,1110(1998).版权 1998,美国物理学会。);(b)用于证实增强的单光子收集效率的结构(来自 M.Pelton,C.Santori,J.Vuckovic,B.Zhang,G.S.Solomon,J.Plant,and Y.Yamamoto,*Phys.Rev.Lett.*,89,233602(2002).);(c)用于证实与单量子点强耦合的结构(经麦克米伦出版有限公司许可转载:J.P. Reithmaier,G.Sek,A.Loffler,C.Hofmann,S.Kuhn,S. Reitzenstein,L.V. Keldysh,V.D. Kulakovskii,T.L.Reinecke,and A.Forcherl,*Nature*(London),432,197(2004).)

大。数值模拟表明,对于 $1.6(\lambda/n)^3$ 的模体积[326],品质因子高达10^4。实际上,Q 通常受到要么沿着 DBR 界面,要么沿着刻蚀侧壁的粗糙度的限制。

利用 GaAs/AlAs 柱状微腔[243,244],研究人员首次证实了量子点中自发辐射率的珀塞尔增强。柱状微腔的一个特点是,它们可以被设计成主要的光学损耗是通过顶部分布式布拉格反射镜,允许有效的自由空间光收集。利用这种几何结构[40-42,245]获得了迄今为止用量子点器件测量的最高外部单光子产生效率。此外,品质因子高达 8000 的柱状微腔已被制作出来了,其中嵌入的量子点显示出强烈的耦合[246,247]。

对于具有圆形截面的柱体,自发辐射修正最受关注的模式通常是最低阶 HE_{11} 模式。这些模式在柱的中心有场最大值,并且是两重偏振简并,因此允许任何偏振被激发。这种偏振简并性是将光耦合到量子点中任意亮激子态叠加的一个有用特性。如果支柱横截面不是圆形且小于四重转动对称性,则基模将在频率上分裂为沿支柱轴的电场具有正交线性偏振的两个模式。

由于这两种材料具有良好的晶格匹配性,因此在 GaAs/AlAs 系统中,柱状微腔工作尤其良好。在该系统中成功证明的另一种技术是氧化部分 AlAs 或 AlGaAs 层以提供横向约束,而不是依靠刻蚀侧壁进行约束[42]。在其他材料中,可以使用光学镀膜将分布式布拉格反射镜沉积在光发射器的一侧,尽管要构建一个完整的空腔是比较困难的。

7.3 微盘腔

微盘、微环和微球腔都是由全内反射提供的三维空间限制。这对于传播到这些结构周围的"回音壁"模式是可能的。一些实际的微盘结构如图 7.4 所示。这通常是通过在牺牲层的顶部生长或沉积高折射率层来实现的。然后用光刻形成圆盘,并选择性地刻蚀下面的牺牲层以形成底切。

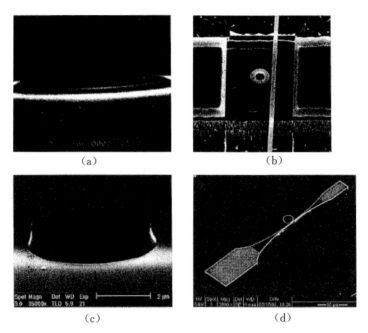

图 7.4 微盘结构示例。(a)用于证明单个量子点中的单光子发射和珀塞尔增强的结构(摘自 P. Michler, A. Kiraz, C. Becher, W. V. Schoenfeld, P. M. Petroff, L. Zhang, E. Hu, and A. Imamoglu, *Science*, 290, 2282(2000).);(b)耦合到拉锥光纤的微盘结构,用于证明与量子点的强耦合以及通过单模波导的有效耦合,另见文献[248],Kartik Srini-vasan, NIST;(c)转移到金刚石表面并耦合到一层氮空位中心的 GaP 微盘腔,另见文献[71],Paul Barclay,惠普实验室;(d)一种包含量子点的微盘结构,耦合到悬空的片上波导,另见文献[330],Shinichi Koseki

对于绕 z 轴旋转对称的微盘腔,模可用角动量参数 m 来表征,这样在圆柱坐标系中的电场可以用下式表示:

$$E(\rho,z,\phi)=E(\rho,z)e^{im\phi} \tag{7.9}$$

最初,两个反向传播模式 $e^{\pm im\phi}$ 由于对称性而简并。然而,如果存在任何粗糙度,这些模式将被分解为非简并驻波形式的线性组合。这种模式分裂在高 Q 微盘腔中通常是可以观察到的。

由于品质因子主要依赖于圆盘外缘的光滑度,通过各种处理技巧,可以获得极高的品质因子,在 SiO_2 微环面中高达 10^8,参见文献[327]。微盘结构的主要缺点是其模体积必须比光子晶体腔大一些,以避免产生过度的辐射损失。然而,在高折射率材料中,模体积可能非常小。例如,在文献[248]中,对于直径为 $2.5\ \mu m$、模体积为 $3.2\ (\lambda/n)^3$ 的砷化镓微盘,理论 Q 值为 10^8,实验中的 Q 值为 10^5。

微盘腔的回音壁模式几乎无法从自由空间进入。虽然早期在微盘腔中用量子点进行的实验显示珀塞尔提高了自发辐射率[34],但其在光子收集效率方面没有相应的优势。然而,使用拉锥光纤[328]证明了与微盘结构的有效光学耦合。采用拉锥光纤,可以获得腔模式几乎只与单模波导耦合的情况。当如量子点的类原子系统与这种腔波导系统强耦合时,有可能实现一个近乎理想的"一维原子",它具有许多基于腔的量子电动力学的应用,不仅包括单光子的产生,还包括单光子水平的强烈的非线性[248]。

微盘和微环腔在硅光子领域也得到了广泛的关注,并应用于高速调制器和下载滤波器[329]。在这种情况下,腔是单片耦合到片上波导。这种单片网络也引起了对量子信息处理的兴趣[330]。对于片上网络,主要选择是微盘/微环腔或光子晶体腔。与光子晶体腔相比,微盘具有较大的模体积,但设计和制作较为简单。

与 DBR 腔相比,微盘腔在可选材料方面具有更大的灵活性,因为人们只需要在较低的折射率层上放置一个较高的折射率层。光发射体不必放置于与腔耦合的波导层,而可以将其直接放置于界面下几十纳米范围内,用于倏逝耦合。这种方式中,利用与靠近金刚石表面的一层氮空位中心的倏逝耦合,实现了金刚石上的 GaP 微盘结构[71]。

7.4　光子晶体

光子晶体(PhC)是一种纳米结构的电介质,由于布拉格反射而具有独特的光学特性。与电子自由度在固体中的离散类似,光子晶体存在允许和禁止光传播的能带。否则,如果人们在另一个完美的 PhC 晶格中制造了一个缺陷,那么光谱中会出现一个或多个离散的光学模式,这对应于局限在缺陷区域中的光。如果这些模式的谐振频率落在晶体的一个能隙中,谐振会有一个非常大的 Q 值,因为没有能使捕获的光衰变的辐射通道。

从技术上讲,完全的能隙只存在于三维晶体中。然而,研究人员已经找到了在二维光子晶体平板中使用全内反射作为整个板的限制机制来制备非常高的 Q 腔的方法(见图 7.5)。如今,超过 20000 个品质因子通常在砷化镓膜结构中获得,使用所谓的"L3"腔,其中 3 个相邻的孔已从晶体中移除[331]。

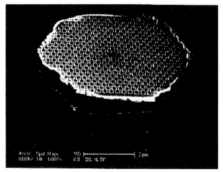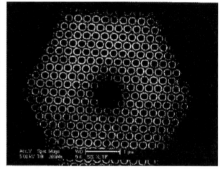

图 7.5　制作的光子晶体平板腔的扫描电镜照片

光子晶体中点缺陷腔的另一个巨大优点是其模体积非常小,可以接近衍射极限 $\left(\dfrac{\lambda}{2n}\right)^{3}$。结合它们潜在的高 Q 值,这使得光子晶体腔成为达到极高的珀塞尔因子或强耦合状态的最佳候选材料。的确,量子点和微腔之间的强耦合的首次证实是在具有 L3 缺陷的 GaAs-PhC 腔中实现的[251]。最近,在该系统中进行了新的实验,探索单光子水平下的强烈非线性[254-256]。

光子晶体缺陷腔能够容易地通过对接耦合或侧耦合光子晶体波导的方式集成到光子网络中,光子晶体波导是通过从晶体图案中去除一整行孔而制成的。腔-波导耦合原理上可以通过光刻技术精确控制。这种方法对量子网络的主要挑战仍然是相对较高的 PhC 波导损耗(~ 1 dB/mm),例如,与脊波导(~ 1 dB/cm)相比。

第 8 章
应　　用

单光子源在量子信息技术领域已经提出了许多应用,从利用量子力学定律以实现基本安全通信的量子密钥分发,到使用"量子并行"的大规模量子计算在确定问题上以指数速度超越经典计算机。在第 1.3 节的量子擦除内容中已经介绍了其中的几个应用。本章中,我们提供了描述这些应用和其他相关应用的详细信息。

8.1　BB84 量子密钥分发

本节讨论了在量子密码学中使用亚泊松统计的光源的潜在好处,并描述了基于柱状微腔中一个 InAs 量子点单光子器件进行原理论证的实验性理论证明。本节中的材料大部分来自 Edo Waks 编写的一个章节,该章节包含在文献[1]中,这里在作者的允许下使用。

量子密码学是一种生成不可破解密码的方法,其安全性由量子力学定律保证,与经典密码学不同,经典密码学通常依赖于执行数字任务的计算难度。时间最早和研究最充分的量子密码协议由 Bennett 和 Brassard 提出(BB84 协议)[14]。在这个协议中,发送器 Alice 将单光子流传输到接收器 Bob。每个光子都由对应于两个正交偏振的光子的一个逻辑 0 或 1 进行编码。然而,偏振基也在线性和圆之间随机变化。所以,每一个制备的光子都处于四种偏振状

态中的一种:水平偏振、垂直偏振、右旋圆偏振或左旋圆偏振。这与我们在第 1
章讨论的相移键控的四种状态的偏振类似。Bob 随机地以线性或者圆偏振基
决定测量。随后,Alice 和 Bob 利用公共通道消除 Bob 在错误的基中测量的所
有情况。这样,Alice 和 Bob 获得一个共享的随机比特序列,该序列就是"密
钥";上面描述的过程是一个量子密钥分发(QKD)协议。然后,随机比特序列
可以用作一次性填充以加密实际数据。BB84 协议已经针对量子力学定律所
允许的最常见的窃听攻击类型建立了良好的安全性[332-334]。

原始 BB84 协议的安全性严格依赖于单光子信息编码的假设。然而,大多
数应用 BB84 的密码学系统使用衰减的激光发射,该激光发射遵从泊松光子数
分布。当源发射不止一个光子时,这为基于光子数分束的窃听攻击打开了可
能性。在这种攻击中,窃听者被称为 Eve,有一些识别包含多个光子的脉冲的
方法,例如,通过光子数的量子不可分拆测量。对于这些脉冲,Eve 分裂了其
中一个光子,同时允许其他光子以未受干扰的偏振状态传输到 Bob。在测量
基暴露后,Eve 可以测量光子并得到其比特值。因为理想的单光子源不会产
生多光子态,所以它对这种攻击是免疫的。因此,BB84 量子密码术被认为是
研究单光子器件的主要动机之一。然而,应该注意的是,最近的"诱饵状态"协
议[335]提供了另一种方法来防止光子数分束攻击。该协议在应用中具备竞争
力之前,对单光子源的性能和成本提出了进一步的要求。最近,提出了一种被
动诱饵状态协议,它可以利用亚泊松光的相关特性[336]。

在这里,我们将考虑如果要求防止光子数分束攻击的安全性,原始 BB84
协议的性能取决于光源的光子数统计。量化单个光子源提供的潜在好处是只
需要两个参数:(1)每个脉冲的平均光子数$\langle n \rangle$,由下式给出:

$$\langle n \rangle = \int_0^{t_{ph}} \langle a^+(t) a(t) \rangle \mathrm{d}t \tag{8.1}$$

其中,t_{ph} 是脉冲的持续时间,$a^+(t)$ 和 $a(t)$ 分别是 t 时刻的光子产生和湮灭算
符;(2)二阶相干函数 $g_0^{(2)}$,由下式给出:

$$g_0^{(2)} = \frac{\int_0^{t_{ph}} \int_0^{t_{ph}} \langle a^+(t) a^+(t') a(t') a(t) \rangle \mathrm{d}t \mathrm{d}t'}{\langle n \rangle^2} \tag{8.2}$$

对于衰减激光源[337]和单光子源[3],BB84 的通信速率已被广泛研究。
图 8.1 绘制出了在不同的$\langle n \rangle$和 $g_0^{(2)}$ 值下,优化的数据通信速率与信道损耗的
变化关系。图 8.1(a)展示了对于不同的 $g_0^{(2)}$ 值,当$\langle n \rangle = 1$ 时的这种关系。衰

减激光(泊松光)的特征由 $g_0^{(2)}=1$ 表征的通信速率决定,而曲线 $g_0^{(2)}=0$ 对应于理想单光子源。

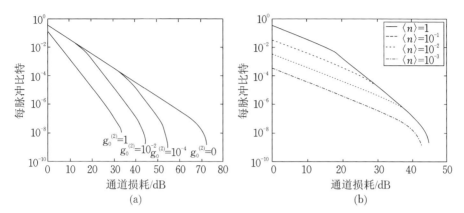

图 8.1　对于抑制 $g_0^{(2)}$ 光源的安全性提升。(a)不同 $g_0^{(2)}$ 值下的通信速率随通道损耗的变化关系;(b)对于 $g_0^{(0)}=10^{-2}$ 和不同的初始平均流量值 $\langle n \rangle$ 的光源的通信速率[3]

　　泊松光的比特率下降速度比理想单光子器件的快。这是因为单光子器件不会受到上述提到的光子数分束攻击。这样,通信速率的减少仅仅是由于信道损耗的增加。对于泊松光,随着信道损耗的增加,在有关 Eve 能力最坏的假设情况下,多光子态的影响增强,迫使我们将最初的平均光子数减小到光源提供的 $\langle n \rangle$ 值以下。实际的 $0 < g_0^{(2)} < 1$ 的单光子源有两种行为特征。在低信道损耗情况下,它们的行为类似于理想的设备,其中比特率与信道传输成比例地减少。在较高的损耗水平下,多光子态开始起到重要贡献,其行为逐渐转变为泊松光。请注意,由于有限探测器暗计数,每条曲线都具有截止信道损耗的特征,超过该值,就不再可能安全通信。较小的 $g_0^{(2)}$ 意味着可以容忍更多的损耗。

　　图 8.1(b)绘制了不同最大可用 $\langle n \rangle$ 值的通信速率,该 $\langle n \rangle$ 值由单光子源的外耦合效率确定,$g_0^{(2)}=10^{-2}$。在低信道损耗情况下,$\langle n \rangle$ 对通信速率有显著影响。然而,在较高的损耗水平下,大多数曲线碰到理想曲线。在这些更高的损耗水平下,具有高的初始 $\langle n \rangle$ 值的光源必须衰减以确保对光子数分束攻击的安全性。只有效率为 10^{-3} 的极度损耗的单光子源不能重新连接到它们的处理曲线上,并且具有更小的截止损耗特征。这意味着,对于足够高的信道损耗,只要通量超过临界水平,光源的量子效率就不会对通信速率产生影响。

　　接下来,我们将简要描述一个原理验证实验,该实验在文献[338]中报道,证实了利用量子点的单光子源的 BB84 QKD 系统的性能的改善。在开始实验

之前,对量子点基单光子源的基本性能进行了表征,如前几章所述。图 8.2(a)
显示了每个脉冲中的平均光子数随光激发功率的变化关系。发射速率最初随
着泵浦功率线性增加,但最终以每脉冲 0.07 个收集光子的标称速率而饱和。
该平均值包括测量系统中的所有损失。在图中,A 点表示为 QKD 实验的选择
的工作点。图 8.2(b)显示了在该工作点进行的光子相关测量。

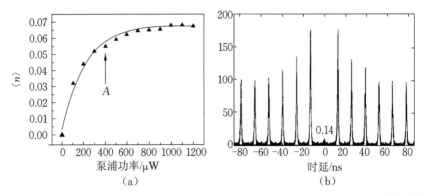

（a）　　　　　　　　　　　　　（b）

图 8.2　基于 InAs 量子点单光子源的特性。(a)每个脉冲的平均光子数随激发功率
的变化关系;(b)在(a)中 A 点指示的激励功率下获得的自相关[338]

一个真正的 QKD 系统需要光子偏振态的主动控制和同步。图 8.3 所示
为用于实现此控制的系统。用脉冲激光激励微腔量子点结构,脉冲激光的重
复频率决定了实验的时钟周期。电光调制器用于产生每个光子进入通道前的
偏振状态。数据发生器驱动调制器,其信号由大功率放大器放大。数据发生
器与激光脉冲同步,产生一个随机的四级信号,对应于 BB84 协议中四种不同
的偏振状态。Bob 的探测装置由一个 50-50 分束器组成,该分束器将光子随机

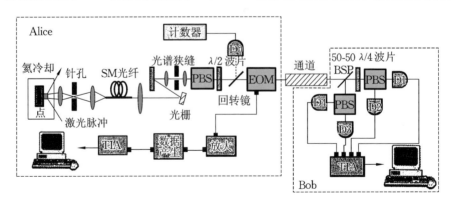

图 8.3　基于量子点耦合到柱状微腔的单光子源,实现 BB84 QKD 协议的实验系统[338]

分配到两个偏振态分析器中的一个。Alice 和 Bob 都共享来自数据发生器的公共时钟信号。

每个 Bob 探测事件由时间间隔分析器(TIA)以及事件相对于公共时钟的时间戳记录。检测还用于产生一个逻辑脉冲(包含检测结果的无信息),从而触发 Alice 中的第二个 TIA。该 TIA 记录了准备的偏振状态以及一个时间戳,可用于以后与 Bob 的数据进行比较。

图 8.4(a)显示了 Alice 和 Bob 所记录的数据的相关性。柱状图的中心对角线对应于误差事件,这主要是由于偏振光学中的相位漂移和缺陷等所影响。系统的总误码率(BER)为 2.5%。这些误码可以在经典通信系统中使用双向错误纠正方法来处理[339]。这种误码校正算法非常有效,可以在香农限值的25%范围内工作。

图 8.4(b)显示了单光子源和衰减激光在存在信道损耗的情况下的优化性能之间的比较。在低信道损耗水平下,衰减激光的通信速率更高,因为激光器开始时的平均光子数更大,可以衰减到任何期望值。这与单光子源相反,单光子源受到器件效率和随后的光学损耗的限制。然而,由于激光发射出多光子态,信道损耗增加,必须将其衰减到一个增加的程度,从而导致通信速率更快地下降。在大约 16 dB 的信道损耗下,单光子源开始优于衰减激光器。当损耗超过 23 dB 时,激光的安全通信不再可能,而单光子源可以承受约 28 dB 的信道损耗。这证实了单光子源在信道损耗情况下的安全优势。

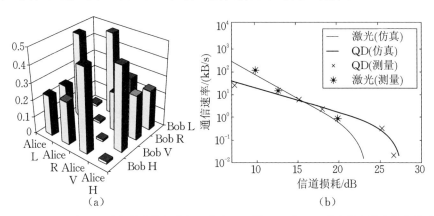

图 8.4 (a)Alice 和 Bob 之间的数据相关显示存在 2.5% 的误码率;(b) 激光器和具有柱状微腔的单光子源之间的实验比较。单光子源在通道损耗截止方面实现了 5 dB 的改善[338]

在通信的最后阶段,密钥被用作一次性密码本交换信息。图 8.5(a) 显示了如何实现这一点。用一张斯坦福大学纪念教堂的照片作为消息。首先,共享 20 kB,密钥由 BB84 QKD 协议产生。Alice 使用密钥副本对消息的每一位执行按位异或操作。对于任何没有密钥副本的人来说,加密消息的结果都是完全随机的噪声。图 8.5(b) 显示了原始和加密消息的像素值柱状图。原始消息在柱状图中具有清晰的结构,而加密消息具有一个平坦像素值。Bob 对加密的消息进行解码,使用密钥副本执行第二次按位异或操作,忠实地复原了原始消息。

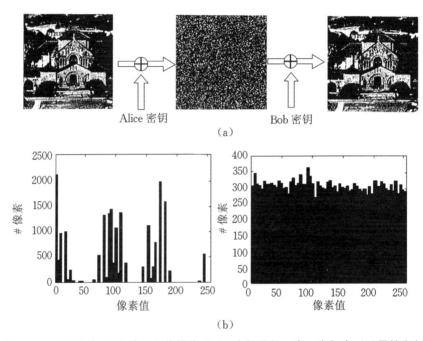

图 8.5 (a) 使用从 QKD 协议中获得的 20 kB 密钥进行一次一密加密;(b) 原始和加密信息的像素柱状图。加密信息显示了一个平坦的像素分布,正如对白噪声的预期那样[338]。引自 Edo Waks

在报道上述实验的同时,有报道使用基于金刚石中的单个氮空位中心的单光子源进行了类似的演示[283]。最近,用于长距离光纤通信的工作波长为 1.3 μm 的单光子量子点源被开发出来并用于 BB84 QKD 系统[340]。

8.2 具有嵌套纯化协议的量子中继器

在自由空间或光纤中实现的一种简单的 QKD 系统,由于不可避免的信道损耗，只能在有限的距离内传输密钥。为了在更远的距离上创建一个密钥，理论上可以使用基于"量子中继器"的方案[341]。为了这一目的，我们将 1000～10000 km 的线路总长度（在一个基于光纤系统）分为更小的部分，每个部分长度为 10～100 km。我们首先在一个或多个小片段中创建两个远程量子存储器的 EPR-Bell 状态，然后使用纠缠交换（或量子隐形传输）扩展其范围。最后的目标是在 Alice 和 Bob 之间产生一个 EPR-Bell 状态，它可以用来产生一个共享的随机密钥。

在两个遥远的物质量子比特之间产生纠缠是一个量子中继器系统中的关键步骤，正如第 1 章所讨论的，这可以在几种方式中用单光子来实现。这些包括单光子探针的差分相位检测，如图 1.8 所示[15]（虽然该方案不能承受大的信道损耗），对两个不可分辨光子的符合检测如图 1.9 所示[17]（尽管该方案的成功概率较低）。此外，我们还得到了 Cabrillo 等人提出的原始拉曼方案[16]和一个专门针对氮空位中心而设计的方案[88]。以这种方式产生的 EPR-Bell 状态具有有限保真度（或者噪声），在进入交换的下一步之前，必须对其进行净化[342,343]。我们可以衔接纠缠纯化和纠缠交换步骤来构建容错量子中继器系统[344]。

8.3　量子信息处理

对于光的量子信息处理（QIP），有许多理论上的建议。它们通常分为以下两类。

（1）量子信息存储在一个材料系统中，光在不同的寄存器之间用作解调者。受控的逻辑操作成为可能，从某种意义上讲，因为光-物质相互作用的非线性特征在下面将变得清晰。

（2）量子信息直接在光场中存储和处理，受控操作需要极其强的非线性光学相互作用，可能是光探测过程本身。

详细回顾所有这些方案已远远超出了本章的范围。取而代之，我们将要做的是解释如何用单光子以一种简单的方式来执行一些关键的 QIP 过程，不管它们是只作为信息的解调者，还是用作实际的量子寄存器。

8.3.1　量子网络中的量子信息处理

在 QIP 的标准范例中，"量子计算机"是一种执行量子寄存器的相干操作的装置，该寄存器在最终测量步骤破坏叠加并留下一个单一的计算状态供读取之前,是在计算状态的叠加中准备的。任何这样的操作都可以分解成一系列的单次操作和非线性双量子比特操作,后者代表了构建量子计算机的大部分技术挑战。

量子网络可用于执行标准量子计算的混合形式,其中信息存储在网络节点中(例如,Λ 型系统中两个较低状态的叠加),不同节点通过光子回路中的光传播相互作用。单量子比特操作可以使用微波或光脉冲直接在一个节点上执行。正如以下所解释的,单量子比特测量可以通过使用反射自节点的光脉冲的色散测量或通过辅助循环跃迁直接询问 Λ 系统来执行。

确定性量子相位门可以通过在网络中释放和重新捕获单个光子在两个节点之间实现。虽然从误差校正的角度来看,这不是最稳定的技术,但这种方法说明了光子-物质量子比特接口的可能性。

8.3.1.1　单节点准备和测量技术

在给定状态下初始化节点的最常见方法是通过光泵浦。这种技术有很多变化,这里我们将给出一个例子。和第 3 章一样,我们用 $|e\rangle$、$|g\rangle$ 表示 Λ 系统的两个基态,用 $|r\rangle$ 表示激发态。假设我们想在状态 $|e\rangle$ 下初始化节点。为了使光抽运工作,g-r 转换应该是光学主动的,并且应该有一条从状态 $|r\rangle$ 到状态 $|e\rangle$ 的衰减路径。然后我们只对 g-r 跃迁应用连续光激发(也就是说,e-r 跃迁不应该被激发)。如果系统以状态 $|e\rangle$ 启动,它将保持该状态。如果它开始于状态 $|g\rangle$,它将被激发到状态 $|r\rangle$,然后将衰减到状态 $|e\rangle$ 或 $|g\rangle$。在前一种情况下,它将保持在状态 $|e\rangle$。在后一种情况下,它将经历其他泵浦循环。经过几个循环后,发现系统处于 $|e\rangle$ 状态的概率将非常高。

如果可以使用所谓的循环跃迁,则可以使用非常类似的技术来完成节点状态的读取。如果状态 $|a\rangle$ 以接近单位概率衰减到状态 $|e\rangle$,我们就称状态 $|e\rangle$ 和非辅助状态 $|a\rangle$ 之间的跃迁为循环。而且,如果 e-a 跃迁可以在不激励 g-a 跃迁的情况下激发,则可以进行非常简单和有效的读出测量。其思想是应用连续光激励 e-a 跃迁。如果系统从状态 $|e\rangle$ 开始,一系列自发辐射的光子将被观测到,这是 a-e 衰变的特征。如果系统从状态 $|g\rangle$ 开始,将保持黑暗,也就是说,没有光子被发射。

这些光抽运技术最初是在离子捕获系统中开发出来的,可以提供超过 99% 的初始化和读出成功概率。在光子集成系统中,可以使用外部光"询问"节点,并为初始化或读出提供另一种方法。我们在第 2 章中看到节点中反射出来的一个单光子如何拾取一个依赖于节点状态的相位。同样,弱或远失谐的相干脉冲将根据节点腔的反射来获取依赖于状态的相位。结合零差检测等相位测量技术,为节点的投影测量提供了一种方法。请注意,一般来说,谐振相干脉冲会使节点饱和,即在给定时间内腔中可能存在不止一个光子,这可能导致读出错误。

8.3.1.2 单节点的相干操控

节点的准备和测量是不可逆的过程,其中节点的量子状态通常经历“坍缩”。量子计算还要求能够以可逆、相干的方式改变节点。相干演变可以用一个单位矩阵在量子状态向量上的作用来描述,也称为单量子比特门。在量子网络的节点上,有许多方法可以实现这些门,下面我们将介绍几个例子。

最直接的方法包括施加与 e-g 跃迁接近共振的电磁辐射,包括两个基态之间的相干拉比振荡。在大多数实验系统中,e 态和 g 态对应于通过磁场耦合的不同自旋态。如果共振的话,这样的一个脉冲实现量子门,有

$$X(t) = \exp\left(-\mathrm{i}\sigma_x \int_{-\infty}^{t} \frac{\Omega(s)}{2}\mathrm{d}s\right) \tag{8.3}$$

其中,σ_x 是常规泡利矩阵,瞬时拉比频率 $\Omega(s)$ 由脉冲在时间 s 时的磁场幅度 $B(s)$ 和 e-g 跃迁的磁偶极矩 μ^{M}_{eg} 的乘积给出,$\Omega(s) = \mu^{\mathrm{M}}_{eg} \cdot B(s)/\hbar$。

在大多数实验系统中,e 和 g 能级有微弱的能量差,对应于一个微波频率跃迁。记 Δ_{eg} 为跃迁频率,我们观察到,如果我们只是“等待”一定时间 t,系统将自行演化,实现相位门,有

$$Z(t) = \exp(-\mathrm{i}\sigma_z \Delta_{eg} t) \tag{8.4}$$

其中,σ_z 是常规泡利矩阵。

任何单个量子比特门都可以通过应用一系列(最多 3 个)在适当的时间段内的 X 或 Z 操作来实现。因此,微波脉冲为实现单量子比特门提供了一种简单的方法。它们有两个主要的缺点。

(1) 磁偶极跃迁通常比电偶极跃迁弱,这限制了拉比频率的实际可达到值,因此门的速度低于吉赫兹值。

(2) 微波在空间中不能聚焦得很紧密,因此缺乏空间分辨率。结果,不同的节点必须彼此远离,以避免任何串扰,网络的物理尺寸需要很大。人们可以利用金属带波导中微波的亚波长限制来绕过这个问题,尽管代价是增加了设计的复杂性。

为了避免这些缺点,可以使用光脉冲。第一种方案是考虑驱动由虚拟激发态 r 促成的 e 态和 g 态之间的拉曼跃迁,这种跃迁可能与用于单光子产生的方案的激发态对应,也可能不对应。假设我们以 Δ_{eg} 的频率差(双光子共振)同时将两个脉冲施加到节点上。如果我们用 Ω_1 和 Ω_2 表示脉冲在各自跃迁(e-r 或 g-r)上的相应拉比频率,结果表明,节点在 e 态和 g 态之间以一个有效拉比频率振荡,即

$$\Omega_{\text{eff}} = \frac{\Omega_1 \Omega_2}{\Delta_{eg}} \tag{8.5}$$

光脉冲可以从具有亚微分辨率的自由空间环境中施加,也可以通过光子网络本身施加。使用这种技术,门的速度可以达到 100 GHz。应用载波频率略有不同的同步脉冲的一种方便的方法,是使用声光或电光调制器产生频率差控制良好的参考脉冲的边带。双脉冲拉曼跃迁法的一个变化是使用一个带宽远大于 Δ_{eg} 的快速光脉冲[55,74]。

8.3.1.3 两节点间光子诱导控制的相位门

任何量子计算机方案的关键挑战都是实现快速、可靠的双比特门。在这里,我们描述了一个简单过程的例子,在理论上允许人们在被光子通道连接的两个节点 A 和 B 之间实现一个受控的相位(C-Z)门。该过程在图 8.6 中展示,并利用第 3 章中描述的相干光子生成和捕获技术。

我们首先将产生控制脉冲应用于节点 A,当且仅当节点 A 处于状态 $|e\rangle$,该节点会在信道中释放一个光子。也就是说,如果节点 A 在状态 $\alpha|e\rangle_A + \beta|g\rangle_A$ 下启动,则应用生成控制脉冲后的系统状态将为 $|g\rangle_A(\alpha|1\rangle + \beta|0\rangle)$,其中括号中的状态描述了波导中发射的光子数量(图 8.6 的顶行)。假设一个光子可以被发射,我们将它发送到节点 B(可能通过一组被动或主动开关),并让它反射出节点 B 的腔。如第 2 章所示,当且仅当节点 B 处于状态 $|e\rangle$,反射光子将获得一个 π 相移。也就是说,如果在反射事件期间节点 B 的状态为 $\gamma|e\rangle_B + \delta|g\rangle_B$,反射后,系统的全局状态将为(图 8.6 的中间一行)

$$|g\rangle_A(-\alpha\gamma|1\rangle|e\rangle_B + \alpha\delta|1\rangle|g\rangle_B + \beta\gamma|0\rangle|e\rangle_B + \beta\delta|0\rangle|g\rangle_B) \tag{8.6}$$

最后,我们将反射光子发送回节点 A,在节点 A 执行光子捕获操作。如果一个光子确实存在于波导中,节点 A 将吸收它并使一个拉曼通道进入状态 $|e\rangle$。如果不存在光子,则节点 A 处于状态 $|g\rangle$。此过程的最终结果是在光子通道中不留光子,节点 A 和 B 处于如下状态

$$-\alpha\gamma\,|e\rangle_\mathrm{A}\,|e\rangle_\mathrm{B}+\alpha\delta\,|e\rangle_\mathrm{A}\,|g\rangle_\mathrm{B}+\beta\gamma\,|g\rangle_\mathrm{A}\,|e\rangle_\mathrm{B}+\beta\delta\,|g\rangle_\mathrm{A}\,|g\rangle_\mathrm{B} \qquad (8.7)$$

这正是 C-Z 门的精确结果。两个节点通过光子通道中发出的临时单光子相互作用。

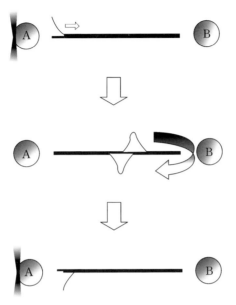

图 8.6 两个电子量子比特(A,B)之间的控制-Z 操作。我们将紧随俘获控制脉冲产生的控制脉冲作用于节点 A。当且仅当节点 A 处于状态 $|e\rangle$ 时,单个光子在波导中传播。而且,当且仅当节点 B 处于状态 $|e\rangle$ 时,从节点 B 反射出来的单光子会获得一个 π 相移。因此,当且仅当联合系统(A,B)处于状态 $|ee\rangle$ 时,获得全局 π 相移

8.3.2 纠缠分发:簇态的形成

2001 年,Raussendorf 和 Briegel 提出了一种操作量子计算机的基本新方法[291],这是一种基于测量的方法,其中不存在叠加态的相干操控。取而代之,量子寄存器是在一个称为簇态的大纠缠态中准备的,并且计算是通过在基上的一系列单量子比特测量而形成的,而基是依赖于先前测量的结果。最初存在于簇中的量子相关在过程中逐渐被破坏。

尽管理论上等同于标准电路模型,但基于测量的 QIP 在容错和量子纠错开销方面具有实际优势。簇态可以通过不断重复直至成功的方式离线准备,比如通过在量子比特之间执行一系列成对控制的门。这一建议的一个概念性吸引力是,运行量子算法的"全部工作"是从"量子工厂"购买正确的簇态并执行一系列的单量子比特测量,这通常比相干操控更容易在实验上实现。

在光子量子网络结构中,簇态的建立在理论上是相对简单的。第8.2节中列出的方案都可以使用。在这里,我们考虑的另一种方案,可用于低损耗网络。我们在前面描述了如何通过一个光子"信使"在两个节点之间执行C-Z操作,该光子"信使"可用于根据簇态形成的需要纠缠节点。在该方案中,光子需要在两个节点之间来回传输。结果表明,有一种更简单的方法可以使得两个节点纠缠,其中光子只需要单向传输,从而降低了丢失的概率。

考虑一个最初在状态$|e\rangle$中准备的节点 A。我们将光子产生控制脉冲应用于该节点,以诱导拉曼通道进入状态$|g\rangle$,正如第 3 章所解释的。现在的关键区别是,我们只希望光子的产生概率为 $1/2$,这可以通过选择光子波形$\alpha'(t)=\alpha(t)/\sqrt{2}$得到,这就有如下公式

$$\int_{\infty}^{\infty} |\alpha'(t)|^2 \mathrm{d}t = \frac{1}{2} \tag{8.8}$$

这个操作之后,节点+波导系统状态如下

$$\Psi_{\mathrm{AW}} = \frac{1}{\sqrt{2}}(|e,0\rangle + |g,1_a\rangle) \tag{8.9}$$

式中,1_a表示光子通道中波形α的一个全光子。然后将发射的光子路由到节点 B,最初在状态$|g\rangle$中制备,并将捕获控制脉冲应用到节点 B,以完全吸收波形α的入射光子。这将使波导始终为空,节点 A 和 B 处于最大纠缠态

$$\Psi_{\mathrm{AB}} = \frac{1}{\sqrt{2}}(|e,g\rangle_{\mathrm{AB}} + |g,e\rangle_{\mathrm{AB}}) \tag{8.10}$$

8.3.3 单光子非线性光学

拉曼捕获/产生技术允许在单光子水平上诱导巨大的非线性。在这里,我们描述了一种协议,其中一个单光子在波导中的存在会在另一个与第一个光子分离良好的单光子上引发一个条件性全 π 相移。

假设两个单光子,一个"控制"和一个"目标",在波导中被依次发送到一个初始状态为$|g,0\rangle$的网络节点上。将控制脉冲应用于该节点以捕获第一个光子,从而诱导节点状态跃迁到状态$|e,0\rangle$。然后,目标(第二个)光子遇到一个空腔。如前面的第 2 章所示,如果光子的时间持续时间大于 $1/\kappa$,则目标光子从腔中反射而不劣化,但具有 π 相移。然后,控制光子可以在传输线中重新发射,使光自由度与节点不纠缠,变形为

$$|1\rangle_c |1\rangle_t \rightarrow -|1\rangle_c |1\rangle_t \tag{8.11}$$

现在,假设控制光子最初不存在。然后,目标光子将看到状态 $|g,0\rangle$ 的一个节点,并且也将不失真地反射,但这次没有相移。相似地,如果不存在目标光子,就没有物理元素来获得相移。因此,光自由度变形为

$$|0\rangle_c|1\rangle_t \rightarrow |0\rangle_c|1\rangle_t \tag{8.12}$$

$$|1\rangle_c|0\rangle_t \rightarrow |1\rangle_c|0\rangle_t \tag{8.13}$$

$$|0\rangle_c|0\rangle_t \rightarrow |0\rangle_c|0\rangle_t \tag{8.14}$$

换句话说,控制光子的存在会引起目标光子上的 π 相移,在双轨表示或单轨光子数表示中,这也可以看作是两个光子量子比特之间的控制门 Z。注意,由于简单的偏振分束器可以用来转换偏振编码的量子比特和双轨量子比特,这种光子 C-Z 门也可以用于偏振编码。

参 考 文 献①

[1] Santori,C.,Fattal,D.,Vučković,J.,Pelton,M.,Solomon,G.S.,Waks,E.,Press,D.,and Yamamoto,Y.(2009) *Pillar Microcavities for Single-Photon Generation*,*in Practical Applications of Microresonators in Optics and Photonics*,Taylor & Francis Group,LLC,pp.53-132.

[2] Glauber,R.J.(1963) The quantum theory of optical coherence.*Physical Review*,130(6),2529-2539.

[3] Waks,E.,Santori,C.,and Yamamoto,Y.(2002) Security aspects of quantum key distribution with sub-Poisson light. *Physical Review A*, 66(4),042315.

[4] Purcell,E.M.(1946) Spontaneous emission probabilities at radio frequencies.*Physical Review*,69,681.

[5] Fearn,H. and Loudon,R.(1989) Theory of two-photon interference. *Journal of the Optical Society of America B*,6,917-927.

[6] Santori,C.,Fattal,D.,Vučković,J.,Solomon,G.S.,and Yamamoto,Y.(2002) Indistinguishable photons from a single-photon device. *Nature (London)*,419,594-597.

[7] Scully,M.O. and Zubairy,M.S.(1997)*Quantum Optics*,Cambridge University Press,Cambridge,UK.

[8] Siegman,A.E.(1986) *Lasers*,University Science Books,Mill Valley,CA.

[9] Glauber,R.J.(1963) Coherent and incoherent states of the radiation field. *Physical Review*,131(6),2766-2788.

[10] Glauber,R.J.(1965) *in*,*Quantum Optics and Electronics*,Gordon and Breach,pp.65-83.

[11] Sargent,M.Ⅲ,Scully,M.O.,and Lamb,W.E.Jr.(1974) *Laser Physics*,Addison-Wesley.

---

① 本书参考文献直接引自英文版原书。

［12］ Imoto，N.，Haus，H.A.，and Yamamoto，Y.（1985）Quantum nondemoli-tion measurement of the photon number via the optical Kerr effect. *Physical Review A*，32(4)，2287-2292.

［13］ Caves，C.M.（1981）Quantum-mechanical noise in an interferometer. *Physical Review D*，23(8)，1693-1708.

［14］ Bennett，C.H.and Brassard，G.（1984）Quantum Cryptography：Public key distribution and coin tossing in *Proc.IEEE Int.Conf.Computers，Systems，and Signal Processing*，pp.175-179.

［15］ Van Loock，P.，Ladd，T.D.，Sanaka，K.，Yamaguchi，F.，Nemoto，K.K.，Munro，W.J.，and Yamamoto，Y.（2006）Hybrid quantum repeater using bright coherent light.*Physical Review Letters*，96(24)，240501.

［16］ Cabrillo，C.，Cirac，J.I.，Garcia-Fernandez，P.，and Zoller，P.（1999）Crea-tion of entangled states of distant atoms by interference. *Physical Review A*，59(2)，1025-1033.

［17］ Simon，C. and Irvine，W.T.M.（2003）Robust Long-Distance Entangle-ment and a Loophole-Free Bell Test with Ions and Photons. *Physical Review Letters*，91(11)，110405.

［18］ Compton，A.H.（1929）The corpuscular properties of light.*Review of Modern Physics*，1(1)，74-89.

［19］ Sweet，W.H.（1951）The use of nuclear disintegration in the diagnosis and treatment of brain tumor.*New England Journal of Medicine*，245，875-878.

［20］ Wrenn，F.R.，Good，M.L.，and Handler，P.（1951）The use of positron-emitting radioisotopes for the localization of brain tumors.*Scicnce* 113，525-527.

［21］ Kocher，C.A. and Commins，E.D.（1967）Polarization correlation of pho-tons emitted in an atomic cascade. *Physical Review Letters*，18(15)，575-577.

［22］ Burnham，D.C. and Weinberg，D.L.（1970）Observation of simultaneity in parametric production of optical photon pairs.*Physical Review Let-ters*，25(2)，84-87.

[23] Aspeet,A.,Grangier,P.,Roger,G.et al.(1982) Experimental realization of Einstein-Podolsky-Rosen-Bohm Gedankenexperiment: a new violation of Bell's inequalities.*Physical Review Letters*,49(2),91-94.

[24] Hong,C.K.,Ou,Z.Y.,and Mandel,L.(1987) Measurement of subpicosecond time intervals between two photons by interference. *Physical Review Letters*,59(18),2044-2046.

[25] Kimble,H.J.,Dagenais,M.,and Mandel,L.(1977) Photon antibunching in resonance fluorescence.*Physical Review Letters*,39(11),691-695.

[26] Diedrich,F. and Walther,H.(1987) Nonclassical radiation of a single stored ion.*Physical Review Letters*,58(3),203-206.

[27] Basche,T.,Moerner,W. E.,Orrit,M.,and Talon,H.(1992) Photon antibunching in the fuorescence of a single dye molecule trapped in a solid. *Physical Review Letters*,69(10),1516-1519.

[28] Kurtsiefer,C.,Mayer,S.,Zarda,P.,and Weinfurter,H.(2000) Stable solid-state source of single photons. *Physical Review Letters*,85(2), 290-293.

[29] Michler,P.,Imamoglu,A.et al.(2000) Quantum correlation among photons from a single quantum dot at room temperature. *Nature*,406 (6799),968-970.

[30] Koashi,M.,Kono,K.,Hirano,T.,and Matsuoka,M.(1993) Photon antibunching in pulsed squeezed light generated via parametric amplification. *Physical Review Letters*,71(8),1164-1167.

[31] De Martini,F.,Di Giuseppe,F.,and Marrocco,M.(1996) Single-mode generation of quantum photon states by excited single molecules in a microcavity trap.*Physical Review Letters*,76(6),900-903.

[32] Brunel,C.,Lounis,B.,Tamarat,P.,and Orrit,M.(1999) Triggered source of single photons based on controlled single molecule fluorescence.*Physical Review Letters*,83(14),2722-2725.

[33] Kim,J.,Benson,O.,Kan,H.,and Yamamoto,Y.(1999) A single-photon turnstile device.*Nature*,397(6719),500-503.

[34] Michler,P.,Kiraz,A.,Becher,C.,Schoenfeld,W. V.,Petroff,P. M.,

Zhang, L., Hu, E., and Imamoglu, A. (2000) A quantum dot single-photon turnstile device. *Science*, 290, 2282-2285.

[35] Santori, C., Pelton, M., Solomon, G., Dale, Y., and Yamamoto, Y. (2001) Triggered single photons from a quantum dot. *Physical Review Letters*, 86(8), 1502-1505.

[36] Zwiller, V., Blom, H., Jonsson, P., Panev, N., Jeppesen, S., Tsegaye, T., Goobar, E., Pistol, M. E., Samuelson, L., and Björk, G. (2001) Single quantum dots emit single photons at a time: Antibunching experiments. *Applied Physics Letters*, 78, 2476.

[37] Lounis, B. and Moerner, W.E. (2000) Single photons on demand from a single molecule at room temperature. *Nature (London)*, 407, 491.

[38] Beveratos, A., Kühn, S., Brouri, R., Gacoin, T., Poizat, J.P., and Grangier, P. (2002) Room temperature stable singlephoton source. *The European Physical Journal D*, 18(2), 191-196.

[39] Yuan, Z., Kardynal, B.E., Stevenson, R.M., Shields, A.J., Lobo, C.J., Cooper, K., Beattie, N.S., Ritchie, D.A., and Pepper, M. (2002) Electrically driven single-photon source. *Science* 295, 102-105.

[40] Moreau, E., Robert, I., Gerard, J.M., Abram, I., Manin, L., and Thierry-Mieg, V. (2001) Single-mode solid-state single photon source based on isolated quantum dots in pillar microcavities. *Applied Physics Letters*, 79, 2865.

[41] Pelton, M., Santori, C., Vučković, J., Zhang, B., Solomon, G.S., Plant, J., and Yamamoto, Y. (2002) Eficient source of single photons: A single quantum dot in a micropost microcavity. *Physical Review Letters*, 89(23), 233602.

[42] Strauf, S., Stoltz, N.G., Rakher, M.T., Coldren, L.A., Petroff, P.M., and Bouwmeester, D. (2007) High-frequency single-photon source with polarization control. *Nature Photonics*, 1(12), 704-708.

[43] Laurent, S., Varoutsis, S., Le Gratiet, L., Lemaître, A., Sagnes, I., Raineri, F., Levenson, A., Robert-Philip, I., and Abram, I. (2005) Indistinguishable single photons from a single-quantum dot in a two-dimen-

sional photonic crystal cavity.*Applied Physics Letters*,87,163107.

[44] Bennett,A.,Unitt,D.,Shields,A.,Atkinson,P., and Ritchie,D.(2005) Influence of exciton dynamics on the interference of two photons from a microcavity single-photon source.*Optics Express*,13(20),7772-7778.

[45] Bennett, A. J., Patel, R. B., Shields, A. J., Cooper, K., Atkinson, P., Nicoll,C.A., and Ritchie,D.A.(2008) Indistinguishable photons from a diode.*Applied Physics Letters*,92,193503.

[46] Patel, R. B., Bennett, A. J., Farrer, I., Nicoll, C. A., Ritchie, D. A., and Shields,A.J.(2009) Tunable Indistinguishable Photons From Remote Quantum Dots.*Arxiv preprint arXiv*:0911.3997.

[47] Kuhn,A.,Heinrich,M.,and Rempe,G.(2002) Deterministic single-photon source for distributed quantum networking. *Physical Review Letters*,89(6),067901.

[48] Legero, T., Wilk, T., Hennrich, M., Rempe, G., and Kuhn, A. (2004) Quantum beat of two single photons. *Physical Review Letters*, 93 (7),070503.

[49] Beugnon, J., Jones, M. P. A., Dingjan, J., Darquie, B., Messin, G., Browaeys, A., and Grangier, P. (2006) Quantum interference between two single photons emitted by independently trapped atoms. *Nature*, 440,779-782.

[50] Keller,M.,Lange,B.,Hayasaka,K.,Lange,W.,and Walther,H.(2004) Continuous generation of single photons with controlled waveform in an ion-trap cavity system.*Nature*,431,1075-1078.

[51] Maunz,P.,Moehring,D.L.,Olmschenk,S.,Younge,K.C.,Matsukevich, D.N.,and Monroe,C.(2007) Quantum interference of photon pairs from two remote trapped atomic ions.*Nature Physics*,3(8),538-541.

[52] Moehring,D.L.,Maunz,P.,Olmschenk,S.,Younge,K.C.,Matsukevich, D.N.,Duan,L.M.,and Monroe,C.(2007) Entanglement of single-atom quantum bits at a distance.*Nature*,449(7158),68-71.

[53] Atature,M.,Dreiser,J.,Badolato,A.,Hogele,A.,Karrai,K.,and Imamoglu,A.(2006) Quantum-dot spin-state preparation with near-unity fi-

delity.*Science*,312(5773),551-553.

[54] Gerardot，B. D.，Brunner，D.，Dalgarno，P. A.，Öhberg，P.，Seidl，S.，Kroner，M.，Karrai，K.，Stoltz，N.G.，Petroff，P.M.，and Warburton，R.J.（2008）Optical pumping of a single hole spin in a quantum dot.*Nature*，451(7177),441-444.

[55] Press，D.，Ladd，T. D.，Zhang，B.，and Yamamoto，Y.（2008）Complete quantum control of a single quantum dot spin using ultrafast optical pulses.*Nature*,456(7219),218-221.

[56] Fernandez，G.，Volz，T.，Desbuquois，R.，Badolato，A.，and Imamoglu，A.（2009）Optically Tunable Spontaneous Raman Fluorescence from a Single Self-Assembled InGaAs Quantum Dot.*Physical Review Letters*,103(8),087406.

[57] Balasubramanian，G.，Neumann，P.，Twitchen，D.，Markham，M.，Kolesov，R.，Mizuochi，N.，Isoya，J.，Achard，J.，Beck，J.，Tissler，J.，Jacques，V.，Hemmer，P.R.Jelezko，F.，and Wrachtrup，J.（2009）Ultralong spin coherence time in isotopically engineered diamond.*Nature Materials*,8,383-387.

[58] Jelezko，F.，Gaebel，T.，Popa，I.，Gruber，A.，and Wrachtrup，J.（2004）Observation of coherent oscillations in a single electron spin.*Physical Review Letters*,92(7),76401-76401.

[59] Dutt，M. V.，Childress，L.，Jiang，L.，Togan，E.，Maze，J.，Jelezko，F.，Zibrov，A. S.，Hemmer，P. R.，and Lukin，M. D.（2007）Quantum register based on individual electronic and nuclear spin qubits in diamond.*Science*,316(5829),1312.

[60] Santori，C.，Tamarat，P.，Neumann，P.，Wrachtrup，J.，Fattal，D.，Beausoleil，R. G.，Rabeau，J.，Olivero，P.，Greentree，A. D.，Prawer，S.*et al*,（2006）Coherent population trapping of single spins in diamond under optical excitation.*Physical Review Letters*,97(24),247401.

[61] Park，Y.-S.，Cook，A. K.，and Wang，H.（2006）Cavity QED with diamond nanocrystals and silica microspheres. *Nano Letters*,6(9),2075-2079.

［62］ Greentree，A. D.，Olivero，P.，Draganski，M.，Trajkov，E.，Rabeau，J. R.，Reichart，P.，Gibson，B. C.，Rubanov，S.，Huntington，S. T.，Jamieson，D. N.，and Prawer，S.(2006) Critical components for diamond-based quantum coherent devices. *Journal of Physics: Condensed Matter*, 18 (21)，825.

［63］ Tomljenovic-Hanic，S.，Steel，M. J.，de Sterke，C. M.，and Salzman，J. (2006) Diamond based photonic crystal microcavities. *Optics Express*, 14(8)，3556-3562.

［64］ Wang，C. F.，Choi，Y.-S.，Lee，J. C.，Hu，E. L.，Yang，J.，and Butler，J. E. (2007) Observation of whispering gallery modes in nanocrystalline diamond microdisks. *Applied Physics Letters*,90(8)，081110.

［65］ Wang，C. F.，Hanson，R.，Awschalom，D. D.，Hu，E. L.，Feygelson，T.，Yang，J.，and Butler，J. E.(2007) Fabrication and characterization of two-dimensional photonic crystal microcavities in nanocrystalline diamond. *Applied Physics Letters*,91,201112.

［66］ Hiscocks，M. P.，Ganesan，K.，Gibson，B. C.，Huntington，S. T.，Ladouceur，F.，and Prawer，S.(2008) Diamond waveguides fabricated by reactive ion etching. *Optics Express*,16(24)，19512-19519.

［67］ Fu，K.，Santori，C.，Barclay，P. E.，Aharonovich，I.，Prawer，S.，Meyer，N.，Holm，A. M.，and Beausoleil，R. G.(2008) Coupling of nitrogen-vacancy centers in diamond to a GaP waveguide. *Applied Physics Letters*,93,234107.

［68］ Bayn，I. and Salzman，J.(2008) Ultra high-Q photonic crystal nanocavity design: The effect of a low-ε slab material. *Optics Express*, 16 (7)，4972-4980.

［69］ Barclay，P. E.，Santori，C.，Fu，K. M.，Beausoleil，R. G.，and Painter，O. (2009) Coherent interference effects in a nanoassembled diamond NV center cavity-QED system. *Optics Express*,17(10)，8081-8097.

［70］ Larsson，M.，Dinyari，K. N.，and Wang，H.(2009) Composite Optical Microcavity of Diamond Nanopillar and Silica Microsphere. *Nano Letters* 9,1447-1450.

［71］ Barclay,P.E.,Fu,K.M.C.,Santori,C.,and Beausoleil,R.G.(2009) Chip-based microcavities coupled to nitrogen-vacancy centers in single crystal diamond.*Applied Physics Letters*,95,191115.

［72］ Strauf,S.,Michler,P.,Klude,M.,Hommel,D.,Bacher,G.,and Forchel,A.（2002） Quantum optical studies on individual acceptor bound excitons in a semiconductor. *Physical Review Letters*，89（17），177403-177403.

［73］ Fu,K.M.C.,Santori,C.,Stanley,C.,Holland,M.C.,and Yamamoto,Y.（2005） Coherent Population Trapping of Electron Spins in a High-Purity n-Type GaAs Semiconductor. *Physical Review Letters*，95（18），187405.

［74］ Fu,K.M.C.,Clark,S.M.,Santori,C.,Stanley,C.R.,Holland,M.C.,and Yamamoto,Y.(2008) Ultrafast control of donor-bound electron spins with single detuned optical pulses.*Nature Physics*,4(10),780-784.

［75］ Sanaka, K.,Pawlis, A.,Ladd, T. D.,Lischka, K.,and Yamamoto, Y.（2009） Indistinguishable photons from independent semiconductor nanostructures.*Physical Review Letters*,103(5),053601.

［76］ Hogele,A.,Galland,C.,Winger,M.,and Imamoglu,A.(2008) Photon antibunching in the photoluminescence spectra of a single carbon nanotube.*Physical Review Letters*,100(21),217401.

［77］ Masuo, S.,Masuhara, A.,Akashi, T.,Muranushi, M.,Machida, S.,Kasai,H.,Nakanishi,H.,Oikawa,H.,and Itaya,A.(2007) Photon antibunching in the emission from a single organic dye nanocrystal. *Japanese Journal of Applied Physics*,46.L268-L270.

［78］ Lettow,R.,Ahtee,V.,Pfab,R.,Renn,A.,Ikonen,E.,Götzinger,S.,and Sandoghdar,V.(2007) Realization of two Fourier-limited solid-state single-photon sources.*Optics Express*,15(24),15842-15847.

［79］ Lettow, R.,Rezus, Y. L. A.,Renn, A.,Zumofen, G.,Ikonen, E.,Gotzinger,S.,and Sandoghdar,V.(2009) Quantum Interference of Tunably Indistinguishable Photons from Remote Organic Molecules.*Arxiv preprint arXiv*:0911.3031.

[80] Zaitsev, A.M. (2001) *Optical properties of diamond: a data handbook*, Springer.

[81] Gaebel, T., Popa, I., Gruber, A., Domhan, M., Jelezko, F., and Wrachtrup, J. (2004) Stable single-photon source in the near infrared. *New Jounal of Physics*, 6(1), 98.

[82] Wang, C., Kurtsiefer, C., Weinfurter, H., and Burchard, B. (2006) Single photon emission from SiV centres in diamond produced by ion implantation. *Journal of Physics B: Atomic, Molecular and Optical Physics*, 39(1), 37-41.

[83] Wu, E., Rabeau, J.R., Roger, G., Treussart, F., Zeng, H., Grangier, P., Prawer, S., and Roch, J.F. (2007) Room temperature triggered single-photon source in the near infrared. *New Jounal of Physics*, 9, 434.

[84] Aharonovich, I., Zhou, C., Stacey, A., Orwa, J., Castelletto, S., Simpson, D., Greentree, A.D., Treussart, F., Roch, J.F., and Prawer, S. (2009) Enhanced single-photon emission in the near infrared from a diamond color center. *Physical Review B*, 79, 235316.

[85] Simpson, D. A., Ampem-Lassen, E., Gibson, B. C., Trpkovski, S., Hossain, F.M., Huntington, S. T., Greentree, A.D., Hollenberg, L.C.L., and Prawer, S. (2009) A highly efficient two level diamond based single photon source. *Applied Physics Letters*, 94, 203107.

[86] Wallraff, A., Schuster, D.I., Blais, A., Frunzio, L., Huang, R.S., Majer, J., Kumar, S., Girvin, S.M., and Schoelkopf, R.J. (2004) Strong coupling of a single photon to a superconducting qubit using circuit quantum electrodynamics. *Nature*, 431(7005), 162-167.

[87] Houck, A.A., Schuster, D.I., Gambetta, J.M., Schreier, J.A., Johnson, B.R., Chow, J.M., Frunzio, L., Majer, J., Devoret, M.H., Girvin, S.M., and Schoelkopf, R. J. (2007) Generating single microwave photons in a circuit. *Nature*, 449(7160), 328-331.

[88] Childress, L., Taylor, J. M., Sorensen, A. S., and Lukin, M. D. (2005) Faulttolerant quantum repeaters with minimal physical resources and implementations based on single-photon emitters. *Physical Review A*,

72(5),052330.

[89] Cohen-Tannoudji,C.,Dupont-Roc,J.,and Grynberg,G.(1989) *Photons and Atoms-Introduction to Quantum Electro-dynamics*,John Wiley & Sons.

[90] Loudon,R.(2000) *The Quantum Theory of Light*,Oxford University Press,New York.

[91] Cirac,J.l.,Zoller,P.,Kimble,H.J.,and Mabuchi,H.(1997) Quantum state transfer and entanglement distribution among distant nodes in a quantum network.*Physical Review Letters*,78,3221-3224.

[92] Yao,W.,Liu,R.-B.,and Sham,L.J.(2005) Theory of control of the spin-photon interface for quantum networks. *Physical Review Letters*,92,30504.

[93] Fattal,D.,Beausoleil,R.,and Yamamoto,Y.(2006) Coherent single-photon generation and trapping with imperfect cavity QED systems. *Arxiv preprint quant-ph*/0606204.

[94] Kuhn,A.,Hennrich,M.,Bondo,T.,and Rempe,G.(1999) Controlled generation of single photons from a strongly coupled atom-cavity system.*Applied Physics B*,69,373-377.

[95] Hennrich,M.,Legero,T.,Kuhn,A.,and Rempe,G.(2000) Vacuum-stimulated Raman scattering based on adiabatic passage in a high finesse optical cavity.*Physical Review Letters*,85,4872-4875.

[96] Kuhn,A.,Hennrich,M.,and Rempe,G.(2002) Deterministic single-photon source for distributed quantum networking. *Physical Review Letters*,89,67901.

[97] McKeever,J.*et al.*(2004) Deterministic generation of single photons from one atom trapped in a cavity.*Science*,303,1992-1994.

[98] Brattke,S.,Varcoe,B.T.,and Walther,H.(2001) Generation of photon number states on demand via cavity quantum electrodynamics.*Science*,86,3534-3537.

[99] Kiraz,A.,Atature,M.,and Imamoglu,A.(2004) Quantum dot single photon sources:Prospects for applications in linear optics quantum In-

formation processing.*Physical Review A*,69,032305.

[100] Yoshie,T.*et al*.(2004) Vacuum Rabi splitting with a single quantum dot in a photonic crystal nanocavity.*Nature*,432,200-203.

[101] Stillman,G.E.,Larsen,D.M.,Wolfe,C.M.,and Brandt,R.C.(1971) Precision verification of effective mass theory for shallow donors in GaAs.*Solid State Communications*,9,2245.

[102] Messiah,A.(1999) *Quantum Mechanics*,Dover Publications.

[103] Michler,P.*et al*.(2000) A quantum dot single-photon turnstile device. *Science*,290,2282-2285.

[104] Zwiller,V.*et al*.(2001) Single quantum dots emit single photons at a time: antibunching experiments.*Applied Physics Letters*,78,2476-2478.

[105] Moreau,E.*et al*.(2001) Single-mode solid-state single photon source based on isolated quantum dots in pillar microcavities. *Applied Physics Letters*,79,2865-2867.

[106] Yuan,Z.*et al*.(2002) Electrically driven single-photon source.*Science*, 295,102-105.

[107] Ruhle,W.and Kingenstein,W.(1978) Excitons bound to neutral donors in InP.*Physical Review B*,18,7011.

[108] Kohn,W.(1957) Shallow impurity states in silicon and germanium,in (eds. R. Seitz and D. Turnbull),*Solid State Physics*,Academic,New York,volume 5,pp.257-320.

[109] Fetterman,H.R.,Larsen,D.M.,Stillman,G.E.,Tannenwald,P.E.,and Waldman,J.(1971) Field-dependent central-cell corrections in GaAs by laser spectroscopy.*Physical Review Letters*,26,975-978.

[110] Dalibard,J.,Castin,Y.,and Mølmer,K.(1992) Wave-function approach to dissipative processes in quantum optics.*Physical Review Letters*,68 (5),580-583.

[111] Walls,D.F. and Milburn,G,J.(1994) *Quantum Optis*,Springer-Verlag, Berlin.

[112] Laudenbach,F.(2000) *Calcul differentiel et integral*,Editions de l'Ecole Polytechnique.

[113] Cohen-Tannoudji, C., Dupont-Roc, J., and Grynberg, G. (1992) *Atom-Photon Interactions; Basic Processes and Applications*, Wiley, New York.

[114] Carmichael, H. J. (1999) *Statistical methods in quantum optics*, Springer.

[115] Plenio, M. B. and Knight, P. L. (1998) The quantum-jump approach to dissipative dynamics in quantum optics. *Reviews of Modern Physics*, 70(1), 101-144.

[116] Anderson, P. W. (1954) A mathematical model for the narrowing of spectral lines by exchange or motion. *Journal Physical Society Japan*, 9, 316-339.

[117] Kubo, R. (1954) Note on the stochastic theory of resonance absorption. *Journal of the Physical Society of Japan*, 9, 935.

[118] Daffer, S., Wódkiewicz, K., Cresser, J. D., and Mclver, J. K. (2004) Depolarizing channel as a completely positive map with memory. *Physical Review A*, 70(1), 10304.

[119] Ban, M., Kitajima, S., and Shibata, F. (2006) Decoherence of quantum information of qubits by stochastic dephasing. *Physics Letters A*, 349(6), 415-421.

[120] Ambrose, W. P. and Moerner, W. E. (1991) Fluorescence spectroscopy and spectral diffusion of single impurity molecules in a crystal. *Nature (London)*, 349(6306), 225-227.

[121] Muller, A., Flagg, E. B., Bianucci, P., Wang, X. Y., Deppe, D. G., Ma, W., Zhang, J., Salamo, G. J., Xiao, M., and Shih, C. K. (2007) Resonance fluorescence from a coherently driven semiconductor quantum dot in a cavity. *Physical Review Letters*, 99(18), 187402.

[122] Santori, C., Fattal, D., Fu, K.-M. C., Barclay, P. E., and Beausoleil, R. G. (2009) On the indistinguishability of Raman photons. *New Journal of Physics*, 11, 123009.

[123] Brunner, D., Gerardot, B. D., Dalgarno, P. A., Wust, G., Karrai, K., Stoltz, N. G., Petroff, P. M., and Warburton, R. J. (2009) A Coherent Single-Hole Spin in a Semiconductor. *Science*, 325(5936), 70.

[124] Davies,G.(1974) Vibronic spectra in diamond.*Journal of Physics C*: *Solid State Physics*,7(20),3797-3809.

[125] Sturge,M.D.(1967) The Jahn-Teller effect in solids.*Solid State Physics*,20,92-211.

[126] Maradudin,A.A.(1965) Some effects of point defects on the vibrations of crystal lattices.*Reports on Progress in Physics*,28(1),331-380.

[127] Maradudin, A. A. (1966) Theoretical and experimental aspects of the effects of point defects and disorder on the vibrations of crystals-1.*Solid State Physics*,18,273-420.

[128] Rittweger, E., Han, K. Y., Irvine, S. E., Eggeling, C., and Hell, S. W. (2009) STED microscopy reveals crystal colour centres with nanometric resolution.*Nature Photonics*,3(3),144-147.

[129] Walker,M.B.(1968) A T 5 spin-lattice relaxation rate for non-Kramers ions.*Canadian Journal of Physics*,46(11),1347-1353.

[130] Fu, K.-M.C.,Santori,C.,Barclay,P.E.,Rogers,L.J.,Manson,N.B.,and Beausoleil,R.G.(2009) Observation of the dynamic Jahn-Teller effect in the excited states of nitrogen-vacancy centers in diamond.*Physical Review Letters*,103,256404.

[131] Waks,E.,Diamanti,E.,Sanders,B.C.,Bartlett,S.D.,and Yamamoto, Y.(2004) Direct observation of nonclassical photon statistics in parametric down-conversion.*Physical Review Letters*,92(11),113602.

[132] Cabrera, B., Clarke, R. M., Colling, P., Miller, A. J., Nam, S., and Romani, R. W. (1998) Detection of single infrared, optical, and ultraviolet photons using superconducting transition edge sensors.*Applied Physics Letters*,73,735.

[133] Rosenberg,D.,Lita, A.E., Miller, A.J., and Nam, S. W. (2005) Noise-free high-efficiency photon-number-resolving detectors. *Physical Review A*,71 (6),61803.

[134] Brown,R.H.and Twiss,R.Q.(1956) A test of a new type of stellar interferometer on Sirius.*Nature (London)*,178,1046-1048.

[135] Kurtsiefer, C., Zarda, P., Mayer, S., and Weinfurter, H. (2001) The

breakdown flash of silicon avalanche photodiodes—back door for eavesdropper attacks? *Journal of Modern Optics*,48(13),2039-2047.

[136] Kouwenhoven, L. P., Austing, D. G., and Tarucha, S. (2001) Few-electron quantum dots.*Reports on Progress in Physics*,64(6),701-736.

[137] Alivisatos,A.P.(1996) Semiconductor clusters,nanocrystals,and quantum dots.*Science*,271(5251),933.

[138] Fan,X.,Palinginis,P.,Lacey,S.,Wang,H.,and Lonergan,M.C.(2000) Coupling semiconductor nanocrystals to a fused-silica microsphere:a quantumdot microcavity with extremely high Q factors.*Optics Letters*, 25(21),1600-1602.

[139] Le Thomas,N.,Woggon,U.,Schops,O.,Artemyev,M.V.,Kazes,M., and Banin,U.(2006) Cavity QED with semiconductor nanocrystals. *Nano Letters*,6(3),557-561.

[140] Shchukin, V. A., Ledentsov, N. N., Kop'Ev, P. S., and Bimberg, D. (1995) Spontaneous ordering of arrays of coherent strained islands. *Physical Review Letters*,75(16),2968-2971.

[141] Shchukin,V.A.and Bimberg,D.(1999) Spontaneous ordering of nano-structures on crystal surfaces.*Reviews of Modern Physics*,71(4), 1125-1171.

[142] Sun,J.,Jin,P.,and Wang,Z,G.(2004) Extremely low density InAs quantum dots realized in situ on (100) GaAs.*Nanotechnology*,15(12), 1763-1766.

[143] Brunner, K., Bockelmann, U., Abstreiter, G., Walther, M., Böhm, G., Tränkle,G.,and Weimann,G.(1992) Photoluminescence from a single GaAs/AlGaAs quantum dot. *Physical Review Letters*, 69 (22), 3216-3219.

[144] Marzin, J. Y., Gerard, J. M., lzrael, A., Barrier, D., and Bastard, G. (1994) Photoluminescence of single InAs quantum dots obtained by self-organized growth on GaAs. *Physical Review Letters*,73(5), 716-719.

[145] Hartmann,A.,Ducommun,Y.,Loubies,L.,Leifer,K.,and Kapon,E.(1998)

Structure and photoluminescence of single AlGaAs/GaAs quantum dots grown in inverted tetrahedral pyramids.*Applied Physics Letters*,73,2322.

[146] Kohmoto, S., Nakamura, H., Ishikawa, T., and Asakawa, K. (1999) Site-controlled self-organization of individual InAs quantum dots by scanning tunneling probe-assisted nanolithography. *Applied Physics Letters*,75,3488.

[147] Ishikawa, T., Nishimura, T., Kohmoto, S., and Asakawa, K. (2000) Site-controlled InAs single quantum-dot structures on GaAs surfaces patterned by in situ electron-beam lithography.*Applied Physics Letters*,76,167.

[148] Lee, H.,Johnson, J.A.,Speck, J.S.,and Petroff,P.M.(2000) Controlled ordering and positioning of InAs self-assembled quantum dots.*Journal of Vacuum Science & Technology B:Microelectronics and Nanometer Structures*,18,2193.

[149] Baier,M.H.,Pelucchi,E.,Kapon,E.,Varoutsis,S.,Gallart,M.,Robert-Philip,I.,and Abram,I.(2004) Single photon emission from site-controlled pyramidal quantum dots.*Applied Physics Letters*,84,648.

[150] Schneider, C., Strauß, M., Sünner, T., Huggenberger, A., Wiener, D., Reitzenstein,S.,Kamp,M.,Höfling,S.,and Forchel,A.(2008) Lithographic alignment to site-controlled quantum dots for device integration.*Applied Physics Letters*,92,183101.

[151] Malik,S.,Roberts,C.,Murray,R.,and Pate,M.(1997) Tuning self-assembled InAs quantum dots by rapid thermal annealing. *Applied Physics Letters*,71,1987.

[152] Young,R.J.,Stevenson,R.M.,Shields,A.J.,Atkinson,P.,Cooper,K., Ritchie, D. A., Groom, K. M., Tartakovskii, A. I., and Skolnick, M. S. (2005) Inversion of exciton level splitting in quantum dots.*Physical Review B*,72(11),113305.

[153] Ellis,D.J.P.,Stevenson,R.M.,Young,R.J.,Shields,A.J.,Atkinson,P., and Ritchie, D. A. (2007) Control of fine-structure splitting of individual InAs quantum dots by rapid thermal annealing. *Applied*

Physics Letters,90,011907.

[154] Badolato,A.,Hennessy,K.,Atature,M.,Dreiser,J.,Hu,E.,Petroff,P. M.,and Imamoglu,A.(2005) Deterministic coupling of single quantum dots to single nanocavity modes.*Science*,308(5725),1158-1161.

[155] Pryor,C.(1998) Eight-band calculations of strained InAs/GaAs quantum dots compared with one-,four-,and six-band approximations. *Physical Review B*,57(12),7190-7195.

[156] Stier,O.,Grundmann,M.,and Bimberg,D.(1999) Electronic and optical properties of strained quantum dots modeled by 8-band k.p theory.*Physical Review B*,59(8),5688-5701.

[157] Wang,L.W.,Kim,J.,and Zunger,A.(1999) Electronic structures of [110]-faceted self-assembled pyramidal InAs/GaAs quantum dots. *Physical Review B*,59(8),5678-5687.

[158] Biolatti,E.,D'Amico,I.,Zanardi,P.,and Rossi,F.(2002) Electro-optical properties of semiconductor quantum dots:Application to quantum information processing.*Physical Review B*,65(7),75306.

[159] Toda,Y.,Moriwaki,O.,Nishioka,M.,and Arakawa,Y.(1999) Efficient carrier relaxation mechanism in InGaAs/GaAs self-assembled quantum dots based on the existence of continuum states.*Physical Review Letters*,82(20),4114-4117.

[160] Boggess,T.F.,Zhang,L.,Deppe,D.G.,Huffaker,D.L.,and Cao,C. (2001) Spectral engineering of carrier dynamics in In(Ga)As self-assembled quantum dots.*Applied Physics Letters*,78,276.

[161] Zhang,L.,Boggess,T.F.,Gundogdu,K.,Flatté,M.E.,Deppe,D.G., Cao,C.,and Shchekin,O.B.(2001) Excited-state dynamics and carrier capture in InGaAs/GaAs quantum dots. *Applied Physics Letters*, 79,3320.

[162] Kamada,H.,Gotoh,H.,Temmyo,J.,Takagahara,T.,and Ando,H. (2001) Exciton Rabi oscillation in a single quantum dot.*Physical Review Letters*,87(24),246401.

[163] Htoon,H.,Takagahara,T.,Kulik,D.,Baklenov,O.,Holmes,A.L.Jr,

and Shih,C.K.(2002) Interplay of Rabi oscillations and quantum inter-ference in semiconductor quantum dots. *Physical Review Letters*,88 (8),87401.

[164] Zrenner,A.,Beham,E.,Stufler,S.,Findeis,F.,Bichler,M.,and Abstre-iter,G.(2002) Coherent properties of a two-level system based on a quantum-dot photodiode. *Nature*,418(6898),612-614.

[165] Stievater,T.H.,Li,X.,Steel,D.G.,Gammon,D.,Katzer,D.S.,Park, D.,Piermarocchi,C., and Sham,L.J.(2001) Rabi oscillations of excitons in single quantum dots. *Physical Review Letters*, 87 (13),133603.

[166] Li,X.,Wu,Y.,Steel,D.,Gammon,D.,Stievater,T.H.,Katzer,D.S., Park,D., Piermarocchi, C., and Sham, L. J. (2003) An all-optical quantum gate in a semiconductor quantum dot. *Science*,301(5634), 809-811.

[167] Vamivakas,A.N.,Zhao,Y.,Lu,C.Y.,and Atatüre,M.(2009) Spin-re-solved quantum-dot resonance fluorescence. *Nature Physics*,5(3), 198-202.

[168] Flagg, E. B., Muller, A., Robertson, J. W., Founta, S., Deppe, D. G., Xiao,M.,Ma,W.,Salamo,G.J.,and Shih,C.K.(2009) Resonantly driven coherent oscillations in a solid-state quantum emitter. *Nature Physics*,5(3),203-207.

[169] Imamoglu, A. and Yamamoto, Y. (1994) Turnstile device for heralded single-photons:Coulomb blockade of electron and hole tunneling in quantum confined p-i-n heterojunctions. *Physical Review Letters*,72 (2),210-213.

[170] Toda,Y.,Shinomori,S.,Suzuki,K.,and Arakawa,Y.(1998) Polarized pho-toluminescence spectroscopy of single self-assembled InAs quantum dots. *Physical Review B*,58(16),10147-10150.

[171] Kuther,A.,Bayer,M.,Forchel,A.,Gorbunov,A.,Timofeev,V.B.,Schäfer, F.,and Reithmaier,J.P.(1998) Zeeman splitting of excitons and biexcitons in single In$_{\{0.60\}}$ Ga$_{\{0.40\}}$ As/GaAs self-assembled quantum dots.*Physical Re-*

view B,58(12),7508-7511.

[172] Landin, L., Miller, M. S., Pistol, M. E., Pryor, C. E., and Samuelson, L. (1998) Optical studies of individual InAs quantum dots in GaAs:few-particle effects.*Science*,280(5361),262.

[173] Hartmann, A., Ducommun, Y., Kapon, E., Hohenester, U., and Molinari, E. (2000) Few-particle effects in semiconductor quantum dots:Observation of multicharged excitons.*Physical Review Leters*,84(24),5648-5651.

[174] Bayer, M., Ster, O., Hawrylak, P., Fafard, S., and Forchel, A. (2000) Hidden symmetries in the energy levels of excitonic 'artificial atoms'. *Nature*,405(6789),923-926.

[175] Finley,J.J., Fry, P. W., Ashmore, A. D., Lemaitre, A., Tartakovskii, A. I., Oulton, R., Mowbray, D.J., Skolnick, M.S., Hopkinson, M., Buckle, P.D.,*et al*.(2001) Observation of multicharged excitons and biexcitons in a single InGaAs quantum dot.*Physical Review B*,63(16),161305.

[176] Takagahara, T.(1989) Biexciton states in semiconductor quantum dots and their nonlinear optical properties. *Physical Review B*,39(14), 10206-10231.

[177] Shumway, J., Franceschetti, A., and Zunger, A.(2001) Correlation versus mean-fheld contributions to excitons,multiexcitons,and charging energies in semiconductor quantum dots.*Physical Review B*,63(15),155316.

[178] Bayer,M., Ortner, G., Stern, O., Kuther, A., Gorbunov, A.A., Forchel, A., Hawrylak,P.,Fafard,S.,Hinzer,K.,Reinecke,T.L.*et al*.(2002) Fine structure of neutral and charged excitons in self-assembled In(Ga)As/(Al) GaAs quantum dots.*Physical Review B*,65(19),195315.

[179] Kiraz,A.,Fälth,S.,Becher,C.,Gayral,B.,Schoenfeld,W,V.,Petroff,P.M., Zhang,L.,Hu,E.,and Imamoglu,A.(2002) Photon correlation spectroscopy of a single quantum dot.*Physical Revicw B*,65(16),161303.

[180] Smith,J.M.,Dalgarno,P.A.,Warburton,R.J.,Govorov,A.O.,Karrai, K.,Gerardot,B.D.,and Petroff,P.M.(2005) Voltage control of the spin dynamics of an exciton in a semiconductor quantum dot.*Physical*

单光子器件及应用

Review Letters,94(19),197402.

[181] Moreau,E.,Robert,I.,Manin,L.,Thierry-Mieg,V.,Gerard,J.M.,and Abram,I.(2001) Quantum cascade of photons in semiconductor quantum dots.*Physical Review Letters*,87(18),183601.

[182] Santori, C., Fattal, D., Vučković, J., Solomon, G. S., Waks, E., and Yamamoto, Y. (2004) Submicrosecond correlations in photoluminescence from InAs quantum dots.*Physical Review B*,69(20),205324.

[183] Warburton,R.J.,Schäflein,C.,Haft,D.,Bickel,F.,Lorke,A.,Karrai, K.,Garcia, J. M., Schoenfeld, W., and Petroff, P. M. (2000) Optical emission from a charge-tunable quantum ring. *Nature (London)*, 405,926.

[184] Gammon,D.,Snow,E.S.,Shanabrook,B.V.,Katzer,D.S.,and Park,D. (1996) Fine structure splitting in the optical spectra of single GaAs quantum dots.*Physical Review Letters*,76(16),3005-3008.

[185] Kulakovskii,V.D.,Bacher,G.,Weigand,R.,Kümmell,T.,Forchel,A., Borovitskaya,E.,Leonardi,K.,and Hommel,D.(1999) Fine structure of biexciton emission in symmetric and asymmetric CdSe/ZnSe single quantum dots.*Physical Review Letters*,82(8),1780-1783.

[186] Blackwood, E., Snelling, M. J., Harley, R. T., Andrews, S. R., and Foxon,C.T.B.(1994) Exchange interaction of excitons in GaAs heterostructures.*Physical Review B*,50(19),14246-14254.

[187] Ivchenko, E. L. (1997) Fine structure of excitonic levels in semiconductor nanostructures.*physica status solidi(a)*,164(1).

[188] Takagahara,T.(2000) Theory of exciton doublet structures and polarization relaxation in single quantum dots.*Physical Review B*,62(24), 16840-16855.

[189] Bellessa, J., Voliotis, V., Grousson, R., Wang, X. L., Ogura, M., and Matsuhata,H.(1998) Quantum-size effects on radiative lifetimes and relaxation of excitons in semiconductor nanostructures. *Physical Review B*,58(15),9933-9940.

[190] Bonadeo, N. H., Chen, G., Gammon, D., Katzer, D. S., Park, D., and

Steel, D. G. (1998) Nonlinear nano-optics: Probing one exciton at a time.*Physical Review Letters*, 81(13), 2759-2762.

[191] Gerard, J. M. and Gayral, B. (1999) Strong Purcell effect for InAs quantum boxes in three-dimensional solid-state microcavities. *Journal of Lightwave Technology*, 17(11), 2089.

[192] Thompson, R. M., Stevenson, R. M., Shields, A. J., Farrer, I., Lobo, C. J., Ritchie, D. A., Leadbeater, M. L., and Pepper, M. (2001) Single-photon emission from exciton complexes in individual quantum dots.*Physical Review B*, 64(20), 201302.

[193] Vučković, J., Fattal, D., Santori, C., Solomon, G. S., and Yamamoto, Y. (2003) Enhanced single-photon emission from a quantum dot in a micropost microcavity.*Applied Physics Letters*, 82, 3596.

[194] Gammon, D., Snow, E. S., Shanabrook, B. V., Katzer, D. S., and Park, D. (1996) Homogeneous linewidths in the optical spectrum of a single gallium arsenide quantum dot.*Science*, 273(5271), 87.

[195] Kamada, H., Temmyo, J., Notomi, M., Furuta, T., and Tamamura, T. (1997) Dephasing processes in self-organized strained InGaAs single-dots on (311) B-GaAs substrate.*Japanese Journal of Applied Physics*, 36(6B), 4194-4198.

[196] Leosson, K., Jensen, J. R., Hvam, J. M., and Langbein, W. (2000) Linewidth statistics of single InGaAs quantum dot photoluminescence lines.*Physica status solidi (b)*, 221(1).

[197] Bayer, M. and Forchel, A. (2002) Temperature dependence of the exciton homogeneous linewidth in $In_{(0.60)}$ $Ga_{(0.40)}$ As/GaAs self-assembled quantum dots.*Physical Review B*, 65(4), 41308.

[198] Kammerer, C, Voisin, C., Cassabois, G., Delalande, C., Roussignol, P., Klopf, F., Reithmaier, J. P., Forchel, A., and Gérard, J. M. (2002) Line narrowing in single semiconductor quantum dots: Toward the control of environment effects.*Physical Review B*, 66(4), 41306.

[199] Borri, P., Langbein, W., Schneider, S., Woggon, U., Sellin, R. L., Ouyang, D., and Bimberg, D. (2001) Ultralong dephasing time in

InGaAs quantum dots.*Physical Review Letters*,87(15),157401.

[200] Reitzenstein, S., Loffler, A., Forchel, A., Ates, S., Ulrich, S. M., and Michler, P. (2009) Post-Selected Indistinguishable Photons from the Resonance Fluorescence of a Single Quantum Dot in a Microcavity. *Physical Review Letters*,103,167402.

[201] Tanaka, S., Iwai, S., and Aoyagi, Y. (1996) Self-assembling GaN quantum dots on AlGaN surfaces using a surfactant.*Applied Physics Letters*,69,4096.

[202] Miyamura, M., Tachibana, K., and Arakawa, Y. (2002) High-density and size-controlled GaN self-assembled quantum dots grown by metalorganic chemical vapor deposition.*Applied Physics Letters*,80,3937.

[203] Kako, S., Miyamura, M., Tachibana, K., Hoshino, K., and Arakawa, Y. (2003) Size-dependent radiative decay time of excitons in GaN/AlN self-assembled quantum dots.*Applied Physics Letters*,83,984.

[204] Kako, S., Hoshino, K., Iwamoto, S., Ishida, S., and Arakawa, Y. (2004) Exciton and biexciton luminescence from single hexagonal GaN/AlN self-assembled quantum dots.*Applied Physics Letters*,85,64.

[205] Hirayama, H., Tanaka, S., Ramvall, P., and Aoyagi, Y. (1998) Intense photoluminescence from self-assembling InGaN quantum dots artificially fabricated on AlGaN surfaces.*Applied Physics Letters*,72,1736.

[206] Moriwaki, O., Someya, T., Tachibana, K., Ishida, S., and Arakawa, Y. (2000) Narrow photoluminescence peaks from localized states in InGaN quantum dot structures.*Applied Physics Letters*,76,2361.

[207] Santori, C., Götzinger, S., Yamamoto, Y., Kako, S., Hoshino, K., and Arakawa, Y. (2005) Photon correlation studies of single GaN quantum dots.*Applied Physics Letters*,87,051916.

[208] Kako, S., Santori, C., Hoshino, K., Götzinger, S., Yamamoto, Y., and Arakawa, Y. (2006) A gallium nitride single-photon source operating at 200 K.*Nature Materials*,5(11),887-892.

[209] Jarjour, A.F., Taylor, R.A., Oliver, R.A., Kappers, M.J., Humphreys, C.J., and Tahraoui, A. (2007) Cavity-enhanced blue single-photon

emission from a single InGaN/GaN quantum dot. *Applied Physics Letters*, 91, 052101.

[210] Sebald, K., Michler, P., Passow, T., Hommel, D., Bacher, G., and Forchel, A. (2002) Single-photon emission of CdSe quantum dots at temperatures up to 200 K. *Applied Physics Letters*, 81, 2920.

[211] Aichele, T., Zwiller, V., and Benson, O. (2004) Visible single-photon generation from semiconductor quantum dots. *New Journal of Physics*, 6(1), 90.

[212] Zwiller, V., Aichele, T., Seifert, W., Persson, J., and Benson, O. (2003) Generating visible single photons on demand with single InP quantum dots. *Applied Physics Letters*, 82, 1509.

[213] Takemoto, K., Sakuma, Y., Hirose, S., Usuki, T., Yokoyama, N., Miyazawa, T., Takatsu, M., and Arakawa, Y. (2004) Non-classical Photon Emission from a Single InAs/InP Quantum Dot in the 1.3-μm Optical-Fiber Band. *Japanese Journal of Applied Physics*, 43.

[214] Ward, M. B., Karimov, O. Z., Unitt, D. C., Yuan, Z. L., See, P., Gevaux, D. G., Shields, A. J., Atkinson, P., and Ritchie, D. A. (2005) On-demand single-photon source for 1.3 μm telecom fiber. *Applied Physics Letters*, 86, 201111.

[215] Ward, M. B., Farrow, T., See, P., Yuan, Z. L., Karimov, O. Z., Bennett, A. J., Shields, A. J., Atkinson, P., Cooper, K., and Ritchie, D. A. (2007) Electrically driven telecommunication wavelength single-photon source. *Applied Physics Letters*, 90, 063512.

[216] Miyazawa, T., Takemoto, K., Sakuma, Y., Hirose, S., Usuki, T., Yokoyama, N., Takatsu, M., and Arakawa, Y. (2005) Single-photon generation in the 1.55-μm optical-fiber band from an InAs/InP quantum dot. *Japanese Journal of Applied Physics*, 44(20-23), 620-622.

[217] Takemoto, K., Takatsu, M., Hirose, S., Yokoyama, N., Sakuma, Y., Usuki, T., Miyazawa, T., and Arakawa, Y. (2007) An optical horn structure for single-photon source using quantum dots at telecommunication wavelength. *Journal of Applied Physics*, 101, 081720.

[218] Bennett,A.J.,Unitt,D.C.,See,P.,Shields,A.J.,Atkinson,P.,Cooper, K.,and Ritchie,D.A.(2005) Microcavity single-photon-emitting diode. *Applied Physics Letters*,86,181102.

[219] Benson, O., Santori, C., Pelton, M., and Yamamoto, Y. (2000) Regulated and entangled photons from a single quantum dot.*Physical Review Letters*,84(11),2513-2516.

[220] Santori,C.,Fattal,D.,Pelton,M.,Solomon,G.S.,and Yamamoto,Y. (2002) Polarization-correlated photon pairs from a single quantum dot. *Physical Review B*,66(4),45308.

[221] Stevenson,R.M.,Thompson,R.M.,Shields,A.J.,Farrer,I.,Kardynal, B.E.,Ritchie,D.A.,and Pepper,M.(2002) Quantum dots as a photon source for passive quantum key encoding. *Physical Review B*, 66 (8),81302.

[222] Ulrich,S.M.,Strauf,S.,Michler,P.,Bacher,G.,and Forchel,A.(2003) Triggered polarization-correlated photon pairs from a single CdSe quantum dot.*Applied Physics Letters*,83,1848.

[223] Akopian,N.,Lindner,N.H.,Poem,E.,Berlatzky,Y.,Avron,J.,Gers-honi,D.,Gerardot,B.D., and Petroff,P.M.(2006) Entangled photon pairs from semiconductor quantum dots.*Physical Review Letters*,96 (13),130501.

[224] Stevenson,R.M.,Young,R.J.,See,P.,Gevaux,D.G.,Cooper,K.,At-kinson,P.,Farrer,I.,Ritchie,D.A.,and Shields,A.J.(2006) Magnetic-field-induced reduction of the exciton polarization splitting in InAs quantum dots.*Physical Review B*,73(3),33306.

[225] Young,R.J.,Stevenson,R.M.,Atkinson,P.,Cooper,K.,Ritchie,D.A., and Shields,A.J.(2006) Improved fidelity of triggered entangled photons from single quantum dots.*New Journal of Physics*,8(2),29.

[226] Muller, A., Fang, W., Lawall, J., and Solomon, G.S. (2009) Creating Polarization-Entangled Photon Pairs from a Semiconductor Quantum Dot Using the Optical Stark Effect. *Physical Review Letters*, 103,217402.

[227] Loss,D.and DiVincenzo,D.P.(1998) Quantum computation with quantum dots.*Physical Review A*,57(1),120-126.

[228] Hanson,R.,Kouwenhoven,L.P.,Petta,J.R.,Tarucha,S.,and Vandersypen,L.M.K.(2007) Spins in few-electron quantum dots.*Reviews of Modern Physics*,79(4),1217-1265.

[229] Cirac,J.I.,Zoller,P.,Kimble,H.J.,and Mabuchi,H.(1997) Quantum state transfer and entanglement distribution among distant nodes in a quantum network.*Physical Review Letters*,78(16),3221-3224.

[230] Imamoglu,A.,Awschalom,D.D.,Burkard,G.,DiVincenzo,D.P.,Loss, D.,Sherwin,M.,and Small,A.(1999) Quantum information processing using quantum dot spins and cavity QED.*Physical Review Letters*,83 (20),4204-4207.

[231] Biolatti,E.,Iotti,R.C.,Zanardi,P.,and Rossi,F.(2000) Quantum information processing with semiconductor macroatoms. *Physical Review Letters*,85(26),5647-5650.

[232] Pryor,C.E.and Flatté,M.E.(2006) Lande *g* factors and orbital momentum quenching in semiconductor quantum dots.*Physical Review Letters*,96(2),26804.

[233] Alegre,T.P.M.,Hernández,F.G.G.,Pereira,A.L.C.,and Medeiros-Ribeiro,G.(2006) Landé *g* tensor in semiconductor nanostructures. *Physical Review Letters*,97(23),236402.

[234] Xu,X.,Wu,Y.,Sun,B.,Huang,Q.,Cheng,J.,Steel,D.G.,Bracker,A. S.,Gammon,D.,Emary,C.,and Sham,L.J.(2007) Fast spin state initialization in a singly charged InAs-GaAs quantum dot by optical cooling.*Physical Review Letters*,99(9),97401.

[235] Dutt,M.V.G.,Cheng,J.,Li,B.,Xu,X.,Li,X.,Berman,P.R.,Steel,D. G.,Bracker,A.S.,Gammon,D.,Economou,S.E. *et al.*(2005) Stimulated and spontaneous optical generation of electron spin coherence in charged GaAs quantum dots. *Physical Review Letters*,94 (22),227403.

[236] Xu,X.,Sun,B.,Berman,P.R.,Steel,D.G.,Bracker,A.S.,Gammon,D.,

单光子器件及应用

and Sham,L.J.(2008) Coherent population trapping of an electron spin in a single negatively charged quantum dot. *Nature Physics*,4(9),692-695.

[237] Petta,J. R.,Johnson, A. C., Taylor, J. M., Laird, E. A., Yacoby, A., Lukin,M.D.,Marcus,C.M.,Hanson,M.P.,and Gossard,A.C.(2005) Coherent manipulation of coupled electron spins in semicon-ductor quantum dots.*Science*,309(5744),2180-2184,

[238] Yao,W.,Liu,R.B.,and Sham,L.J.(2006) Theory of electron spin decoherence by interacting nuclear spins in a quantum dot.*Physical Review B*,74(19),195301.

[239] Kroutvar,M.,Ducommun,Y.,Heiss,D.,Bichler,M.,Schuh,D.,Abstreiter,G.,and Finley,J.J.(2004) Optically programmable electron spin memory using semiconductor quantum dots.*Nature*,432(7013),81-84.

[240] Bulaev, D. V. and Loss, D. (2005) Spin relaxation and decoherence of holes in quantum dots.*Physical Review Letters*,95(7),76805.

[241] Kim,D.,Economou,S.E.,Bǎdescu,Ş.C.,Scheibner,M.,Bracker,A.S., Bashkansky,M.,Reinecke,T.L.,and Gammon,D.(2008) Optical spin initialization and nondestructive measurement in a quantum dot molecule.*Physical Review Letters*,101(23),236804.

[242] Empedocles,S.A.and Bawendi,M.G.(1997) Quantum-confined Stark effect in single CdSe nanocrystallite quantum dots. *Science*, 278 (5346),2114.

[243] Gerard,J.M.,Sermage,B.,Gayral,B.,Legrand,B.,Costard,E.,and Thierry-Mieg,V.(1998) Enhanced spontaneous emission by quantum boxes in a monolithic optical microcavity.*Physical Review Letters*,81 (5),1110-1113.

[244] Solomon, G.S., Pelton, M., and Yamamoto, Y. (2001) Single-mode spontaneous emission from a single quantum dot in a three-dimensional microcavity.*Physical Review Letters*,86(17),3903-3906.

[245] Bennett,A.,Unitt,D.,Atkinson,P.,Ritchie,D.,and Shields,A.(2005) High performance single photon sources from photolithographically

defined pillar microcavities.*Optics Express*,13(1),50-55.

[246] Reithmaier,J.P.,Seogon,G.,Löffler,A.,Hofmann,C.,Kuhn,S.,Reitzenstein,S.,Keldysh,L.V.,Kulakovskii,V.D.,Reinecke,T.L.,and Forchel,A.(2004) Strong coupling in a single quantum dot-semiconductor microcavity system.*Nature*,432(7014),197-200.

[247] Press,D.,Goetzinger,S.,Reitzenstein,S.,Hofmann,C.,Loeffler,A.,Kamp,M.,Forchel,A,and Yamamoto,Y.(2007) Photon antibunching from a single quantum-dot-microcavity system in the strong coupling regime.*Physical Review Letters*,98(11),117402.

[248] Srinivasan,K.and Painter,O.(2007) Linear and nonlinea optical spectroscopy of a strongly coupled microdisk-quantum dot system.*Nature*,450(7171),862-865.

[249] Englund,D.,Fattal,D.,Waks,E.,Solomon,G.,Zhang,B.,Nakaoka,T.,Arakawa,Y.,Yamamoto,Y.,and Vučković,J.(2005) Controlling the spontaneous emission rate of single quantum dots in a two-dimensional photonic crystal.*Physical Review Letters*,95(1),13904.

[250] Kress,A.,Hofbauer,F.,Reinelt,N.,Kaniber,M.,Krenner,H.J.,Meyer,R.,Böhm,G.,and Finley,J.J.(2005) Manipulation of the spontaneous emission dynamics of quantum dots in two-dimensional photonic crystals.*Physical Review B*,71(24),241304.

[251] Yoshie,T.,Scherer,A.,Hendrickson,J.,Khitrova,G.,Gibbs,H.M.,Rupper,G.,Ell,C.,Shchekin,O.B.,and Deppe,D.G.(2004) Vacuum Rabi splitting with a single quantum dot in a photonic crystal nanocavity.*Nature*,432(7014),200-203.

[252] Chang,W.H.,Chen,W.Y.,Chang,H.S.,Hsieh,T.P.,Chyi,J.I.,and Hsu,T.M.(2006) Efficient single-photon sources based on low-density quantum dots in photonic-crystal nanocavities. *Physical Review Letters*,96(11),117401.

[253] Kaniber,M.,Laucht,A.,Hürlimann,T.,Bichler,M.,Meyer,R.,Amann,M.C.,and Finley,J.J.(2008) Highly efficient single-photon emission from single quantum dots within a two-dimensional photonic band-gap.*Physical*

Review B,77(7),73312.

[254] Englund,D.,Faraon,A.,Ilya,F.,Nick,S.,Pierre,P.,and Vučković,J. (2007) Controlling cavity reflectivity with a single quantum dot.*Natture*,450(7171),857-861.

[255] Fushman,I.,Englund,D.,Faraon,A.,Stoltz,N.,Petroff,P.,and Vučković,J.(2008) Controlled phase shifts with a single quantum dot.*Science*,320(5877),769.

[256] Faraon,A.,Fushman,I.,Englund,D.,Stoltz,N.,Petroff,P.,and Vučković,J.(2008) Coherent generation of nonclassical light on a chip via photon-induced tunneling and blockade.*Nature Physics*,4,859-863.

[257] Davies,G.and Hamer,M.F.(1976) Optical studies of the 1.945 eV vibronic band in diamond.*Proceedings of the Royal Society London Series A*,348,285-298.

[258] Loubser,J.H.N.and Van Wyk,J.A.(1978)Electron spin resonance in the study of diamond.*Reports on Progress in Physics*,41(8),1201.

[259] Van Oort, E., Manson, N. B., and Glasbeek, M. (1988) Optically detected spin coherence of the diamond NV centre in its triplet ground state.*Journal of Physics C*,21(23),4385.

[260] Reddy,N.R.S.,Manson,N.B.,and Krausz,E.R.(1987) Two-laser spectral hole burning in a colour centre in diamond.*Journal of Luminescence*,38,46-47.

[261] He,X.-F.,Manson,N.B.,and Fisk,P.T.H.(1993) Paramagnetic resonance of photoexcited N-V defects in diamond.*Physical Review B* 47, 8808-8815(Ⅰ),8816-8822(Ⅱ).

[262] Gruber, A., Drabenstedt, A., Tietz, C., Fleury, L., Wrachtrup, J., and Borczyskowski,C. (1997) Scanning confocal optical microscopy and magnetic resonance on single defect centers.*Science*,276(5321),2012.

[263] Lenef, A., Brown, S. W., Redman, D. A., Rand, S. C., Shigley, J., and Fritsch,E.(1996) Electronic structure of the NV center in diamond: Experiments.*Physical Review B*,53(20),13427-13440.

[264] Gali,A.,Fyta,M.,and Kaxiras,E.(2008) Ab initio supercell calculations on

nitrogen-vacancy center in diamond:Electronic structure and hyperfine tensors.*Physical Review B*,77(15),155206.

[265] Rabeau,J.R.,Reichart,P.,Tamanyan,G.,Jamieson,D.N.,Prawer,S.,Jelezko,F.,Gaebel,T.,Popa,I.,Domhan,M.,and Wrachtrup,J.(2006) Implantation of labelled single nitrogen vacancy centers in diamond using 15N.*Applied Physics Letters*,88(2),23113-23113.

[266] Charnock,F.T.and Kennedy,T.A.(2001) Combined optical and microwave approach for performing quantum spin operations on the nitrogen-vacancy center in diamond.*Physical Review B*,64(4),41201.

[267] Manson,N.B.,Harrison,J.P.,and Sellars,M.J.(2006) Nitrogen-vacancy centerin diamond:Model of the electronic structure and associated dynamics.*Physical Review B*,74(10),104303.

[268] Batalov,A.,Jacques,V.,Kaiser,F.,Siyushev,P.,Neumann,P.,Rogers,L.J.,McMurtrie,R.L.,Manson,N.B.,Jelezko,F.,and Wrachtrup,J.(2009) Low temperature studies of the excited-state structure of negatively charged nitrogen-vacancy color centers in diamond.*Physical Review Letters*,102(19),195506.

[269] Fuchs,G.D.,Dobrovitski,V.V.,Hanson,R.,Batra,A.,Weis,C.D.,Schenkel,T.,and Awschalom,D.D.(2008) Excited-state spectroscopy using single spin manipulation in diamond.*Physical Review Letters*,101(11),117601.

[270] Hughes,A.E.and Runciman,W.A.(1967) Uniaxial stress splitting of doubly degenerate states of tetragonal and trigonal centres in cubic crystals.*Proceedings of the Physical Society*,90(3),827-838.

[271] Rogers,L.J.,McMurtrie,R.L.,Sellars,M.J.,and Manson,N.B.(2009) Time-averaging within the excited state of the nitrogen-vacancy centre in diamond.*New Journal of Physics*,11(063007),063007.

[272] Tamarat,P.,Gaebel,T.,Rabeau,J.,R.,Khan,M.,Greentree,A.D.,Wilson,H.,Hollenberg,L.C.L.,Prawer,S.,Hemmer,P.,Jelezko,F.*et al.*(2006) Stark shift control of single optical centers in diamond.*Physical Review Letters*,97(8),83002.

[273] Tamarat, P., Manson, N., Harrison, J., McMurtrie, R., Nizovtsev, A., Santori, C., Beausoleil, R., Neumann, P., Gaebel, T., Jelezko, F. *el al*. (2008) Spin-flip and spin-conserving optical transitions of the nitrogen-vacancy centre in diamond. *New Jounal of Plysics*, 10, 045004.

[274] Santori, C., Fattal, D., Spillane, S. M., Fiorentino, M., Beausoleil, R. G., Greentree, A. D., Olivero, P., Draganski, M., Rabeau, J. R., Reichart, P., Gibson, B. C., Rubanov, S., Jamieson, D. N., and Prawer, S. (2006) Coherent population trapping in diamond NV centers at zero magnetic field. *Optics Express*, 14(17), 7986-7993.

[275] Ham, F. S. (1965) Dynamical Jahn-Teller effect in paramagnetic resonance spectra: orbital reduction factors and partial quenching of spin-orbit interaction. *Physical Review*, 138, 1727-1740.

[276] Manson, N. B. and McMurtrie, R. L. (2007) Issues concerning the nitrogen-vacancy center in diamond. *Journal of Luminescence*, 127 (1), 98-103.

[277] Neumann, P., Kolesov, R., Jacques, V., Beck, J., Tisler, J., Batalov, A., Rogers, L., Manson, N. B., Balasubramanian, G., Jelezko, F. *et al*. (2009) Excited-state spectroscopy of single NV defects in diamond using optically detected magnetic resonance. *New Journal of Physics*, 11(013017), 013017.

[278] Manson, N. B. and Wei, C. (1994) Transient hole burning in N-V centre in diamond. *Journal of Luminescence*, 58(1-6): 158-160.

[279] Batalov, A., Zierl, C., Gaebel, T., Neumann, P., Chan, I. Y., Balasubramanian, G., Hemmer, P. R., Jelezko, F., and Wrachtrup, J. (2008) Temporal coherence of photons emitted by single nitrogen-vacancy defect centers in diamond using optical Rabi-oscillations. *Physical Review Letters*, 100(7), 77401.

[280] Manson, N. B. and Harrison, J. P. (2005) Photo-ionization of the nitrogen-vacancy center in diamond. *Diamond & Related Materials*, 14 (10), 1705-1710.

［281］ Rogers, L. J., Armstrong, S., Sellars, M. J., Manson, N. B. et al. (2008) Infrared emission of the NV centre in diamond: Zeeman and uniaxial stress studies. *New Journal of Physics*, 10, 103024.

［282］ Brouri, R., Beveratos, A., Poizat, J. P., and Grangier, P. (2000) Photon antibunching in the fluorescence of individual color centers in diamond. *Optics Letters*, 25(17), 1294-1296.

［283］ Beveratos, A., Brouri, R., Gacoin, T., Villing, A., Poizat, J.-P., and Grangier, P. (2002) Single photon quantum cryptography. *Physical Review Letters*, 89(18), 187901.

［284］ Steeds, J. W., Charles, S. J., Davies, J., and Griffin, I. (2000) Photoluminescence microscopy of TEM irradiated diamond. *Diamond & Related Materials*, 9(3-6), 397-403.

［285］ Jelezko, F., Gaebel, T., Popa, I., Domhan, M., Gruber, A., and Wrachtrup, J. (2004) Observation of coherent oscillation of a single nuclear spin and realization of a two-qubit conditional quantum gate. *Physical Review Letters*, 93, 130501.

［286］ Hanson, R., Gywat, O., and Awschalom, D. D. (2006) Room-temperature manipulation and decoherence of a single spin in diamond. *Physical Review B*, 74(16), 161203.

［287］ Hanson, R., Mendoza, F. M., Epstein, R. J., and Awschalom, D. D. (2006) Polarization and readout of coupled single spins in diamond. *Physical Review Letters*, 97(8), 87601.

［288］ Gaebel, T., Domhan, M., Popa, I., Wittmann, C., Neumann, P., Jelezko, F., Rabeau, J. R., Stravrias, N., Greentree, A. D., Prawer, S., Meijer, J., Twamley, J., Hemmer, P. R., and Wrachtrup, J. (2006) Room-temperature coherent coupling of single spins in diamond. *Nature Physics*, 2, 408.

［289］ Hanson, R., Dobrovitski, V. V., Feiguin, A. E., Gywat, O., and Awschalom, D. D. (2008) Coherent dynamics of a single spin interacting with an adjustable spin bath. *Science*, 320(5874), 352.

［290］ Childress, L., Gurudev Dutt, M. V., Taylor, J. M., Zibrov, A. S., Jelezko,

F.,Wrachtrup,J.,Hemmer,P.R.,and Lukin,M.D.(2006) Coherent dynamics of coupled electron and nuclear spin qubits in diamond.*Science*, 314(5797),281-285.

[291] Raussendorf,R.and Briegel,H.J.(2001) A one-way quantum computer. *Physical Review Letters*,86(22),5188-5191.

[292] Benjamin,S.C.,Browne,D.E.,Fitzsimons,J.,and Morton,J.J.L.(2006) Brokered graph-state quantum computation.*New Journal of Physics*, 8,141.

[293] Kennedy,T.A.,Colton,J.S.,Butler,J.E.,Linares,R.C.,and Doering,P. J.(2003) Long coherence times at 300 K for nitrogen-vacancy center spins in diamond grown by chemical vapor deposition.*Applied Physics Letters*,83,4190.

[294] Parikh,N.R.,Hunn,J.D.,McGucken,E.,Swanson,M.L.,White,C.W., Rudder,R.A.,Malta,D.P.,Posthill,J.B.,and Markunas,R.J.(1992) Single-crystal diamond plate liftoff achieved by ion implantation and subsequent annealing.*Applied Physics Letters*,61,3124.

[295] Olivero,P.,Rubanov,S.,Reichard,P.,Huntington,S.,Gibson,B.,Salzman,J.,Prawer,S.,and Jamieson,D.(2005) Three-dimensional device fabrication in monocrystalline diamond using FIB and a novel lift-off technique.*Microscopy and Microanalysis*,11(S02),856-857.

[296] Schietinger,S.,Schröder,T.,and Benson,O.(2008) One-by-One Coupling of Single Defect Centers in Nanodiamonds to High-Q Modes of an Optical Microresonator.*Nano Letters*,8(11),3911-3915.

[297] Schietinger,S.and Benson,O.(2009) Coupling single NV-centres to high-Q whispering gallery modes of a preselected frequency-matched microresonator. *Journal of Physics B: Atomic, Molecular and Optical Physics*,42,114001.

[298] Barclay,P.E.,Fu,K.M.,Santori,C.,and Beausoleil,R.G.(2009) Hybrid photonic crystal cavity and waveguide for coupling to diamond NV-centers.*Optics Express*,17(12),9588-9601.

[299] Schietinger,S.,Barth,M.,Aichele,T.,and Benson,O.(2009) Plasmon-

enhanced single photon emission from a nanoassembled metal-diamond hybrid structure at room temperature.*Nano Letters*,9(4),1694-1698.

[300] Davies,G.,Lawson,S.C.,Collins,A.T.,Mainwood,A.,and Sharp,S.J. (1992) Vacancy-related centers in diamond. *Physical Review B*,46 (20),13157-13170.

[301] Mita,Y.(1996) Change of absorption spectra in type-Ib diamond with heavy neutron iradiation.*Physical Review B*,53(17),11360-11364.

[302] Martin,J.,Wannemacher,R.,Teichert,J.,Bischoff,L.,and Köhler,B. (1999) Generation and detection of fluorescent color centers in diamond with submicron resolution.*Applied Physics Letters*,75,3096.

[303] Waldermann,F.C.,Olivero,P.,Nunn,J.,Surmacz,K.,Wang,Z.Y.,Jaksch, D., Taylor, R. A., Walmsley, I. A., Draganski, M., Reichart, P., Greentree,A.D.,Jamieson,D.N.,and Prawer,S.(2007) Creating diamond color centers for quantum optical applications.*Diamond & Related Materials*,16(11),1887-1895.

[304] Wee,T.L.,Tzeng,Y.K.,Han,C.C.,Chang,H.C.,Fann,W.,Hsu,J.H., Chen,K.M.,and Yu,Y.C.(2007) Two-photon excited fluorescence of nitrogen-vacancy centers in proton-irradiated type Ib diamond.*Journal of Physical Chemistry A*,111(38),9379-9386.

[305] Burchard,B.,Meijer,J.,Popa,I.,Gaebel,T.,Domhan,M.,Wittmann, C.,Jelezko,F.,and Wrachtrup,J.(2005) Generation of single color centers by focused nitrogen implantation. *Applied Physics Letters*, 87,261909.

[306] Weis,C.D.,Schuh,A.,Batra,A.,Persaud,A.,Rangelow,I.W.,Bokor, J.,Lo,C.C.,Cabrini,S.,Sideras-Haddad,E.,Fuchs,G.D.,Hanson,R, Awschalom,D.D.,and Schenkel,T.(2008) Single-atom doping for quantum device development in diamond and silicon.*Journal of Vacuum Science and Technology B*,26(6),2596-2600.

[307] Farrer,R.G.(1969) On the substitutional nitrogen donor in diamond. *Solid State Communications*,7(9),685.

[308] Fu,K.M.C.(2007) *Optical manipulation of electron spins bound to*

neutral donors in GaAs, PhD thesis, Stanford University.

[309] Karasyuk, V. A., Beckett, D. G. S., Nissen, M. K., Villemaire, A., Steiner, T. W., and Thewalt, M. L. W. (1994) Fouriertransform magnetophotoluminescence spectroscopy of donor-bound excitons in GaAs. *Physical Review B*, 49, 16381.

[310] Weisbuch, C. and Hermann, C. (1977) Optical detection of conduction-electron spin resonance in GaAs, $Ga_{1-x}In_xAs$, and $Ga_{1-x}Al_xAs$. *Physical Review B*, 15, 816.

[311] Binggeli, N. and Baldereschi, A. (1991) Determination of the hole effective masses in GaAs from acceptor spectra. *Physical Review B*, 43, 14734.

[312] Lampert, M. A. (1958) Mobile and immobile effective-mass-particle complexes in nonmetallic solids. *Physical Review Letters*, 1, 450.

[313] Haynes, J. R. (1960) Experimental proof of the existence of a new electronic complex in silicon. *Physical Review Letters*, 4, 361.

[314] Finkman, E., Sturge, M. D., and Bhat, R. (1986) Oscillator strength, lifetime, and degeneracy of resonantly excited bound excitons in GaAs. *Journal of Luminescence*, 35, 235.

[315] Fu, K. M. C., Yeo, W., Clark, S., Santori, C., Stanley, C., Holland, M. C., and Yamamoto, Y. (2006) Millisecond spinflip times of donor-bound electrons in GaAs. *Physical Review B*, 74(12), 121304.

[316] Clark, S. M., Fu, K. M. C., Zhang, Q., Ladd, T. D., Stanley, C., and Yamamoto, Y. (2009) Ultrafast optical spin echo for electron spins in semiconductors. *Physical Review Letters*, 102(24), 247601.

[317] Pawlis, A., Khartchenko, A., Husberg, O., As, D. J., Lischka, K., and Schikora, D. (2002) Large room temperature Rabi-splitting in a ZnSe/(Zn,Cd)Se semiconductor microcavity structure. *Solid State Communications*, 123(5), 235-238.

[318] Pawlis, A., Panfilova, M., As, D. J., Lischka, K., Sanaka, K., Ladd, T. D., and Yamamoto, Y. (2008) Lasing of donorbound excitons in ZnSe microdisks. *Physical Review B*, 77(15), 153304.

[319] Mayer Alegre,T.P.,Santori,C.,Medeiros-Ribeiro,G.,and Beausoleil, R. G. (2007) Polarization-selective excitation of nitrogen vacancy centers in diamond.*Physical Review B*,76,165205.

[320] McCutcheon, M. W. and Loncar, M. (2008) Design of an ultrahigh quality factor silicon nitride photonic crystal nanocavity for coupling to diamond nanocrystals.*Optics Express*,16,19136.

[321] Jun,Y.C.,Kekatpure,R.D.,White,J.S.,and Brongersma,M.L.(2008) Nonresonant enhancement of spontaneous emission in metal-dielectric-metal plasmon waveguide structures.*Physical Review B*,78,153111.

[322] Reitzenstein,S.,Hofmann,C.,Gorbunov,A.,Straus,M.,Kwon,S.H., Schneider, C., Loffler, A., Hofling, S., Kamp, M., and Forchel, A. (2007) AlAs/GaAs micropillar cavities with quality factors exceeding 150.000.*Applied Physics Letters*,90,251109.

[323] De Martini, F., Marrocco, M., and Murra, D. (1990) Transverse quantum correlations in the active microscopic cavity.*Physical Review Letters*,65,1853-1856.

[324] Ujihara,K.(1991) Spontaneous emission and the concept of effective area in a very short optical cavity with plane-parallel dielectric mirrors. *Japanese Journal of Applied Physics*,30,L901-L903.

[325] Björk,G.,Heitmann,H.,and Yamamoto,H.(1993) Spontaneous-emission coupling factor and mode characteristics of planar dielectric micro-cavity lasers.*Physical Review A*,47,4451-4463.

[326] Vučković,J.,Pelton,M.,Scherer,A.,and Yamamoto,Y.(2002) Optimization of three-dimensional micropost microcavities for cavity quantum electrodynamics.*Physical Review A*,66(2),23808.

[327] Armani, D. K., Kippenberg, T. J., Spillane, S. M., and Vahala, K. J. (2003) Ultra-high-Q toroid microcavity on a chip.*Nature*,421(6926), 925-928.

[328] Spillane,S.M.,Kippenberg,T.J.,Painter,O.J.,and Vahala,K.J.(2003) Ideality in a fiber-taper-coupled microresonator system for application to cavity quantum electrodynamics. *Physical Review Letters*, 91

(4),43902.

[329] Xu,Q.,Schmidt,B.,Shakya,J.,and Lipson,M.(2006) Cascaded silicon micro-ring modulators for WDM optical interconnection. *Optics Express*,14(20),9431-9435.

[330] Koseki,S.,Zhang,B.,De Greve,K.,and Yamamoto,Y.(2009) Monolithic integration of quantum dot containing microdisk microcavities coupled to airsuspended waveguides. *Applied Physics Letters*, 94,051110.

[331] Akahane,Y.,Asano,T.,Song,B.-S.,and Noda,S.(2003) High-Q photonic nanocavity in a two-dimensional photonic crystal. *Nature(London)*,425,944-947.

[332] Inamori,H.,Lutkenhaus,N.,and Mayers,D.(2007) Unconditional security of practical quantum key distribution. *The European Physical Journal D*,43(3),599-627.

[333] Biham,E.,Boyer,M.,Boykin,P.O.,Mor,T.,and Roychowder,V. (2000) A proof of security of quantum key distribution against any attack. *In Proceedings of the Thirty-Second Annual ACS Symposium of Theory of Computing*,pp.715-724.

[334] Shor,P.W.and Preskill,J.(2000) Simple proof of security of the BB84 quantum key distribution protocol. *Physical Review Letters*,85(2), 441-444.

[335] Lo,H.K.,Ma,X.,and Chen,K.(2005) Decoy state quantum key distribution. *Physical Review Letters*,94(23),230504.

[336] Adachi,Y.,Yamamoto,T.,Koashi,M.,and Imoto,N.(2009) Boosting up quantum key distribution by learning statistics of practical single-photon sources. *New Journal of Physics*,11,113033.

[337] Lütkenhaus,N.(2000) Security against individual attacks for realistic quantum key distribution. *Physical Review A*,61(5),052304.

[338] Waks,E.,Inoue,K.,Santori,C.,Fattal,D.,Vučković,J.,Solomon,G. S.,and Yamamoto,Y.(2002) Quantum cryptog-raphy with a photon turnstile. *Nature*,420,6917.

［339］ Brassard，G. and Salvail，L.(1994) Lecture notes in computer science，(ed T. Hellseth)，*Advances in Cryptology-EUROCRYPT'93*，765，410-423，Springer.

［340］ Intallura，P. M.，Ward，M. B.，Karimov，O. Z.，Yuan，Z. L.，See，P.，and Shields，A.J.(2007) Quantum key distribution using a triggered quantum dot source emitting near 1.3 μm. *Applied Physics Letters*，91 (16)，161103.

［341］ Briegel，H.J.，Dür，W.，Cirac，J.I.，and Zoller，P.(1998) Quantum repeaters：The role of imperfect local operations in quantum communication. *Physical Review Letters*，81(26)，5932-5935.

［342］ Bennett，C.H.，Brassard，G.，Popescu，S.，Schumacher，B.，Smolin，J.A.，and Wootters，W. K.(1996) Purification of Noisy Entanglement and Faithful Teleportation via Noisy Channels. *Physical Review Letters*，76 (5)，722-725.

［343］ Deutsch，D.，Ekert，A.，Jozsa，R.，Macchiavello，C.，Popescu，S.，and Sanpera，A.(1996) Quantum Privacy Amplification and the Security of Quantum Cryptography over Noisy Channels. *Physical Review Letters*，77(13)，2818-2821.

［344］ Dur，W.，Briegel，H.J.，Cirac，J.I.，and Zoller，P.(1999) Quantum repeaters based on entanglement purification. *Physical Review A*，59(1)，169-181.